Daniel Riechers

S-Bahn-Triebzüge

Neue Fahrzeuge für Deutschlands Stadtschnellverkehr

Daniel Riechers

S-Bahn-Triebzüge

Neue Fahrzeuge für Deutschlands Stadtschnellverkehr

transpress

Einbandgestaltung: Andreas Pflaum
Titelbild: Neue Gesichter auf Deutschlands S-Bahn-Gleisen: Wechselstrom-Triebzug der BR 423 neben Gleichstrom-Triebzug der BR 474, die Zeichnung zeigt den Berliner S-Bahnzug der Reihe 481.
Aufnahme: Alstom-LHB, Zeichnung: Riechers

Rücktitel: Triebzug BR 481 der S-Bahn Berlin GmbH neben dem Triebzug BR 474 der S-Bahn Hamburg GmbH am 7. August 1999 im Bahnhof Olympiastadion in Berlin.
Aufname: Franke

ISBN: 3-613-71128-1

1. Auflage 2000

Lektorat: Claus-Jürgen Jacobson
Herstellung: Viktor Stern
Druck: Fotolito LONGO, I-39100 Bozen
Bindung: Fotolito LONGO, I-39100 Bozen
Printed in Italy

Inhalt

Vorwort

Nachdem in den Jahren 1996-2000 nach längerem Stillstand in der Entwicklung mehrere Triebzug-Baureihen mit elektrischem Antrieb für den S-Bahnbetrieb von der Industrie abgeliefert wurden, lag es auf der Hand, diese Neuentwicklungen in einem Buch vorzustellen. Der Schwerpunkt dieser Publikation liegt auf der S-Bahn, deren Definition zwar als bekannt vorausgesetzt wird, die ich aber dennoch in der Einleitung noch einmal erläutere. Trotz dieses Schwerpunktes stellt dieses Buch auch die neuen Regionaltriebzüge der BR 425 und 426 vor, die ja von der neuen S-Bahn-Baureihe 424 abgeleitet sind. Eine eigenständige Publikation über elektrische Regionaltriebzüge herauszugeben, erschien mir nicht sehr sinnvoll, da für die einzigen Neuentwicklungen in dieser Kategorie, nämlich die von Bombardier Transportation-DWA entwickelte BR 445 (»Meridian«) und den Erprobungsträger 2000 T (noch) keine Aufträge vorliegen.
Da die Entwicklung spezieller S-Bahn-Triebzüge in engem Zusammenhang mit der Entwicklung der elektrischen Triebwagen im Allgemeinen steht, wird in der Einleitung der geschichtliche Werdegang der ET-Baureihen näher beleuchtet, um eine lückenlose Übersicht über die technische Entwicklung dieser Fahrzeuge zu erhalten. Diese Übersicht kann selbstverständlichb keinen Anspruch auf Vollständigkeit erheben, da ansonsten der Rahmen der vorliegenden Publikation gesprengt würde. Auch wurde die Entwicklung der elektrischen Fern-Schnelltriebwagen außer Betracht gelasssen und nur dort angesprochen, wo eine Ableitung auf die Nah- und Regionalverkehrs-Triebzüge vorhanden ist.
Schließlich geht die Einleitung auf die geschichtliche Entwicklung der Gleichstrom- und Wechselstrom-S-Bahnen ein. Denn obwohl dieses Thema in der Vergangenheit mehrfach Gegenstand von Publikationen war, erscheint es mir dienlich, auf die vorangegangenen Triebzug-Generationen kurz einzugehen, um eine Gesamtübersicht über die Entwicklung dieser Fahrzeuggattung zu erhalten.
Diese Publikation entstand in enger und vertrauensvoller Zusammenarbeit mit der Industrie. Den beteiligten Projektleitern der einzelnen Hersteller und ihren Mitarbeitern sei an dieser Stelle ein herzliches Dankeschön für die Mühe, die sie sich machten und die Zeit, die sie aufwendeten, übermittelt, allen voran die Firma ALSTOM LHB, auf deren Gleisanlagen das Titelbild entstand. Last but not least erhielt ich viel Unterstützung aus den Presseabteilungen und Werken der S-Bahn Berlin GmbH und der S-Bahn Hamburg GmbH, die nun schon seit geraumer Zeit mit einigen der hier beschriebenen neuen Fahrzeuge arbeiten; auch ihnen gebührt mein herzlicher Dank.
Besonderer Dank gebührt Herrn Wolfgang Wöbken, technischer Geschäftsführer der S-Bahn Hamburg GmbH, für seine Bereitschaft, diese Publikation mit einem sachkundigen Beitrag zu begleiten.
Ein Wermutstropfen im vollen Innovations-Becher dürfte die Tatsache sein, dass es trotz termingerechter Fertigstellung der Fahrzeuge bei Redaktionsschluss noch nicht feststand, ob die BR 424 rechtzeitig zur Expo 2000 betriebsbereit sein wird.

Nagold, den 30. Januar 2000
Daniel Riechers

Zum Geleit

Die Nahverkehrslandschaft in Deutschland ist in Bewegung geraten. Der Wettbewerb bedrängt und beflügelt die Verkehrsunternehmen. Die Länder und Kommunen haben jetzt zu entscheiden, welchem Verkehrsträger sie den Vorzug geben wollen. Und sie erwarten für jede ausgegebene Mark die beste Dienstleistung für die Bürger. Moderne Technik und Service sind gefragt. Ein Modernisierungsschub geht durch die Branche. Der Nahverkehr der Deutschen Bahn AG investiert kräftig in das rollende Material. Auch die eigenständigen S-Bahn-Töchter in Berlin und Hamburg erneuern bis zum Jahr 2002 ihren Fahrzeugpark: 500 neue Triebzüge für die S-Bahn Berlin GmbH und 103 neue Triebzüge für die S-Bahn Hamburg GmbH. Schon jetzt bestimmen die neuen Züge das Bild des S-Bahn-Verkehrs in den beiden Großstädten.
Die moderne Fahrzeugtechnik muss sich konsequent an den Wünschen der Kunden und der Besteller des Nahverkehrs orientieren. Darüber hinaus müssen alle Rationalisierungs-potentiale aktiviert werden. Das soll am Beispiel der neuen Triebzüge der Baureihe 474 der S-Bahn Hamburg deutlich werden.

1. Fahrgastsicherheit hat höchste Priorität

Sicherheit ist das wichtigste Anliegen der Kunden. Sie wollen in dem neuen Zug sicher sein und sich sicher fühlen. Der Zug ist daher transparent, es gibt keine uneinsehbaren Ecken, die Zwischenwände sind durchsichtig, auch der Triebfahrzeugführer ist hinter einer Glaswand direkt zu sehen. In jedem Einstiegraum gibt es eine Notsprechstelle. Mit einem Knopfdruck erreicht man den Triebfahrzeugführer, der sofort über Zugbahnfunk Polizei oder Rettungswagen rufen kann.

Die technische Sicherheit der Fahrzeuge wird nicht besonders herausgestellt. Sie ist selbst-verständlich, wird behördlich überprüft und nach dem neuesten Stand der Technik ver-bessert.

2. Die Wagengestaltung muss mobilitätseingeschränkte und behinderte Fahrgäste berücksichtigen

Das Fahrzeug wurde unter Beteiligung von Behindertenverbänden entwickelt. Der Fußboden konnte so niedrig gelegt werden, dass ein nahezu niveaugleicher Einstieg vom Bahnsteig möglich ist. Das ist für Rollstuhlfahrer, Mütter mit Kinderwagen und Reisende mit Fahrrädern oder mit schwerem Gepäck eine große Erleichterung. Großer Wert wird auf gute Information gelegt: Am Wagenende wird die nächste Station optisch angezeigt, außerdem gibt es Durchsagen, die zusätzlich die Ausstiegsseite ankündigen. Diese Hilfen sind für seh- oder hörgeschädigte Menschen wichtig und für alle Fahrgäste ein guter Service.

Umweltschutz ist eine gesellschaftliche Pflicht

Die Geräuschdämmung ist beim ET 474 so gut gelungen, dass die Öffentlichkeit vom »Flüsterzug« spricht. Der Zug fährt angenehm leise – sowohl für die Fahrgäste im Zug als auch für die Anlieger der S-Bahn-Strecke. Darüber hinaus ist der ET 474 besonders leicht gebaut, etwa 10 %

Modernes und attraktives Design zeichnet die neuen Hamburger S-Bahn-Fahrzeuge aus. Angenehme Farben, Formen und Materialien sind wichtig.
Aufn: S-Bahn Hamburg

Der Innenraum ist hell und freundlich gestaltet. Fahrgastsicherheit hat höchste Priorität. Aufn: S-Bahn Hamburg

bis 20 % leichter als die alten Züge. Das spart Energie. Zusätzlich speist die elektrische Bremse Energie in das Versorgungsnetz zurück. Insgesamt verbraucht der neue Zug so über 25 % weniger Energie.

Wirtschaftlichkeit ist ein entscheidender Wettbewerbsvorteil

Die Energieeinsparung ist auch ein zunehmend wichtiger wirtschaftlicher Faktor. Dazu kommt, dass die neue Fahrzeuggeneration instandhaltungsarm ist. Das senkt die laufenden Betriebs- und Werkstattkosten. Darüber hinaus erlaubt die moderne Elektronik eine vollautomatische Vorbereitung der Züge, z.B. Vorheizen und Bremsprobe. Dadurch werden Personalkosten eingespart.

Modernes und attraktives Design gehört dazu

Der Fahrgast soll sich wohl fühlen. Dazu sind angenehme Farben, Formen und Materialien wichtig. Der Innenraum im neuen Zug ist hell und freundlich gestaltet. Heizung, Belüftung und Beleuchtung werden als komfortabel eingestuft. Graffitischmierereien werden sofort entfernt, auf die Sauberkeit wird besonders geachtet.

Nicht immer und nicht gleich erfüllten die gelieferten neuen Züge die gestellten Anforderungen. Die empfindliche Elektronik und andere Bauteile brauchten eine monatelange Erprobungs- und Ertüchtigungsphase. Das war mit unangenehmen Störungen im Fahrgastbetrieb verbunden. Die Fahrgäste fühlten sich als »Versuchskaninchen« missbraucht. Daher ist eine ausreichend lange Erprobung der Prototypen ohne Fahrgäste wichtig. Außerdem wäre zu prüfen, ob Hardware und Software und die gesamte hochspezialisierte Leit- und Steuertechnik an einem Simulator erprobt werden können, wie das bei neuen Stellwerken bereits üblich ist.

Die seit Jahren geforderte modulare Bauweise, das sogenannte Baukastensystem, ist von der Bahnindustrie erst ansatzweise verwirklicht. Gerade die S-Bahn-Fahrzeuge sind Unikate mit Bauteilen, die für die speziellen S-Bahn-Verhältnisse entwickelt werden. Hier liegen noch Kostensenkungspotentiale.

Die Qualitätsoffensive im Nahverkehr läuft. Die moderne Technik liefert ihren Beitrag. Es gibt keinen Stillstand. Verkehrsunternehmen und Industrie sind herausgefordert, innovative, attraktive und wirtschaftliche neue Angebote zu entwickeln.

Wolfgang Wöbken
(Technischer Geschäftsführer
der S-Bahn Hamburg GmbH)

Zeitgemäß gestaltet ist auch der Führerstand. Doch die hochspezialisierte Elektronik sollte vor dem Fahrbetrieb an einem Simulator erprobt werden. Aufn: S-Bahn Hamburg

Einführung

Die Anfänge des elektrischen Zugbetriebs

Die stürmische Entwicklung des Eisenbahnverkehrs im 19. Jahrhundert ließ sowohl bei den Bahn-Betreibern als auch bei der einschlägigen Industrie den Wunsch nach effizienteren Antriebstechniken aufkommen. Am 31. Mai 1879 stellte Werner von Siemens (1810-1892) auf der Berliner Gewerbe- und Industrieausstellung am Lehrter Bahnhof erstmals eine funktionsfähige elektrisch betriebene Lokomotive vor, mit der innerhalb des Ausstellungsgeländes auf einer 300 m langen Strecke ein beschränkter Personenverkehr durchgeführt wurde. Das Fahrzeug wurde durch einen 2-poligen, 2,2 kW starken Reihenschluss-Kommutatormotor angetrieben; die Stromabnahme erfolgte über eine isolierte Flacheisenschiene mit einer Spannung von 150 V DC. Nach vielen Versuchen im In- und Ausland war dies die erste praktische Anwendung dieses neuen Betriebssystems.
Bereits zwei Jahre später, am 16. Mai 1881, eröffnete eine eigens hierzu von Siemens gegründete Firma ebenfalls in Berlin auf einer stillgelegten Materialbahnstrecke zwischen Kadettenanstalt und dem heutigen Bahnhof Lichterfelde Ost die erste elektrische Straßenbahnlinie der Welt. Mit den hier eingesetzten Fahrzeugen war zugleich im weitesten Sinne der elektrische Triebwagen geboren. Bei diesem Versuchsbetrieb erfolgte die Stromzuführung noch über die Fahrschienen, was bei einer Spannung von 160 - 180 V DC offenbar als problemlos angesehen wurde. Zunächst jedoch spielten weiterhin Pferde- und Dampftraktion die Hauptrolle im Stadtverkehr. Erst Ende der achtziger Jahre, als die Stromabnahme über Oberleitung eingeführt wurde, begann nach und nach der Aufschwung der elektrischen Straßenbahn.
Die Entwicklung des elektrischen Antriebs machte auch vor der Eisenbahn nicht halt. Hier war es das württembergische Städtchen Tettnang, das in dieser Beziehung Geschichte schrieb. Die in der zweiten Hälfte des 19. Jhds. gebauten Bahnlinien führten oftmals weiträumig an kleineren Städten und Gemeinden vorbei, die dadurch weiterhin von der Außenwelt abgeschnitten blieben. Diese Tatsache war der Grund für den Bau von vielen Stich- und Nebenbahnen zum Ende des auslaufenden Jahrhunderts. In Oberschwaben waren u.a. die topografischen Verhältnisse Ursache dafür, dass Tettnang von der Staatsbahnstrecke Ulm–Friedrichshafen buchstäblich links liegengelassen wurde. Tettnang bemühte sich daher um eine Nebenbahnverbindung zum knapp fünf Kilometer entfernten Staatsbahnhof Meckenbeuren, war damit aber zunächst wenig erfolgreich, denn die Württembergische Staatsbahn (KWStE) zeigte an der Verbindung kein Interesse. Deshalb wandte sich die Tettnanger Stadtverwaltung schließlich an die Localbahn AG (LAG) in München, die damals bereits vom ca. zehn Kilometer nördlich gelegenen Ravensburg aus eine schmalspurige Dampfbahn nach Weingarten betrieb. Da die ursprünglichen Pläne, Tettnang mit einer dampfbetriebenen Bahn an die Strecke Ulm–Friedrichshafen anzuschließen, mangels Rentabilität fallengelassen wurden, konzentrierten sich die Planer nun auf eine Bahn mit elektrischem Betrieb. Auslöser dafür war nicht zuletzt eine ca. 1,5 km vor Meck. entfernte Mühle an der Argen, die auch eine kleine Turbine zur Stromerzeugung besaß. Eine vor diesem Hintergrund erneut aufgestellte Rentabilitäts-Untersuchung ergab, dass eine elektrisch betriebene Bahn in Verbindung mit einer elektrischen Beleuchtungs- und Kraftübertragungsanlage für die Stadt Tettnang durchaus ertragsversprechend sein könnte. Zwei Münchener Ingenieure, de la Rosé und Huber, die sich bereits mit der Nutzung der Wasserkraft in der Schweiz beschäftigt hatten, wurden daraufhin vom damaligen Stadtschultheißen von Tettnang zu einem Gespräch eingeladen, um den Plan einer elektrischen Bahnverbindung zu besprechen. Schließlich erhielt Ingenieur Oskar von Miller, der

Die erste elektrische Lokomotive von Siemens auf der Gewerbe- und Industrieausstellung 1879 in Berlin. Aufn: Sammlung Koppisch, Archiv transpress

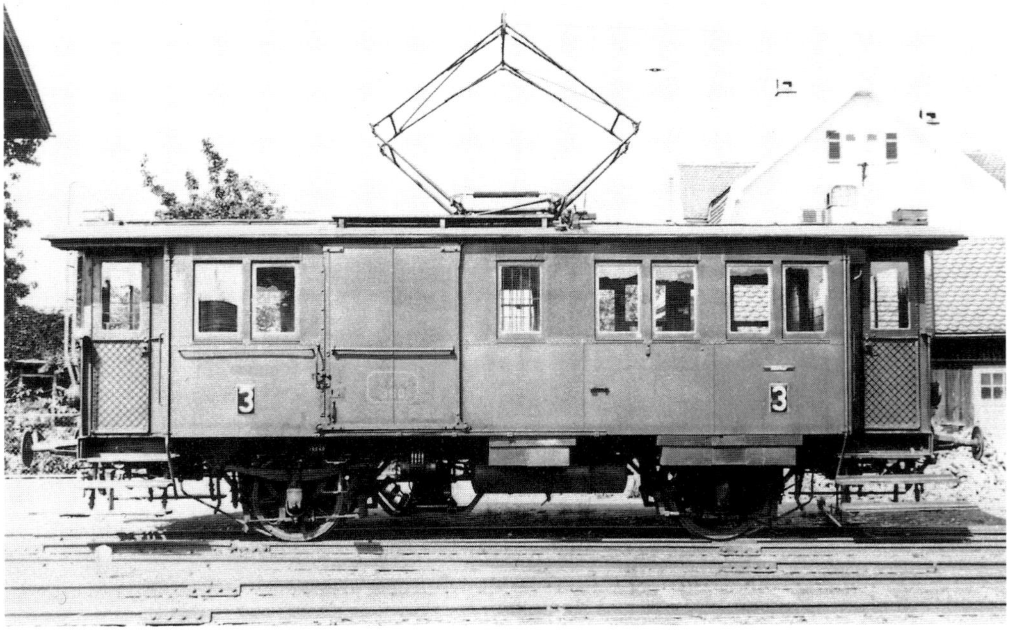

LAG 360, später ET 184 41, war einer der beiden Triebwagen für die LAG-Strecke Meckenbeuren–Tettnang, der ersten elektrischen Vollbahnstrecke der Welt.
Aufn: Sammlung Stephan Kuchinke

spätere Gründer des Deutschen Museums in München, von der LAG den Auftrag zur Erstellung der Baupläne und am 22. Juni 1894 konnte zwischen der Stadt Tettnang und der LAG ein entsprechender Vertrag unterzeichnet werden.
Für die Entscheidung über das zu verwendende Rollmaterial stand zunächst die Frage »lokbespannte Züge oder Triebwagen« im Mittelpunkt. Diese Frage ist auch heute noch aktuell: angesichts der laufenden Fahrzeugbestellungen sowohl der Deutschen Bahn AG als auch der neu gegründeten privaten Bahnunternehmen scheint der Trend in Richtung des Triebwagens bzw. Triebzuges zu gehen. Die Topographie der Strekke mit einer durchgehenden Steigung von 20 Promille bedingte ein kompaktes Fahrzeugsystem mit einer möglichst niedrigen Gesamt-Zugmasse. Diese Voraussetzungen waren schließlich ausschlaggebend dafür, dass die Entscheidung zugunsten des Triebwagens fiel. Auch für die Tettnanger Bahn fiel das Los letztlich auf den Triebwagen. MAN und SSW (Siemens-Schuckert-Werke) erhielten den Auftrag zur Lieferung der beiden Triebwagen und eines Beiwagens. Die Betriebsspannung betrug 650 V DC, die Stromabnahme erfolgte über Oberleitung und Rollenstromabnehmer, die zu einem späteren Zeitpunkt durch Scherenstromabnehmer ersetzt wurden. Die beiden zweiachsigen Triebwagen wurden von je einem Tatzlagermotor pro Achse (Achsfolge Bo) mit einer Leistung von je 32 kW[1] angetrieben. Am 4. Dezember 1895 wurde der planmäßige Betrieb aufgenommen. Da die Strecke mit Rücksicht auf die Tettnanger Verlader in Normalspur ausgeführt wurde, handelt es sich bei dieser Strecke also um die erste elektrisch betriebene Vollbahnstrecke der Welt.

Die Entwicklung der ET-Baureihen (ohne S-Bahn) bis 1945

1905 wurde – ebenfalls als Weltpremiere – die elektrische Zugförderung mit Einphasen-Wechselstrom (5 kV/16 Hz) aufgenommen. Es handelte sich hierbei um die Strecke von Murnau nach Oberammergau und der Betreiber war wiederum die bayerische LAG. Schwerpunkt der in den darauffolgenden Jahren beginnenden und lediglich durch den Ersten Weltkrieg unterbrochenen Elektrifizierung von Bahnstrecken waren Schlesien, Mitteldeutschland, Bayern, Baden und – mit zeitlicher Verzögerung – Württemberg. Aufgrund der guten Erfahrungen, die bei den Straßenbahnwagen mit Tatzlagermotoren gemacht wurden, wurden auch die Vollbahn-Triebwagen von Anfang an mit diesen Motoren ausgerüstet. Mit 45 kW war die Motorleistung anfangs noch bescheiden und aufgrund der recht üppigen Abmessungen der Motoren kamen die Fahrzeugbauer über einen Motor je Triebdrehgestell noch

1 Die Leistungsangaben in diesem Kapitel beziehen sich durchgängig auf die Dauerleistung

LAG 674, einer der beiden Sommertriebwagen für die Strecke Murnau–Oberammergau.
Sammlung Martin Krebs

Dreiteiliger Triebzug ET/ES 87 05. Die Traktionsanlage dieser 1914 an die Preußische Staatsbahn gelieferten Züge befand sich im mittig eingereihten Motorwagen. Aufn: Sammlung Riechers

nicht hinaus. Erst nach und nach gelang es, die Motorleistung zu steigern. Doch immerhin hatte bereits 1903 die AEG gemeinsam mit der KPEV auf der Strecke Niederschöneweide–Spindlersfeld Versuche mit Triebwagen durchgeführt, die über zwei Motoren mit einer Leistung von je 75 kW verfügten. Aufgrund der dort gewonnenen positiven Versuchsergebnisse wagte die KPEV es schließlich, den elektrischen Betrieb auf der Hamburger »Verbindungsbahn« aufzunehmen.

Die Forderung nach größeren Triebwagen führte 1914 zum Bau des dreiteiligen Triebzugs KPEV 501-506, der späteren DRG-Bauart ET 87, für die Strecke Nieder Salzbrunn–Halbstadt in Schlesien. Da die Industrie Skrupel hatte, Tatzlagermotoren mit der geforderten hohen Leistung anzuwenden, wurde dieser Triebzug noch mit einem 6,7 t schweren und 376 kW starken Doppelmotor mit Blindwellenantrieb und gekuppelten Treibachsen ausgerüstet, die Achsfolge lautete 2'1+B'1+1 2'. Hersteller waren LHW und MAN. Diese Anordnung ging allerdings einher mit einem 20 %-igen Verlust an Fahrgastkapazität, da die gesamte Traktionsanlage einschließlich Ölschalter, Trafo und Steuerung aufgrund ihrer umfangreichen Abmessungen im ca. 10 m langen Mittelwagen untergebracht werden mußte. Faktisch war hiermit wieder die Lokbespannung erreicht, allerdings befand sich diese »Lokomotive« in Zugmitte. Interessanterweise gibt es auch hierzu wieder eine Parallele in der jüngsten Fahrzeugentwicklung, denn das selbe Prinzip findet sich heute bei dem von Stadler entwickelten und von Bombardier-DWA und Adtranz u.a. für die Hessische Landesbahn (HLB) und der DB AG gebauten Triebzug GTW 2/6 (BR 649/949) wieder, wenn auch unter völlig anderen Prämissen (Niederflurbauweise). Der in sechs Einheiten gebaute ET 87 demonstrierte in aller Deutlichkeit, dass, um die Vorteile des Triebwagens bzw. Triebzugs gegenüber lokbespannten Züge voll ausnutzen zu können, der platzsparende Tatzlagerantrieb auch für höhere Drehmomente zu ertüchtigen und eine Unterfluranordnung für die Aggregate und Hilfsgeräte anzustreben war.

Ab 1922 wurden die ET 87 innerhalb Schlesiens auf steigungsärmeren Strecken eingesetzt. An ihre Stelle traten Triebwagen, die im Hinblick auf die geplante Elektrifizierung der Berliner Stadt-, Ring- und Vorortsbahnen mit 15 kV/16,7 Hz ursprünglich für den Versuchsbetrieb auf der Strecke Dessau–Bitterfeld vorgesehen waren. Diese bereits 1913 bestellten, jedoch erst 1920 gelieferten Triebwagen (Serie 507-510 KPEV – spätere Bezeichnung ET 88 DRG) bestanden aus umgebauten preußischen Abteilwagen mit Triebdrehgestellen. Bemerkenswert war, daß bei diesen Triebwagen erstmals stärkere Tatzlagermotoren mit 2 x 180 kW (Achsfolge (A1)'(1A)') zum Einbau kamen und dass es überdies ebenfalls erstmals gelang, mit Ausnahme des Hauptschalters alle anderen elektrischen Aggregate außerhalb des Wagenkastens unterzubringen; hierzu musste jedoch das Untergestell verstärkt und mit einem Sprengwerk versehen werden.

Stadler-Triebzug vom Typ GTW 2/6. Auch hier ist die Traktionsanlage in einem sog. »Kraftcontainer« mittig im Triebzug eingereiht. Aufn: Riechers

Der Erste Weltkrieg unterbrach zunächst diese Versuche. Nach der Wiederaufnahme der Arbei-

Triebzug der Reihe ET 88, bestehend aus zwei ET und vier Zwischenwagen.
Aufn: Siemens, Sammlung Koppisch, Archiv transpress

Rechts: WWK und SSW lieferten 1928 sechs zweimotorige Triebwagen der Reihe ET 41 mit der Achsfolge (1A)' (A1)' für die Strecke Halle–Leipzig.
Aufn: Siemens, Sammlung Koppisch, Archiv transpress

ten entschied sich die Eisenbahndirektion Berlin 1921 jedoch, die vorgesehene Elektrifizierung nicht mit 15 kV/16,7 Hz sondern mit 750 V DC **und** dritter Schiene durchzuführen. Da die mittlerweile fertiggestellten Triebzüge nach einigen kurzen Versuchs-Einsätzen durch diese Entscheidung überflüssig geworden waren, wurden sie der RBD Breslau überstellt und fortan anstelle der ET 87 auf der Strecke Nieder Salzbrunn–Halbstadt eingesetzt.

Beeinflusst durch diese Entwicklung kamen 1924 bei der Reihe ET 85 für das Münchner Vorortsnetz ebenfalls Tatzlagermotoren zum Einsatz (Achsfolge Bo'2'). Allerdings mussten bei diesem Baumuster Transformator und Schützensteuerung wieder in einem Geräteraum untergebracht werden. Die ersten vier Fahrzeuge waren noch umgebaute Dampftriebwagen, weitere 30 Stück in einer geringfügig abweichenden Ausführung wurden 1925 bei Fuchs in Heidelberg und BBC in Auftrag gegeben und 1927 abgeliefert.

Bei den 1926 gelieferten elf ET 89 (Achsfolge (1A)'(A1)') für die Strecke Hirschberg–Polaun im Riesengebirge (Schlesien) war nur noch ein Transformatorraum im Wagenkastenmitte erforderlich. Seinem Einsatzgebiet verdankt dieses Fahrzeug den Beinamen »Rübezahl«. Erst bei den beiden, von DWD und SSW 1926 gebauten einmotorigen ET 82 (Achsfolge (1A)' 2'), sowie den sechs 1928 von WWK und SSW für die Strecke Leipzig–Halle gelieferten zweimotorigen ET 41 (Achsfolge (1A)'(A1)') gelang es, die gesamte elektrische Anlage unterhalb des Wagenbodens unterzubringen. Der ET 41 war zudem erstmals mit einer Vielfach-Steuerung ausgerüstet, mit deren Hilfe vier gekuppelte Triebwagen von einem Führerstand aus gesteuert werden konnten.

Ende der zwanziger Jahre reifte bei den Verantwortlichen der DRG erstmals der Gedanke, die verschiedenen Triebwagen-Entwicklungen zu kanalisieren und einen **Einheitstriebwagen** für Oberleitungsbetrieb zu entwickeln. Am 28. August 1929 wurde das Reichsbahn Zentralamt (RZA) in Berlin mit einer entsprechenden Untersuchung beauftragt. Das Ziel war, Aggregate wie Motor, Trafo und Steuerung im weitesten Sinne untereinander austauschbar zu gestalten und auf Hilfsmaschinen aus dem Lokomotivbau (z.B. BR E 17) zurückzugreifen. Dennoch sollte die Möglichkeit offengehalten werden, einsatz-spezifische Vorgaben – wie z.B. auf Gebirgs- oder Flachlandstrecken abgestimmte Radsatzlasten – zu realisieren. Bereits ein Jahr später, am 22. August 1930, konnte der Hauptverwaltung der DRG ein abschließender Bericht über die Neuentwicklung von elektrischen Triebwagen mit 16 und 18 t Radsatzlast sowie die entsprechenden Steuer-

Der elT 1212 stammte aus der ersten Serie der später als ET 65 bezeichneten neuen Triebzug-Baureihe für den Stuttgarter Vorortverkehr. In Beimerstetten bei Ulm wartet der Triebzug im Frühjahr 1933 auf die Weiterfahrt.
Aufn: Werkfoto ME, Sammlung Thomas Estler

und Zwischenwagen vorgelegt werden. Dieser Bericht enthielt folgende sinngemäß wiedergegebenen Empfehlungen des RZA:

1. Entwicklung eines Personentriebwagens mit einer zulässigen Radsatzlast von 18 t und vier eigenbelüfteten Motoren (je zwei in Reihe geschaltet); Ausführung für die RBD Breslau mit selbsttätiger Steuerung und einer v_{max} = 85 km/h, Ausführung für die RBD Halle und Magdeburg mit stufenweiser Steuerung, kompatibel mit dem im Bereich der RBD Halle eingesetzten ET 41 und einer v_{max} = 100 km/h.
2. Entwicklung eines Personentriebwagens mit einer zul. Radsatzlast von 16 t und vier fremdbelüfteten Motoren in gleicher Ausführung wie die im Bereich der RBD München eingesetzten ET 85.
3. Entwicklung eines vierachsigen Gütertriebwagens in den beiden technischen Ausführungen wie die unter 1. genannten Personentriebwagen.
4. Entwicklung eines Gütertriebwagens wie unter 3., jedoch in sechsachsiger Ausführung
5. Steuerwagen für den Personentriebwagen wie unter 2.
6. Beiwagen für den Personentriebwagen wie unter 2.
7. Kleinster befahrbarer Bogenradius 250 m.

Da die DRG in dieser Zeit unter chronischem Geldmangel litt, unterblieb der ins Auge gefaßte Bau von Prototypen und das Programm musste zunächst auf Eis gelegt werden. Für die am 15. Mai 1933 vorgesehene Aufnahme des elektrischen Vorortverkehrs zwischen Stuttgart und Ludwigsburg bzw. Esslingen (der Fernverkehr Stuttgart–Augsburg folgte am 1. Juni 1933) kamen die obengenannten Projekte wieder auf dem Tisch. Deren Vorgaben konnten jedoch nicht mehr vollständig realisiert werden, da die ersten eigens für das Stuttgarter Vorortnetz entwickelten ET 65 bereits 1932 in Bau waren. Immerhin gelang es, einige Komponenten aus dem Einheitsprogramm in die Serie einfließen zu lassen wie z.B. die allerdings noch im Wageninnern angeordnete BBC-Steuermaschine. So gesehen war der ET 65 ein »Zwitter« und gleichzeitig die letzte nicht den Einheitsrichtlinien entsprechende Triebzug-Bauart bis 1945. Von der Reihe ET 65 wurden bis 1938 insgesamt 25 Triebwagen mit zugehörenden Steuerwagen sowie 44 kurzgekuppelte Doppelwagen als Beiwagen geliefert. Die Leistung des viermotorigen Triebwagens (Achsfolge Bo'Bo') betrug 804 kW, die v_{max} 85 km/h. Hersteller war die Maschinenfabrik Esslingen (ME), die elektrische Anlage stammte von BBC.

Im Jahr 1935 entstanden die zweiteiligen Einheits-Triebzüge der Reihe ET 25. Auf ihrer langjährigen Stammstrecke Stuttgart-Tübingen entstand 1942 dieses Bild vor dem Hintergrund der Schwäbischen Alb.
Aufn: Siemens, Sammlung Koppisch, Archiv transpress

Für die schlesischen Gebirgsbahnen bestellte die DRG 1934 bei LHW vier Triebwagen der Bauart ET 51 mit Steuer- und Beiwagen. Der mit geringerer Leistung (664 kW) ausgestattete Triebwagen konnte als Weiterentwicklung des ET 65 betrach-

Für den Schnellverkehr zwischen Ballungsräumen war der ET 31 vorgesehen, der 1936 an die DRG geliefert wurde.
Aufn: LHW, Sammlung Koppisch, Archiv transpress

tet werden. Da weitere Details aus dem Einheitsprogramm in die Entwicklung einflossen, u.a. fand die BBC-Steuermaschine nunmehr unterhalb des Wagenbodens Platz, war der ET 51 de facto der erste Einheitstriebwagen. 1939 folgten noch einmal vier Triebwagen, aufgrund der höheren Leistung (804 kW) und des um zwei Meter längeren Wagenkastens als ET 51.1 bezeichnet; diese wurden auf der Strecke Nieder Salzbrunn–Halbstadt eingesetzt.

Bereits die zweite Entwicklungsstufe in der Entwicklung der Einheitstriebwagen stellt der Bau des ET 25 im Jahre 1935 dar. Der damalige Stand der Technik ließ eine Leistungssteigerung der E-Motoren nur unter Inkaufnahme größerer Abmessungen zu, doch für größere Motoren war in den damaligen Fahrzeugen kein Platz vorhanden. Ausserdem wären größere Motoren entsprechend schwerer geworden, so dass die Leistungssteigerung zwangsläufig auch zu einem höheren Fahrzeuggewicht geführt hätte. Um die beim ET 25 angestrebte v_{max} von 120 km/h zu verwirklichen, blieb daher nur die Reduzierung des Fahrzeuggewichts durch Leichtbauweise. So wurde der ET 25 als zweiteiliger, kurzgekuppelter Triebzug (Achsfolge Bo'2'+ 2'Bo') mit einem Gesamt-Dienstgewicht von rund 90 t, rund 45 t je Fahrzeugteil, konzipiert, was im Vergleich zu den Vorgänger-Baureihen immerhin eine Gewichtsreduzierung von ca. 25 % bedeutete. Auf eine noch weitergehendere Leichtbauweise wurde zugunsten eines stabileren Untergestells verzichtet, damit außer einer möglichen Mehrfachtraktion über normale Zug- und Stoßeinrichtungen auch Reisezugwagen befördert werden konnten. Die beiden Wagenkästen waren durch einen mittels Faltenbalg abgedeckten Übergang miteinander verbunden. Von den 39 gelieferten Triebzügen ET 25 hatten 28 eine Gesamt-Motorleistung von 840 kW; elf Triebzüge waren mit stärkeren Motoren, Gesamtleistung 920 kW, ausgerüstet. Die Unterbringung des Transformators bereitete den Konstrukteuren allerdings einiges Kopfzerbrechen, weil die Einheitsrichtlinien eine Freihaltung der Wagenkästen von elektrischen Ausrüstungsteilen jeglicher Art vorsahen. Die Aufhängung dieses schweren Bauteils unterhalb des Wagenkastens schied jedoch ebenfalls aus, da hierdurch das Untergestell über Gebühr auf Biegung belastet worden wäre und zu Ungunsten des Fahrzeugewichts hätte verstärkt werden müssen (wie beim ET 41 geschehen). Aus diesem Grunde wurde der Trafo geteilt und in den beiden Triebdrehgestellen »eintauchend« angeordnet, womit jedes Triebdrehgestell über seinen eigenen Trafo verfügte. Hersteller des Mechanteils waren ME und MAN. Die elektrischen Anlagen stammten je nach Bauserie von AEG, SSW und BBC. Um bei steigendem Platzbedarf im Falle von Verkehrsspitzen schnell reagieren zu können, wurde ein passender Steuerwagen ES 25 entwickelt. Insgesamt wurden 48 Steuerwagen gebaut (ES 25.0: 13 Stück, ES 25.1: 35 Stück). An der Herstellung der Steuerwagen waren die Waggonfabriken Rathgeber, LHW, Fuchs und WUMAG (Görlitz) sowie – für den elektrischen Teil – AEG, SSW und BBC beteiligt. Die ET/ES 25 kamen zunächst schwerpunktmäßig bei den RBD München und Stuttgart, einige auch bei den RBD Breslau, Halle, Hannover und Nürnberg zum Einsatz.

Ebenfalls 1935 erteilte die DRG den Firmen LHW und BBC einen Auftrag über 13 dreiteilige Triebzüge der Bauart ET 31 mit einer v_{max} von 120 km/h. Die Ablieferung erfolgte 1936 zu den RBD Breslau, München und Nürnberg. Alle drei Wagen eines Triebzuges verfügten über je ein Triebdrehgestell (Achsfolge Bo'2'+ Bo'2'+ 2'Bo'). Die Triebzüge sollten im Gegensatz zum ET 25 im Schnellverkehr zwischen Ballungsräumen eingesetzt werden, was sich in einer komfortabeleren Innenausstattung (gepolsterte Sitze in der Aufstellung 2+2 anstelle 2+3 beim ET 25) manifestierte. Auch die Tatzlagermotoren hatten eine höhere Nennleistung als diejenigen des ET 25, so daß der ET 31 mit einer Gesamtleistung von 1460 kW ausgerüstet war.

Noch in der Ablieferungsphase des ET 25 wurde von der DRG ein Triebzug für den schnellen Nahverkehr auf steigungsreichen Strecken mit kurzen Halte-Abständen geplant, wobei ursprünglich Allachsantrieb vorgesehen war. Um Kosten zu sparen, entschied sich die DRG schließlich doch für eine Weiterentwicklung des ET 25 unter Verwendung der stärkeren Motoren des ET 31. Um eine bessere Anfahrbeschleunigung zu erreichen, wurde zudem die Getriebeübersetzung von 1:2,75 in 1:3,57 geändert. Aufgrund der abweichenden Kenndaten wurde der Triebzug als ET 55 klassifiziert. Hersteller dieser zunächst nur vier Exemplare umfassenden Baureihe waren ebenfalls MAN und BBC; WUMAG lieferte acht Steuerwagen. Im Jahre 1942 wurden noch zwei Triebzüge ET 25.0 zum ET 55 umgebaut. Alle Triebzüge wurden den RBD Karlsruhe und Stuttgart zugeteilt.

Der beginnende Zweite Weltkrieg setzte der Weiterentwicklung des Einheitstriebwagens bzw. -Triebzuges ein vorläufiges Ende. Abgesehen von einigen Sonderbauarten wie z.B. dem ET 91 aus dem Jahre 1935, auch als »gläserner Zug« bekannt, sowie dem ET 11, von dem zwischen 1935 und 1937 drei Exemplare für den Städteschnellverkehr zwischen Berlin und München gebaut wurden, existierten weitere Projekte wie der Schnelltriebzug ET 06 und der Gepäcktriebwagen ET 95 nur auf dem Papier; ihre Entwicklung wurden zugunsten »kriegswichtiger« Projekte eingestellt.

Die Entwicklung der ET-Baureihen (ohne S-Bahn) nach 1945

Das Ende des Zweiten Weltkriegs brachte neben umfangreichen Zerstörungen des Fahrzeugparks mit der Aufteilung Deutschlands in vier Besatzungszonen die entsprechende Zergliederung des Eisenbahnbetriebs. Aus den drei Westzonen entstand die »Trizone«, der die »Ostzone« gegenüber stand, ehe 1949 die Bundesrepublik Deutschland und die Deutsche Demokratische Republik (DDR) entstanden. Einige der Triebfahrzeug-Baureihen waren über beide Teile Deutschlands verteilt. Von den wenigen in der östlichen Besatzungszone verbliebenen Triebwagen und -zügen wurden einige als Reparationszahlung in die UdSSR überführt, wie beispielsweise zwei betriebsfähige Exemplare der Reihe ET 87. Die restlichen drei gelangten nach Nürnberg für den dortigen Vorortverkehr, ein Exemplar war 1940 zerstört worden. Auch von den im Osten Deutschlands verbliebenen ET 25 wurden drei fahrbereite Triebzüge in die UdSSR abtransportiert; aus dem verbliebenen beschädigten ET 25 012 sowie dem Steuerwagen ES 25 008 entstand im RAW Dessau ein dreiteiliger Triebzug, der in den 70er Jahren in BR 285 001 umbezeichnet wurde. Von der Reihe ET 89 wurden bis auf drei Exemplare alle zerstört, die verbliebenen Fahrzeuge kamen in Bayern zum Einsatz. Während die beiden ET 82 und fünf ET 41 zerstört wurden, überlebte ein ET 41 den Krieg nur kurz. Die Reihe der ET 65 erreichte das Kriegsende nahezu komplett und musste zunächst aufgearbeitet werden. Anfang der sechziger Jahre erfolgte im AW Stuttgart-Bad Cannstatt eine umfassende Grundüberholung und Modernisierung der vorhandenen Fahrzeuge sowie die Aufstockung des Bestandes durch Umbau einiger Wagen der Reihen ES 25 und ET 51. Auch der ET/ES 25, von dem in West-Deutschland noch 17 Garnituren vorhanden waren, wurde nach einer vorläufigen Aufarbeitung Anfang der fünfziger Jahre in den Jahren 1963-1965 im AW Stuttgart-Bad Cannstatt generalüberholt und modernisiert. Schließlich zwang der exorbitant hohe Bedarf an Transportraum in der Nachkriegszeit zu Fahrzeugumbauten. Beispielsweise wurde überlegt, wie die aus drei angetriebenen Wagen bestehenden vier ET 31 besser genutzt werden konnten. Weder Komfort noch Beschleunigung oder Geschwindigkeit waren damals wichtig, so dass den Triebzügen schließlich je ein motorisierter Endwagen entnommen und, nach entsprechenden Anpassungsarbeiten, durch einen nichtmotorisierten Steuerwagen ES 25 ersetzt wurde. Diese 1950 auf Anleitung des EZA in München bei ME und dem EAW München-Neuaubing umgebauten Triebzüge erhielten die Betriebsbezeichnung ET 32.0. Die vier verbliebenen End-Triebwagen wurden nun paarweise miteinander gekuppelt, wodurch der ET 32.2 entstand. 1964 wurden diese Triebzüge um je einen weiteren Steuerwagen ES 25 zu dreiteiligen Triebzügen formiert, so dass nunmehr sechs dreiteilige Triebzüge ET 32 in abweichender Zusammenstellung zur Verfügung standen.

Besondere Erwähnung verdient der ET 25 201. Dieser vierteilige Triebzug entstand 1965 im RAW Berlin-Schöneweide aus schadhaften Wagenkästen niederländischer (NS) Gleichstrom-Triebzüge (CDk 615 + C 602 + Ce 628 + Bk 628) und erhielt völlig abweichende Fahrzeugköpfe. Da die elektrische Ausrüstung weitestgehend von ausgemusterten ET 25-Fahrzeugen stammte, wurde dieser Triebzug als ET 25 bezeichnet. Das Fahrzeug war nur sporadisch im Einsatz und wurde bereits 1972 ausgemustert; zu einem weiteren ähnlichen Umbau kam es nicht mehr.

Auch der aus dem beschädigten ET 25 026 a/b aufgebaute Triebzug ET 255 01 mit einer Traktionsausrüstung für 20 kV/50 Hz sollte nicht unerwähnt bleiben. Dieser Triebzug verkehrte zwischen 1950 und 1961 auf der 1936 versuchsweise mit 20 kV/50 Hz elektrifizierten Höllental- und Dreiseenbahn; hier befanden sich seit 1936 bereits vier Lokomotiven der BR E 244 im Einsatz. 1962 wurde der Triebzug auf 15 kV/16,7 Hz zurückgebaut und am 6. November als ET 45 01 a/b wieder in Betrieb genommen, nachdem die Höllental- und Dreiseenbahn auf das landesweit übliche System umgestellt worden war.

Ein ganz besonderes Schicksal hatte der ET 25 025 a/b: Er gelangte 1948 zur SNCF in Frankreich und wurde für Versuche mit 20 kV/50 Hz (1953 umgestellt auf 25 kV) genutzt. Erste Erprobungsfahrten dieses Triebzuges mit der Bezeichnung Z 9053/9054 erfolgten bis 1951 ebenfalls auf der Höllentalbahn. Nach Erweiterung um einen Mittelwagen wurde der Triebzug auf der Strecke Aix-les-Bains–La Roche-sur-Foron eingesetzt. Ende der sechziger Jahre wurde der Triebzug endgültig ausgemustert.

Eine Sonderstellung nehmen die vier Triebzüge der Bauart ET 26 ein, die nach der Systemumstel-

Aus dem durch die Kriegsfolgen beschädigten ET 25 026 a/b entstand der ET 255 01 für den 25 kV/50 Hz-Versuchsbetrieb auf der Höllentalbahn. Nach Umrüstung der Strecke auf 15 kV/16,7 Hz wurde der Zug zum ET 45 01 umgebaut, das Bild zeigt den Zug am 9. Mai 1964 im AW Bad Cannstadt. Aufn: Otto Blaschke

Etwas gefälliger als der ET 65 wirkt der ET 25 nach der Modernisierung. 425 401 im Herbst 1979 im AW Bad-Cannstatt.
Aufn: Jacobson

lung der Isartalbahn von 1100 V DC auf 15 kV/ 16,7 Hz im Jahr 1955 aus verschiedenen Splittergattungen (u.a. Berliner S- Bahn, Wehrmachtsbahn Peenemünde–Zinnowitz) zusammengestellt wurden, um auf dieser Strecke eingesetzt zu werden. Allen Triebzügen gleich war ihre Zuordnung am Kriegsende als ET 182.0, 182.1 und 182.2. Ihr Umbau erfolgte durch die Firma Wegmann & Co in Kassel; die elektrischen Anlagen wurden von BBC geliefert.

Die erste Neu-Entwicklung der DB nach 1945 war die Baureihe ET 56; aufgrund ihrer Stromlinienform wurden diese Triebzüge auch »Eierköpfe« genannt. Die elektrische Ausrüstung dieser 1952 abgelieferten Dreiwagen-Triebzüge mit der Achsfolge Bo'2'+2'2'+2'Bo' stammte von ausgemusterten Triebzügen der Reihen ET 25 und ET 31. Da die Wagenkästen in kombinierter Spanten- und Schalenbauweise ausgeführt wurden, konnte gegenüber den ET 31 erheblich Gewicht eingespart werden, nämlich rund 20 t. Von dieser Baureihe wurden lediglich sieben Fahrzeuge gebaut; Hersteller waren ME, Fuchs und Rathgeber sowie BBC für die E- Ausrüstung.
Der vier Jahre später gelieferte ET 30 brachte es auf 24 Einheiten. Auch bei diesem speziell für den Städteschnellverkehr im Ruhrgebiet entwickelten Triebzug mit ähnlichem Aussehen und gleicher Achsfolge wie der ET 56 wurden noch viele Komponenten aus den ET 25 und 31 verwendet. Die Motoren waren mit einer Gesamt-Dauerleistung von 1830 kW, entspr. ca. 450 kW je Fahrmotor (ET 31/ 32 192,5 kW), wesentlich stärker als die der Vorgänger-Baureihen. Die hierdurch ermöglichte höhere Beschleunigung war für die stark befahrenen Strecken im Ruhrgebiet dringend nötig. Auch am Bau dieser Triebzugreihe wurden alle namhaften Hersteller sowie die drei Elektrokonzerne AEG, BBC und Siemens beteiligt.
Die letzte für den Vorort- und Regionalverkehr entwickelte Triebzug-Baureihe war der ET 27. Dieser dreiteilige Triebzug mit der Achsfolge Bo'Bo'+2'2'+Bo'Bo' hatte eine Gesamtleistung von 1200 kW (entspr. 150 kW je Fahrmotor). Der Konzeption dieser 1964 abgelieferten Triebzüge lagen u.a. die Erfahrungen, die mit den S-Bahn-Triebzügen ET 171 und (später) 170 in Hamburg gemacht wurden, zugrunde. Das zeigt sich insbesondere durch die Anordnung von elf Einstiegen je Triebzugseite. Ursprünglich war die Reihe ET 27 für den schnellen Nahverkehr im Ruhrgebiet vorgesehen. Da die Leistung der Fahrzeuge für die vorgesehenen Einsätze jedoch nicht ausreichte, kamen sie schließlich im Stuttgarter Vorortnetz zum Einsatz. Die Baueihe ET 27 kam über fünf Vorserienfahrzeuge nicht hinaus; sie stellte jedoch eine wertvolle Vorstudie für die ab dem 27. Oktober 1965 in Entwicklung befindliche S-Bahn-Baureihe 420/421 dar.
Um für Abrechnung und Fahrzeugstatistik von der elektronischen Datenverarbeitung Gebrauch machen zu können, wurde bei der DB am 1. Januar 1968 (DR: 1. Juli 1970) ein EDV-geeignetes Baureihen- und Nummernsystem eingeführt. An die Stelle der bis dahin üblichen Betriebsbezeichnungen trat die aus drei Ziffern bestehende Baureihennummer, es folgte die ebenfalls dreistellige Fahrzeugnummer und eine durch einen Bindestrich getrennte Kontrollziffer. Die erste Ziffer kennzeichnet die Bauart, elektrische Triebzüge erhielten bei der DB die Bauartziffer 4, während die DR zwischen E-Loks und E-Triebzügen nicht unterschied und beiden Bauarten die Kennziffer 2 gab. Aus dem ET 27 wurde so die BR 427. Die

Die erste »richtige« Triebzug-Neuentwicklung der DB war der ET 30 für den Städteschnellverkehr im Ruhrgebiet. Auf einer Probefahrt weilte ET 30 001 im Jahr 1956 im Voralpenland.
Aufn: BBC, Sammlung Koppisch, Archiv transpress

Wenig Glück war den fünf Triebzügen der Reihe ET 27 beschieden, die 1964 geliefert wurden. Ursprünglich für das Ruhrgebiet vorgesehen, wo sie lediglich ein »Gastspiel« auf der Düsseldorfer S 6 gaben, fanden sie schließlich im Großraum Stuttgart ihr Zuhause. Das Bild entstand bei einer Probefahrt auf der Strecke Regensburg–Nürnberg.
Aufn: MAN, Sammlung Koppisch, Archiv transpress

weitere Erläuterung der Tfz-Nummern sowie ihre Unterteilung ist der einschlägigen Literatur zu entnehmen.

Oben: Triebzug der Serie »Mat 24« der NS, Baujahr 1927. Neben nichtmotorisierten umfasste diese Serie auch motorisierte Zwischenwagen. Ferner waren die Züge durch Faltenbälge verbunden und somit durchgehend begehbar.
Aufn: Sammlung Riechers

Unten: Triebzug der Serie »Mat 35« der NS, Baujahr 1935, vor der Hauptwerkstätte in Leidschendam. Die Züge waren für den Pendelverkehr von Rotterdam nach Hoek van Holland bestimmt.
Aufn: Sammlung Riechers

Zusammenfassung

Zwischen 1914 und 1941 wurden in Deutschland, ohne Berücksichtigung der S-Bahnfahrzeuge, insgesamt 146 elektrische Triebwagen und -Züge (ohne Bei- und Steuerwagen) für den Nah- und Regionalverkehr gebaut, die zum größten Teil das Ende des Zweiten Weltkrieges erreichten. Ein Teil der Einheitstriebzüge konnten nach erfolgter Aufarbeitung und Modernisierung sogar noch bis weit in die achtziger Jahre ihren Dienst erfüllen. Verglichen mit anderen Ländern, z.B. den Niederlanden, wo die NS im gleichen Zeitraum auf einem unvergleichbar kleineren Netz 130 elektrische Triebwagen (ohne Mittel- und Steuerwagen) sowie 164 elektrische Stromlinien-Triebzüge einsetzte, ist das keine berauschende Menge. In den Niederlanden hatte sich die NS die Vorteile des Triebwagens gegenüber lokbespannten Zügen bereits früh zu Eigen gemacht. Lokbespannung gab es damals bei NS ausschließlich bei den Fern- und Güterzügen. Noch weniger berauschend jedoch ist die Anzahl der nach 1945 gelieferten Neubau-ET. Ohne Berücksichtigung der S-Bahnfahrzeuge im weitesten Sinne wurden insgesamt lediglich 36 elektrische Triebzüge in drei Baureihen in Dienst gestellt! In der DDR sah es noch schlechter aus; hier wurden nur Triebzüge für den S-Bahnverkehr entwickelt. Insgesamt muss festgestellt werden, dass beide Bahnverwaltungen den Triebzug zugunsten des lokbespannten Wendezuges in den Hintergrund gedrängt haben. Eine Wende in dieser Politik wurde erst 1994 eingeläutet, als die DB AG sowohl für den S-Bahn- als auch für den Regionalverkehr neue Triebzüge bestellte.

Die S-Bahn

Definition

Die Zeitschrift »Die Reichsbahn«, das amtliche Nachrichtenblatt der DRG, veröffentlichte am 25. Dezember 1930 die folgende Mitteilung:
»...Die Berliner Stadt-, Ring und Vorortbahnen werden künftig ***»S-Bahn«*** *heißen. Soweit es die Mittel gestatten, beabsichtigt die Reichsbahndirektion, nach und nach Tafeln und Transparente anzubringen, auf denen ein* ***weißes »S« auf grünem Grund*** *weithin leuchtet...«.*

Ausgehend von Berlin und – seit 1938 – Hamburg hat dieses »S« mittlerweile in der gesamten Bundesrepublik bei der Bevölkerung einen hohen Bekanntheitsgrad als Markenzeichen und Qualitätsbegriff erlangt, was die Bedeutung dieser Schnellbahnen für eine optimale Verknüpfung von Stadt und Region eindrucksvoll bestätigt. Auslöser war der Wunsch der DRG, dem weißen »U« auf blauem Grund für die Hoch- und Untergrundbahnen der Stadt Berlin eine werbewirksame Kurzbezeichnung für ihr international berühmtes Schnellbahnnetz entgegenzusetzen. Gleichzeitig mit der »Großen Stadtbahn-Elektrisierung« in Berlin von 1926 bis 1929 (Investitionsvolumen 143 Mio RM) wurden bereits folgende, von der DRG selbst gestellten **Schnellbahn-Kriterien** verwirklicht:

a. **Zweckbezogene Fahrzeuge mit hohen Beschleunigungswerten und ausreichender Beförderungskapazität für Stoßzeiten durch eine entsprechende Innenraumgestaltung.**
b. **Schneller Fahrgastwechsel bei kurzen Haltezeiten durch stufenloses Ein- und Aussteigen; Bahnsteighöhen einheitlich 960 mm ü.SO.**
c. **Leistungsfähiges Signalsystem für hohe Geschwindigkeiten und kurze Zugabstände (bis 100 s).**
d. **Taktfahrplan.**
e. **Kurzer Haltestellenabstand (1 bis 4 km, in der Innenstadt 500 bis 800 m).**
f. **Eigener Gleiskörper mit möglichst wenig betrieblichen Berührungspunkten mit dem übrigen Eisenbahnverkehr, keine niveaugleiche Kreuzungen mit jeglichen Verkehrsarten.**

Bei der Energieversorgung der S-Bahnzüge fällt auf, dass die S-Bahnsysteme von Berlin und Hamburg mit **Gleichstrom** betrieben werden, wenn auch mit unterschiedlichen Spannungen, während die nach 1967 eingerichteten S-Bahnnetze von der gleichen Energieversorgung Gebrauch machen wie der übrige Eisenbahnverkehr, nämlich **Wechselstrom** mit 15 kV/16,7 Hz.

Gleichstrom-S-Bahnen

Berlin

Die aufblühende Eisenbahn-Konjunktur in der ersten Hälfte des 19. Jahrhunderts bescherte der preußischen Hauptstadt Berlin bis 1846 insgesamt fünf an der Peripherie der Stadt gelegene Kopfbahnhöfe, nämlich den Stettiner Bahnhof, Hamburger Bahnhof, Potsdamer Bahnhof, Anhalter Bahnhof und Frankfurter Bahnhof. Während umsteigende Fahrgäste mit Kutschen den einen oder anderen Bahnhof ansteuern konnten (oder besser: mussten), war der Güterverkehr nachhaltiger behindert. Aus diesem Grunde veranlaßte der preußische Staat den Bau einer dem westlichen Verlauf der Stadtmauer folgenden Verbindungsbahn zwischen dem Stettiner und dem Frankfurter Bahnhof. Diese im Herbst 1851 im Betrieb genommene eingleisige Strecke diente nur dem Güterverkehr und war aufgrund des wachsenden Verkehrs bald an den Grenzen ihrer Kapazität angelangt. Deshalb und im Hinblick auf die weiteren Eisenbahnplanungen wurde 1867 beschlossen, eine weiträumig um Berlin führende und alle Bahnhöfe verbindende Ringbahn zu bauen. Diese Ringbahn wurde in zwei Etappen bis 15. November 1877 vollständig in Betrieb genommen. Zwischenzeitlich verfügte Berlin bereits über zehn Kopfbahnhöfe.
Die Erschließung des Berliner Stadtzentrums wurde 1872 mit der Gründung der »Berliner Stadteisenbahn-Gesellschaft«, einem Tochterunternehmen der Deutschen Eisenbahn Betriebs-Gesellschaft (DEBG) eingeleitet. Hierzu wurde ein 12,145 km langer, viergleisiger Viadukt gebaut, der sich auf 731 gemauerten Stützbögen durch das Berliner Häusermeer schlängelte. Nach er-

Der Stadtbahnviadukt, die Schlagader des Berliner Eisenbahnverkehrs. Ein S-Bahn-Vollzug aus Fahrzeugen der legendären Bauart »Stadtbahn« (ET 165) ist 1964 zwischen Jannowitzbrücke und Alexanderplatz auf dem Weg in Richtung Friedrichstraße.
Aufn: DB AG

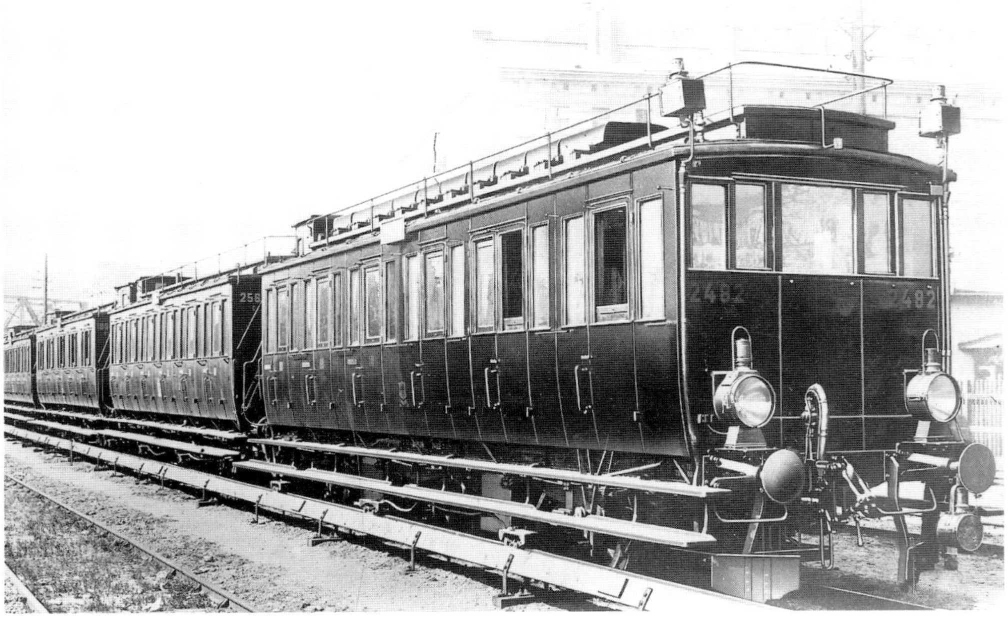

Siemens Abteilwagen-Triebzug der KPEV für den Probebetrieb auf der elektrischen Wannseebahn bei der Betriebseröffnung 1900.
Aufn: Siemens, Sammlung Koppisch, Archiv transpress

folgter Sanierung ist dieser Stadtbahnviadukt auch heute noch die »Hauptschlagader« des Berliner Eisenbahnverkehrs. Diese »Stadtbahn« schließt im Westen bei Charlottenburg und im Osten am Schlesischen (ex Frankfurter) Bahnhof über entsprechende Gleisverbindungen an die Ringbahn an und wurde am 15. Mai 1882 in Betrieb genommen.

1908 verkehrten über die Stadtbahn in Spitzenzeiten nahezu 900 dampflokbespannte Züge allein im Stadt-, Ring- und Vorortverkehr und bildeten eine nicht mehr zu verantwortende Belastung für die Anrainer. Aus diesem Grunde einerseits und dem Wunsch, die Attraktivität im Lokal- und Vorortverkehr zu steigern andererseits, wurde bereits um die Jahrhundertwende die Einführung des elektrischen Betriebs untersucht. Schon am 13. Juli 1900 kam deshalb auf der 12 km langen »Wannseebahn« (Berlin Wannsee–Zehlendorf) ein aus zehn umgebauten preußischen Dreiachs-Abteilwagen gebildeter Triebzug zum Einsatz, der seinen Strom (750 V DC) aus einer von oben bestrichenen, seitlich vom Gleis angebrachten »dritten« Stromschiene bezog. Da der Betrieb zwischen dem laufenden Dampfbetrieb erfolgte, war die Wirtschaftlichkeit des elektrischen Betriebs nicht nachweisbar; am 1. Juli 1902 wurde dieser Versuchsbetrieb denn auch wieder eingestellt und die elektrischen Anlagen abgebaut.

Auch bei dem am 15. Juli 1903 eingeführten elektrischen Vollbetrieb auf der 1901 eröffneten Vorortbahn Potsdamer Ringbahnhof–Papestraße–Lichterfelde Ost wurde der Fahrstrom (550 V DC) einer »dritten« Schiene entnommen. Im Gegensatz zu den Versuchen auf der »Wannseebahn« bewährte sich dieser von AEG durchgeführte Betrieb und wurde 1912 von der KPEV übernommen. Parallel hierzu beschäftigte sich die KPEV schon seit 1892 mit der Frage der Elektrifizierung ihrer Fernstrecken. Gemeinsam mit AEG führte sie zwischen 1903 und 1906 auf der Strecke Niederschöneweide–Spindlersfeld Versuche mit Einphasen-Wechselstrom (6 kV/25 Hz) und zwei entsprechend ausgerüsteten Triebwagen durch.

1909 erstellte die Eisenbahndirektion Berlin ein Konzept zur Umstellung der Stadt- und Ringbahnen auf elektrischen Betrieb mit Einphasen-Wechselstrom und Oberleitung. Zunächst war eine Spannung von 10 kV/15 Hz vorgesehen, aus Gründen einer wirtschaftlicheren Energieübertragung wurde schließlich für eine Spannung von 15 kV/16,7 Hz entschieden. Erste Versuchsfahrten erfolgten ab Sommer 1914 auf der entsprechend elektrifizierten Strecke Dessau–Bitterfeld. Durch den Ausbruch des Ersten Weltkriegs mussten die Versuche kurz darauf zunächst unterbrochen werden. Im Dezember 1918 ordnete das Ministerium für öffentliche Arbeiten die unverzügliche Aufnahme der Planungen für die Elektrifizierung der beiden Nordstrecken vom Stettiner Vorortbahnhof nach Bernau und Hermsdorf an. Entsprechend dem Konzept von 1909 sollte der Betrieb mit 15 kV/16,7 Hz erfolgen. 1920 wurde mit der Aufstellung der ersten Oberleitungsmasten bei Pankow begonnen, aber überraschenderweise fiel im Frühjahr 1921 aufgrund erneuter Wirtschaftlichkeitsberechnungen die Entscheidung, die Elektrifizierung der Stadt- und Ringbahnen mit 750 V DC und, mit Rücksicht auf das vorhandene Lichtraumprofil, einer in der Regel von unten bestrichenen[2] »dritten« Schiene durchzuführen.

Am 8. August 1924 begann der elektrische Betrieb nach Bernau. Damit war der Grundstein für die spätere Berliner S-Bahn gelegt. Ab 4. Oktober 1924 verkehrten die elektrischen Züge sogar über Hermsdorf hinaus bis Oranienburg und am 16. März 1927 wurde die elektrifizierte Nordstrecke zwischen Schönholz-Reinickendorf und Velten eröffnet.

Bereits im Juli 1926 beschloss der Verwaltungsrat der DRG die Elektrifizierung von Stadt- und Ringbahn sowie aller anschließenden Vorortstrecken: Die »Große Stadtbahn-Elektrisierung« nahm Gestalt an; die Arbeiten dazu wurden schon im Herbst 1926 aufgenommen. Von da an entwikkelte sich das Netz stetig und am 31. Dezember 1943 hatte das inzwischen mit »S-Bahn« bezeichnete System trotz des bereits vier Jahre währenden Zweiten Weltkrieges eine Gesamt-Netzlänge von 294,85 km erlangt.

Wie bereits im Abschnitt »Entwicklung der ET-Fahrzeuge...« berichtet, brachte das Kriegsende 1945 der deutschen Eisenbahn das völlige Chaos und der Berliner S-Bahn den Zusammenbruch. Nachdem die Betriebsrechte der S-Bahn in der Viersektorenstadt Berlin der Eisenbahnverwaltung der Sowjetischen Besatzungszone überlassen wurden, unterstand der Betrieb nach Gründung der DDR 1959 schließlich der Deutschen Reichsbahn (DR). Zunächst hatte das auf den gesamten S-Bahn-Betrieb nur wenig Einfluß. Das änderte sich jedoch, als die Regierung der DDR am 13. August 1961 die Grenzen zwischen den Ost-

2 Im Berliner S-Bahnnetz werden an Stellen mit Profileinschränkungen (z.B. enge Tunnelpassagen oder Brücken) die Stromschienen durch Leitschienen ersetzt, die den Stromabnehmer näher an das Fahrzeug verschieben sollen. Diese Leitschienen werden vom Stromabnehmer **seitlich** bestrichen. Um diese Bewegungen zu ermöglichen, sind diese Stromabnehmer um zwei Achsen bewegbar.

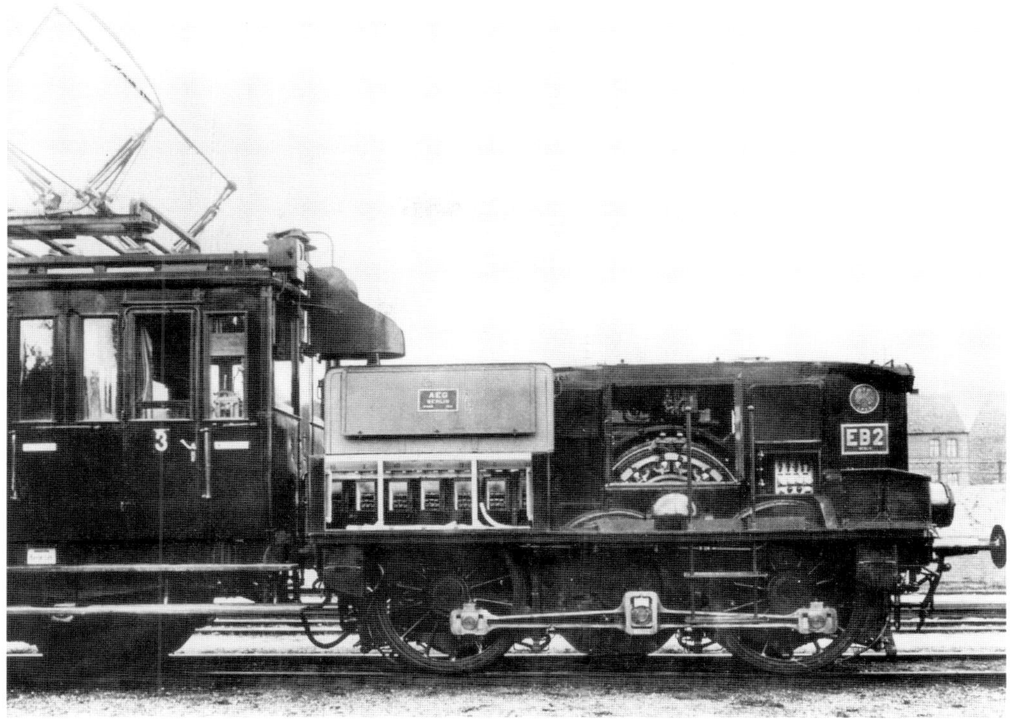

Der Versuchszug der AEG für den Probebetrieb auf der Strecke Dessau–Bitterfeld. Den mit Stromabnehmer und Führerstand versehenen preußischen Abteilwagen sind beidseitig des Zuges Triebgestelle angekuppelt.
Aufn: Adtranz

und Westsektoren dicht machte und das 334 km umfassende S- Bahnnetz in einen östlichen und westlichen Teil getrennt wurde. Die Bürger West-Berlins boykottierten in der Folgezeit weitgehend den westlichen Inselbetrieb der S-Bahn, was ihren langsamen Niedergang einläutete. Im Ostteil der Stadt jedoch wurde das S-Bahnnetz ständig erweitert. Als schließlich am 17. September 1980 das Personal der S-Bahn West aus Protest gegen die geplanten drastischen Fahrplankürzungen in den Streik trat, reagierte die Reichsbahn darauf mit der weitgehenden Einstellung des ungeliebten S Bahn-Verkehrs im Westen, bis auf einen eingeschränkten Zubringerverkehr zum Bahnhof Friedrichstraße, – u.a. auf der Nord-Südbahn und ab Charlottenburg.

Drei Jahre später, am 30. Dezember 1983, wurde zwischen der Bundesregierung und der Regierung der DDR eine Vereinbarung unterzeichnet, nach der die DR am 9. Januar 1984 um 03.00 Uhr den Betrieb auf den letztverbliebenen westlichen S-Bahn-Strecken offiziell einstellte. An ihrer Stelle übernahmen die Berliner Verkehrsbetriebe BVG den gesamten Betrieb auf der S-Bahn-West; bereits eine Stunde nach der offiziellen Übernahme verkehrte der erste S-Bahnzug unter BVG-Verantwortung. Freilich betrieb die BVG längst nicht das gesamte S-Bahn-West-Netz, doch immerhin wurde nun in das jahrzehntelang vernachlässigte System wieder investiert.

Am 9. November 1989 fiel die DDR-Grenze. Zu diesem Zeitpunkt umfasste das Westnetz 71 km, die komplett zweigleisig betrieben wurden. Nach der Grenzöffnung waren BVG und DR bestrebt, schnellstmöglich die ersten Lücken im S-Bahnnetz zu schließen. Umgehend nach Inkrafttreten der Währungsunion am 1. Juli 1990 konnten wieder durchgehende S-Bahnzüge über die Stadtbahn durch den Bahnhof Friedrichstraße verkehren, nachdem eine entsprechende Gleisverbindung geschaffen worden war.

Mit der Fusion von DR und DB zur Deutschen Bahn AG (DB AG) am 1. Januar 1994 wurde auch das von der BVG betriebene »Westnetz« wieder in das gesamte S-Bahnnetz integriert; am 1. Januar 1995 wurde die S-Bahn aus der DB AG ausgegliedert und in die S-Bahn Berlin GmbH als 100%-iger Tochter der DB AG, eingebracht. Seit dem 1. Januar 2000 hat das Netz nach Vollzug aller Lückenschlüsse eine Gesamtlänge von 322,47 km.

Fahrzeuge der Berliner S-Bahn bis 1945

Aufgrund der im Abschnitt »Gleichstrom-S-Bahn« beschriebenen Versuche mit elektrischer Traktion auf der »Wannseebahn« (1900), der Vorortbahn Potsdamer Ringbahnhof–Lichterfelde Ost (ab 1903) sowie der Strecke Niederschöneweide–Spindlersfeld (1903-1906) entschied sich die Eisenbahndirektion Berlin 1909 zunächst für eine Elektrifizierung mit Einphasen-Wechselstrom von letztlich 15 kV/16,7 Hz und Oberleitung. Hierzu wurden 1913 vier Triebwagen (Serie 507-510 KPEV) in Auftrag gegeben die auf der mit 15 kV elektrifizierten Strecke Dessau–Bitterfeld erprobt werden sollten. Da diese Fahrzeuge bedingt durch den Ausbruch des Ersten Weltkrieges erst 1920 geliefert werden konnten, wurde aus Kostengründen ein Zug aus 12 umgebauten dreiachsigen preußischen Abteilwagen zusammengestellt, der vorn und hinten je ein B-gekuppeltes Blindwellen-Triebgestell von AEG besaß; die beiden Endwagen verfügten jeweils über einen Führerstand und einen Stromabnehmer.

Nach 1920 kamen dann auch die vier Triebwagen 507-510 vorübergehend probeweise zum Einsatz. Nach der Entscheidung von 1921, die Elektrifizierung der Stadt- und Ringbahnen nun doch mit 750 V DC und einer »dritten« Schiene durchzuführen, wurden sechs Versuchszüge (A bis F/Bauart 1922) bestellt, um die zweckmäßigste Bauform sowie Raum-, Sitz-, und Türanordnung festzustellen. Die Versuchszüge A bis E bestanden jeweils aus zwei vierachsigen Triebwagen mit drei kurzgekuppelten zweiachsigen Zwischenwagen (Achsfolge Bo'2'+2+2+2+2'Bo'); der Versuchszug F hatte anstelle der Kurzkupplungen Jakobsdrehgestelle (Achsfolge Bo'2'2'2'2'Bo').

Zunächst wurden diese Versuchszüge von Dampflokomotiven gezogen, ab 1924 verkehrten sie elektrisch. Sie wurden 1933 ausgemustert. Aufgrund der gewonnenen Erfahrungen wurden 1925 vierunddreißig Trieb- sowie 51 zweiachsige Zwischenwagen der Bauart 1924 »Bernau« abgeliefert, ab 1941 als ET/EB 169 bezeichnet[3]. Hersteller waren WUMAG und WASSEG. Aus diesen Fahrzeugen wurden 17 als »Halbzug« bezeichnete Triebzüge zusammengestellt, die aus zwei Triebwagen mit drei Zwischenwagen bestanden. Angetrieben wurden die Triebzüge durch zwei Motoren je Triebwagen mit einer Gesamtleistung von 560 kW (Achsfolge Bo'2'+2+2+2+2'Bo'). Noch in den Jahren 1956/57 wurden die Triebzüge umgebaut, wobei die Triebwagen je zwei Motordrehgestelle erhielten (Achsfolge Bo'Bo'+2+2+

3 Im Folgenden werden der Deutlichkeit halber die ab 1941 gültigen Baureihenbezeichnungen verwendet. Auf die voraus gegangenen Nummersysteme wird nicht näher eingegangen.

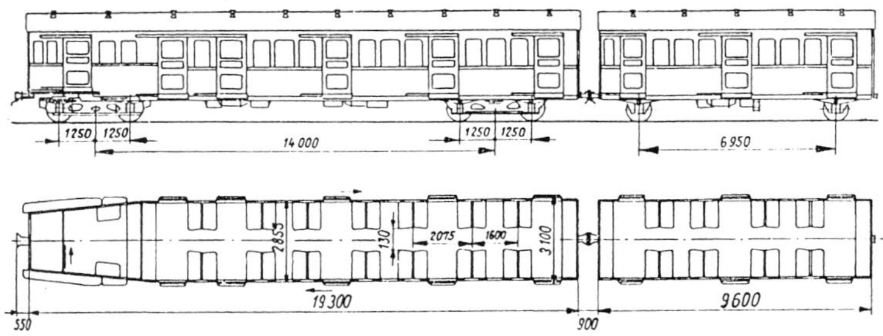

A

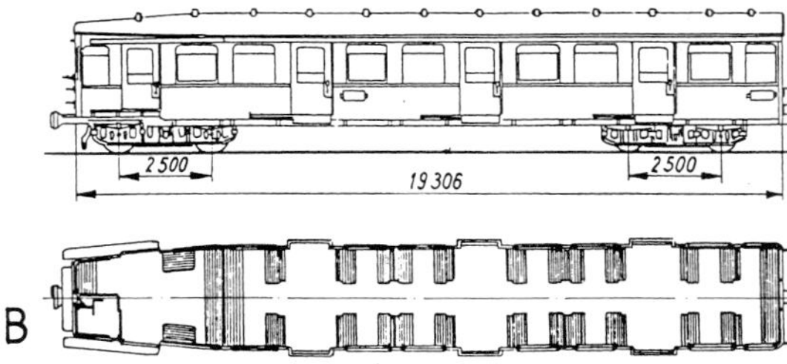

B

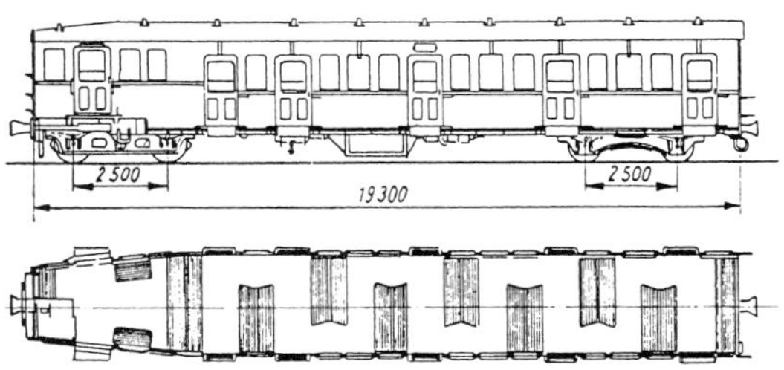

C

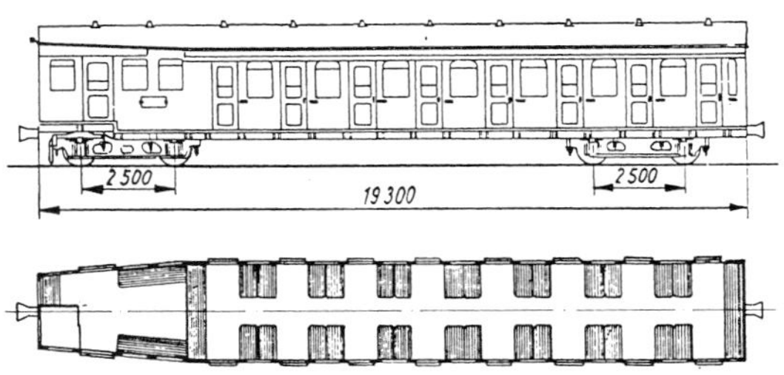

D

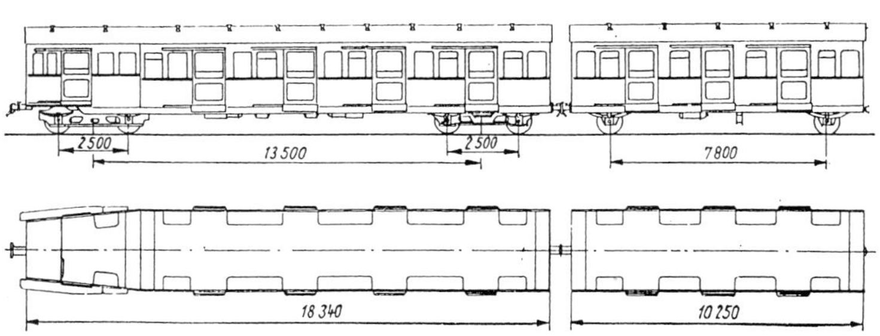

E

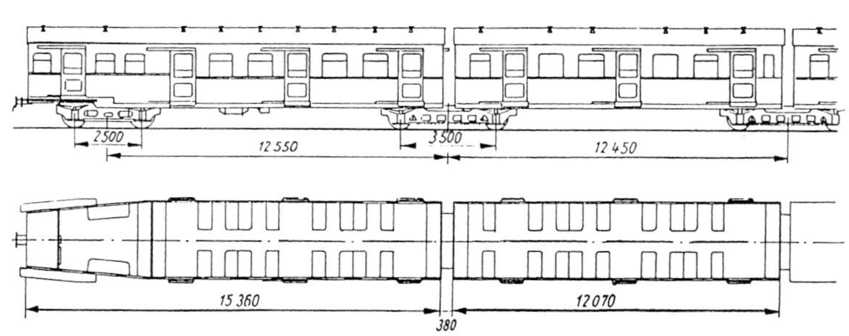

F

Versuchszüge für die Berliner Stadt- und Ringbahnen (Bauart 1922)

A: Sitzplätze 2 + 2 quer zur Fahrtrichtung, Mittelgang, sechs Einstiege je Triebwagenseite mit einteiligen Außen-Schiebetüren

B: Wie A, jedoch mit vier breiteren Einstiegen je Triebwagenseite

C: Sitzbänke für vier Personen, quer zur Fahrtrichtung, versetzt ohne Mittelgang, sechs Einstiege je Triebwagenseite mit einteiligen Außen-Schiebetüren

D: Wie A, jedoch mit neun schmäleren Einstiegen je Triebwagenseite

E: Sitzbänke längs in Fahrtrichtung, fünf Einstiege je Triebwagenseite mit einteiligen Außen-Schiebetüren

F: Wie A, jedoch kürzer und mit vier Einstiegen je Triebwagenseite, Jakobsdrehgestelle zwischen den Wagen

Übersicht der Versuchszüge für die Berliner Stadt- und Ringbahnen (Bauart 1922).
Abb: Riechers, Quelle transpress

2+Bo'Bo'). Äußerlich, insbesondere im Bereich der Fahrzeugköpfe, wurden sie den späteren Triebzugbaureihen angepaßt. Die Ausmusterung erfolgte ab 1962; einige Fahrzeuge wurden in U Bahn-Triebwagen (Typ E III) oder Gerätewagen umgebaut.

Schon zum Zeitpunkt der Ablieferung waren die Triebzüge »Bernau« technisch überholt. Die kurz darauf abgelieferte Bauart »Oranienburg«, spätere Baureihe ET/EB 168, war wegweisend für künftige S-Bahn-Ausführungen. Die Kombination von zwei langen, vierachsigen Trieb- und drei kurzen zweiachsigen Zwischenwagen hatte unruhige Laufeigenschaften zur Folge; es bot sich deshalb an, den Triebwagen mit einem Steuerwagen gleicher Bauart und Größe zu kuppeln. Diese nunmehr als »Viertelzug« bezeichneten Triebzüge bildeten die kleinste funktionsfähige Einheit. Zwei Viertelzüge ergaben einen »Halbzug«, drei Viertelzüge einen »Dreiviertelzug« und vier Viertelzüge einen »Vollzug«. Diese Einteilung hat in Berlin heute noch Gültigkeit. Hierdurch kann je nach Tageszeit flexibel auf das unterschiedliche Verkehrsaufkommen reagiert werden. Da in der Praxis als kleinste betriebliche Einheit weitestgehend Halbzüge zum Einsatz kamen, wurden ab 1936 die meisten Steuerwagen zu Beiwagen umgebaut. Der Triebzug hatte, erstmals bei der Berliner S-Bahn, zwei Triebdrehgestelle mit je zwei Tatzlagermotoren (Achsfolge Bo'Bo'+2'2') und einer Gesamtleistung von 332 kW. Nach einigen Umbaumaßnahmen erfolgte auch für diese Baureihe in den sechziger Jahren das »Aus«; anschließend wurden einige dieser Fahrzeuge als Typ

Triebzug der Bauart »Bernau«, ab 1942 ET/EB 169. Hersteller des Fahrzeuges war WUMAG. Aufn: Bombardier

E III mit einem verändertem Aussehen auf dem Ost-Berliner U-Bahnnetz eingesetzt.
Es war der Viertelzug ET 168 043, der im Juni 1928 als Erster in den Farben bordeauxrot/ocker umlackiert wurde; bis dahin war das Rollmaterial der Stadt-, Ring- und Vorortbahnen (der Begriff S-Bahn wurde bekanntermaßen erst im Dezember 1930 geprägt) grün lackiert. Das neue Farbschema setzte sich schnell durch und prägt bis heute das Bild der Berliner S-Bahn.
Die wohl größte Serie von Triebzügen einer einzigen Gattung ist die Bauart 1927 »Stadtbahn«, ET/ES und ET/EB 165.0-165.6, die es immerhin auf insgesamt 638 Viertelzüge (1276 Einzelwagen!) brachte. WUMAG und Orenstein & Koppel (O&K) wurden aufgefordert, je einen Musterzug zu bauen. Nach eingehender Erprobung wurde entschieden, das O&K-Fahrzeug für eine Serienfertigung vorzusehen. An der Herstellung dieser markanten Fahrzeuge waren schließlich alle namhaften Hersteller Deutschlands beteiligt. Der Triebzug hatte zwei Triebdrehgestelle mit je zwei Tatzlagermotoren (Achsfolge Bo'Bo'+2'2') und einer Gesamtleistung von 308 kW. 1932 wurden für die nunmehr endgültig elektrifizierte »Wannseebahn« noch einmal 50 Triebzüge aufgelegt, die aufgrund technischer Verbesserungen als ET/EB 165.8 bezeichnet wurden. Aufgrund der angewandten Verbindungstechnik mit Senknieten und der damit verbundenen glatten Außenhaut war diese Bauart gut von den vorangehenden ET 165.0-165.6 zu unterscheiden. Die Baureihe ET 165, zuletzt BR 475 ff., wurde zum Charakteristikum der Berliner S-Bahn schlechthin und gab ihr bis zum Ende der 90er Jahre ihr Gepräge. Die Ausmusterung dieser Züge wurde am 21. Dezember 1997 mit einer Sternfahrt zum Bahnhof Ostkreuz, der um 13.00 erreicht wurde, auf gebührende Weise abgeschlossen.
Zeitgleich mit der Elektrifizierung der »Wannseebahn« wurden auch die Ferngleise von Berlin-Potsdamer Fernbahnhof nach Zehlendorf Mitte (heute Berlin-Zehlendorf) mit einer dritten Schiene mit 750 V DC ausgerüstet. Hierdurch war es möglich, schnelle S-Bahn-Züge ohne Zwischenhalt über die Ferngleise von Berlin-Potsdamer Fernbahnhof bis Wannsee verkehren zu lassen. Hierzu wurden 1934 von O&K und Wegmann zwei Voraus-Viertelzüge abgeliefert, die aufgrund ihrer höheren v_{max} (120 km/h) als ET 125 bezeichnet wurden; ihre Leistung betrug 550 kW (Achsfolge Bo'Bo'+2'2'). Diese sogenannten »Bankierszüge« hatten eine modernere Frontgestaltung sowie eine geringfügig abweichende Sitzeinteilung. Bis 1938 wurden 18 Viertelzüge in Betrieb genommen. Nahezu zeitgleich wurden für den zu erwartenden verstärkten Verkehr anläßlich der Olympischen Spiele 1936 weitere, auf den ET 125 aufbauende, 34 Viertelzüge geliefert. Aufgrund ihrer elektrischen Ausrüstung und einer v_{max} von 80 km/h erhielten sie die Baureihenbezeichnung ET 156, der Anlass ihrer Beschaffung verschaffte ihnen den Beinamen »Olympiazug«. In dieser Baureihe wurden nach dem Zweiten Weltkrieg,

Steuerwagen Nr. 5152 »Oranienburg«. 1936 wurden die Steuerwagen zu Beiwagen umgebaut. 1942 erhielten sie die Baureihenbezeichnung ET/EB 168. Aufn: Bombardier

als für S-Bahn-Schnellzüge kein Bedarf mehr bestand, nach entsprechendem Umbau auch die 34 Viertelzüge ET 125 untergebracht. Die Reihe ET 167 stellte wiederum eine »starke« Serie von 283 Viertelzügen dar. Im Hinblick auf die etappenweise Fertigstellung der Nord-Süd S-Bahn bis 1939 wurden 291 Triebzüge bestellt, die durch Kriegseinwirkungen jedoch nicht vollzählig abgeliefert werden konnten. Der Ablieferungs-Zeitraum erstreckte sich von 1937 bis 1941. Die Triebzüge entsprachen technisch den ET 165 und 166, im Aussehen den ET 125 und 166. Bis 1945 erhielt die Berliner S-Bahn insgesamt 995 Viertelzüge ET 125 bis 168 sowie 17 Halbzüge ET 169.

Fahrzeuge der Berliner S-Bahn nach 1945

Es muss nicht besonders darauf hingewiesen werden, dass der Zweite Weltkrieg große Verluste im Fahrzeugpark angerichtet hat, sei es durch Kriegsschäden oder durch die Beschlagnahme durch die Sowjetische Besatzungsmacht als Reparationszahlung. Hierauf tiefer einzugehen, würde über den Rahmen dieser Publikation hinausgehen.

1945 wurden sieben ursprünglich in Peenemünde eingesetzte Viertelzüge, die weitestgehend den ET 167 entsprachen, nach technischen Anpassungen übernommen und zunächst als ET/EB 167, im Jahre 1965 nach einem erneuten Umbau als ET/ES 166 bezeichnet. Als sich Ende der fünfziger Jahre die S-Bahn von den schlimmsten Schäden einigermaßen erholt hatte, plante die DR eine Modernisierung ihres S-Bahn-Fahrzeugparks. Hierzu erhielt der VEB Waggonbau Ammendorf (heute Bombardier Transportation, Werk Ammendorf) und LEW in Hennigsdorf (heute Adtranz) 1959 den Auftrag zum Bau der beiden Prototyp-Halbzüge ET 170 001a/2b und 003a/004b. Ein Halbzug bestand aus zwei Viertelzügen mit je zwei Triebdrehgestellen und einem Jakobs-Laufdrehgestell (Achsfolge Bo'2'Bo'+Bo'2'Bo'). Die Gesamtmotorleistung eines Halbzuges betrug 920 kW. Eine Novität bei S-Bahn-Zügen war, dass die Halbzüge mit balggeschützten Übergängen versehen und durchgehend begehbar waren. Leider setzte sich dieses Prinzip (noch) nicht durch. Auch die Triebzüge bewährten sich nicht und wurden nach Abschluss der Erprobungsphase Ende 1960 bereits wieder aus dem Verkehr gezogen; 1974 wurde der letzte Halbzug verschrottet.

Am 1. Juli 1970 erfolgte bei der DR die Umstellung der Baureihen- und Fahrzeugnummern auf ein EDV-geeignetes System. Die Triebzüge der Bauart ET/ES und ET/EB 165.0-165.6 wurden danach in BR 275 und 276.5, die ET 125 und ET 166 in BR 276.0 und der ET 167 in BR 277 umbezeichnet; die Triebzüge ET 170.001-004 überlebten die Umstellung nur kurz als BR 278.2.

Es dauerte noch bis 1980, ehe ein weiterer Prototyp-Triebzug auf der Leipziger Frühjahrsmesse der Öffentlichkeit vorgestellt wurde. Es handelte sich hierbei um einen aus zwei Viertelzügen zusammengesetzten Halbzug der BR 270.0. Die DR hatte LEW in Hennigsdorf mit dem Bau von vier Viertelzügen beauftragt, mit der Vorgabe, das

Museums-Triebzug der Reihe ET 165 mit blau abgesetztem 1. Klasse-Abteil am 3. April 1994 auf der Stadtbahn beim S-Bahnhof Hackescher Markt.
Aufn: Jacobson

477 128-3 verlässt am 21. April 1992 Potsdam Stadt zur Fahrt über die Stadtbahn nach Erkner. Der Zug trägt die unter Ägide der Deutschen Reichsbahn eingeführte und mittlerweile wieder aufgegebene Lackierung.
Aufn: J. Krantz

Nach Verlassen des Bahnhofs Tiergarten überquert ein Triebzug der BR 485/885 (ex BR 270) die »Straße des 17. Juni« in Richtung Zoologischer Garten–Westkreuz.
Aufn: Adtranz

Grundprinzip der Viertel-, Halb-, Dreiviertel- und Vollzüge (sog. »Berliner System) wie bei den Vorkriegsbaureihen 275, 276 und 277, die sich bereits bewährt hatten, beizubehalten. Die Leistung betrug 500 kW, ab Fahrzeug 270 025 angehoben auf 600 kW (Achsfolge Bo'Bo'+2'2'). Auch auf begehbare Übergänge wurde wieder verzichtet. Die Fahrzeuge wurden ab 1983 einer eingehenden Erprobung unterzogen. 1987 wurde eine acht Triebzüge umfassende Nullserie aufgelegt, in die einige Verbesserungsmaßnahmen einflossen. Im Januar 1990 wurde die Serienfertigung aufgenommen. Wagenkästen und Untergestelle der BR 270 bestehen aus einer Aluminium- Schweißkonstruktion unter Verwendung von Groß-Strangpressprofilen. Anstelle von Taschenschiebetüren wurden jetzt außenlaufende Doppelschiebetüren angebracht. Die Trieb- und Laufdrehgestelle sind bis auf die Antriebskomponenten einheitlich; der Drehgestell-Rahmen besteht aus einer H-förmigen Stahl-Schweißkonstruktion. Der Wagenkasten stützt sich über Flexicoil-Federn auf den Drehgestellen ab. Angetrieben wird der Triebzug von vier Gleichstrommotoren, die über einen Gleichstromsteller (Chopper) angesteuert werden; der gesamte Traktionsblock ist unterhalb des Wagenkastens angeordnet. Die beim Bremsen freiwerdende Energie wird in das Netz rekuperiert. Die BR 270 bildet mit ihrer karminroten Lackierung und den anthrazitfarbenen Fensterpartien einen starken Kontrast zu den traditionell bordeauxrot/ocker lackierten Vorkriegs-S-Bahnzügen. Bis Oktober 1992 wurden 166 Viertelzüge abgeliefert. Die 1980 gelieferten »Baumusterzüge«, die aufgrund ihrer abweichenden elektrischen Ausrüstung mit den Serienfahrzeugen nicht kompatibel waren, wurden 1991 ausgemustert und zum Teil verschrottet; ein Viertelzug ist auf dem Adtranz-Gelände in Hennigsdorf abgestellt.

Nach der Übernahme des S-Bahn-»Westnetzes« am 9. Januar 1984 durch die BVG wurden lt. Vertrag von der DR 115 Viertelzüge der Bauart »Stadtbahn«, BR 275, übergeben. Vor dem Hintergrund geplanter Streckenerweiterungen und angesichts der nur noch begrenzten Lebensdauer der nahezu 60 Jahre alten Triebzüge muste die BVG neue Fahrzeuge beschaffen. Bereits 1984 erhielt ein Konsortium aus den Firmen Waggon Union (WU), AEG und SSW den Auftrag zur Entwicklung und zum Bau von vier Prototyp-Fahrzeugen. Im Vorfeld wurde untersucht, ob bei der neuen Triebzug-Generation auch die bei der Hamburger S-Bahn sowie bei der BR 420/421 übliche Dreiteilung eingeführt werden könnte. Aufgrund der in Berlin vorhandenen Infrastruktur, insbesondere den engen Kurven im Nord-Südtunnel, hätte diese Maßnahme aufgrund der größeren Wagenkastenlänge Konsequenzen für die Wagenkastenbreite gehabt, so dass die vier Prototypen wieder als Viertelzug konzipiert wurden.

Obwohl die Triebzüge durch die BVG bestellt wurden, erhielten sie die dem DB-Nummernschema entsprechende Baureihenbezeichnung 480.0/480.5. Das besondere an diesen Viertelzügen war ihre Ausstattung mit Führerständen auf beiden Seiten. Dadurch bildete jeder Viertelzug eine voll betriebsfähige Einheit im Gegensatz zur traditionellen Konzeption, die als kleinste voll betriebsfähige Einheit den aus zwei Viertelzügen mit jeweils nur einem Führerstand gebildeten Halbzug vorsah. Mit einem »Roll-out« wurden am 22. Oktober 1986 die ersten beiden Prototyp-Viertelzüge der Presse vorgestellt. Einer der beiden Viertelzüge wurde dabei in einer neuen kristallblauen Farbe präsentiert, der Andere in bordeauxrot/ocker. Ende Dezember 1986 wurde der erste Viertelzug (480 001/501) der BVG übergeben; bis März 1987 folgten die weiteren drei Prototyp-Viertelzüge; die Inbetriebnahme der vier Prototypen erfolgte zwischen dem 1. Mai und dem 4. Juni 1987. Nach der TAB-Abnahme im Oktober 1987 folgte ein zweijähriger Probeeinsatz.

Die Präsentation des in kristallblauer Farbe lackierten Fahrzeugs führte zu hitzigen Debatten über die Farbgebung der Berliner S-Bahn, weshalb die beiden weiteren Prototyp-Viertelzüge wie der zweite Prototyp in bordeauxrot/ocker lackiert wurden. Über die künftige Lackierung der S-Bahnfahrzeuge wurde schließlich im Herbst 1987 öffentlich abgestimmt – das Ergebnis war deutlich: eine überwältigende Mehrheit plädierte für das traditionelle Farbschema.

Die Fahrzeuge der BR 480 stellten den zu diesem Zeitpunkt letzten Stand der Entwicklung im Schienenfahrzeugbau dar. Das Projekt wurde durch das BMFT und den Berliner Senat finanziell gefördert. Der Wagenkasten ist eine Leichtbau-Schweißkonstruktion aus abgekanteten Blechen und Profilen, nach eingehenden Kalkulationen nicht aus Aluminium, sondern aus nicht-rostendem Stahl. Abweichend von der üblichen Anordnung wurden je Wagenseite drei doppelte Schwenk-Schiebetüren mit einer lichten Öffnung von 1300 mm vorgesehen. Als eigenwillig galt die Frontgestaltung mit vier schrägen Flächen sowie dem keilförmigen Frontfenster und die in den seitlichen Eckfenstern angeordneten Front- und Schlußsignale. Bei der Entwicklung des Wagenkastens wurde erstmals ein Energiekonzept aufgestellt mit dem Ziel der Gewichtsreduzierung.

Hierbei wurden die Erfahrungen genutzt, die in der PKW-Entwicklung mit den bekannten »Knautschzonen« gemacht wurden. Die eigenwillige Gestaltung der Stirnfront mit den seitlichen Puffern ist u.a. ein Ergebnis dieser Konzeption. Die Mittelpufferkupplung mit nachgeschalteten Verzehrgliedern ist in der Lage, einen Aufprall von 15 km/h ohne Beschädigungen des Fahrzeugs aufzunehmen; bis 23 km/h soll die Energie durch plastische Verformung des Wagenkastens abgebaut werden, ohne dass die Aufbaustruktur Schaden nimmt. Hierdurch war es möglich, die zulässige Ldk anstelle der von der UIC geforderten 1500 kN auf 800 kN zu reduzieren, wodurch das Gewicht eines Viertelzuges im Vergleich zur BR 275 um ca. 9 t., zur BR 270 um ca. 3 t. abgesenkt werden konnte.

Die Drehgestelle sind eine Stahl-Leichtbaukonstruktion und lehnen sich in ihrer Konzeption an die MD-Drehgestelle der DB-Reisezugwagen an. Als Sekundärfederung wurden Luftfedern vorgesehen. Die BR 480 verfügt über Allachsantrieb (Achsfolge Bo'Bo'+ Bo'Bo') mit Drehstrom-Asynchronmotoren; Gesamtleistung 720 kW. Die Motoren sind voll-abgefedert im Drehgestellrahmen aufgehängt und übertragen die Drehmomente über Sécheron-Lamellenkupplungen auf die Achsgetriebe. Der Drehstrom-Antriebstechnik lagen die Erfahrungen zugrunde, die mit den Berlinern U-Bahn-Triebzügen F 79.3 und F 84/87 gemacht wurden. Die Steuerung erfolgt über je einen GTO-Umrichter und Gleichstromsteller für vier Fahrmotoren (entspr. einen Wagen). Die Traktionsanlage ist unterhalb des Wagenkastens in einem Container untergebracht. Die Steuerungs- und Leittechnik basiert auf dem AEG-Geatrac I 16-Bit-System; dem ZSG des führenden Wagens unterstehen über den Zugbus alle weiteren im Zug befindlichen ZSG sowie die ASG, Bremssteuerung, Zugsicherung, das auf **IBIS** aufgebaute Fahrgast-Informationssystem und das Diagnosesystem. Die Ablieferung der ersten Serie von weiteren 41 Viertelzügen erfolgte ab Oktober 1990 noch an die BVG; die zweite, 40 Viertelzüge umfassende Serie, wurde ab Oktober 1993 abgeliefert, diesmal an die DR. Insgesamt umfasst die BR 480 fünfundachtzig Viertelzüge. Der kristallblaue Prototyp-Viertelzug wurde im Rahmen einer HU ebenfalls in den Farben bordeauxrot/ocker umlackiert.

Ab dem 1. Januar 1992 wurden im Rahmen der Bereinigung von Baureihenbezeichnungen bei DR und DB die BR 275-276 in BR 475/875- 476/876, die BR 277 in BR 477/877 und die BR 270 in BR 485/885 umbezeichnet.

Die Instandsetzung des S-Bahnnetzes nach dem Mauerfall verlangte viel Zeit. Um auf bestimmten Strecken, die elektrisch unterbrochen waren, dennoch S-Bahn-Qualität anbieten zu können, wurden bei AEG in Hennigsdorf (ex-LEW) versuchsweise die beiden Viertelzüge 485 114/885 114 und 485 115/885 115 mit einem zusätzlichen diesel-elektrischen Antrieb zu »DUO-S-Bahn«-Fahrzeugen umgebaut. Da unterhalb des Wagenbodens der beiden Beiwagen 885 114 und 115 lediglich die Hilfsbetriebe-Ausrüstung untergebracht war, bot es sich an, das Diesel-Generator-Aggregat dort unterzubringen. Der Dieselmotor hatte eine Leistung von 304 kW. Durch eine Generator-Ausgangsleistung von 280 kW konnten den Fahrmotoren je 60 kW Dauerleistung zur Verfügung gestellt werden. Der Versuchsbetrieb wurde ab Januar 1994 auf der Strecke von Oranienburg nach Hennigsdorf durchgeführt; hierbei wurde zwischen Oranienburg und Birkenwerder elektrisch, ab da bis Hennigsdorf diesel-elektrisch gefahren. Obwohl sich verschiedene Einsatzmöglichkeiten anboten, setzte sich die DUO-S-Bahn nicht durch; der Betrieb wurde im Mai 1995 eingestellt und die beiden Viertelzüge wieder zurückgebaut.

Hamburg

Die Geschichte der Schnellbahnen in der Hansestadt Hamburg beginnt bereits 1866 mit der Inbetriebnahme der »Hamburg-Altonaer Verbindungsbahn« als Bindeglied zwischen den Kopfbahnhöfen »Berliner Bahnhof« in Hamburg und dem Bahnhof Altona. Betreiber dieser Bahnstrecke war die KPEV. Da diese Verbindung auch für den lokalen Verkehr interessant wurde, war sie schon bald überlastet. Die KPEV baute die Verbindungsbahn daher weiter aus und verlängerte sie nach der Eröffnung des neuen Hauptbahnhofes 1906 im Westen bis Blankenese und im Norden bis Ohlsdorf. 1924 kam die Strecke von Ohlsdorf nach Poppenbüttel dazu.

Ermutigt durch die vielversprechenden Ergebnisse der seit 1903 von KPEV und AEG auf der Strecke Niederschöneweide–Spindlersfeld durchgeführten Versuche mit Einphasen-Wechselstrom beschloß die KPEV die Elektrifizierung der Verbindungsbahn Blankenese–Ohlsdorf mit Einphasen-Wechselstrom (6,3 kV/25 Hz) und Oberleitung.

Nach Ablieferung der ersten Fahrzeuge im September 1907 wurde der Probebetrieb aufgenommen, bereits am 1. Oktober erfolgten erste Einsätze im Berufsverkehr und am 29. Januar 1908 begann der planmäßige Betrieb.

Im Jahre 1937 reiften Pläne für eine Erweiterung der Hansestadt zu »Groß-Hamburg«. Nach diesen Plänen sollte u.a. auch die Verbindungsbahn zu einem Schnellbahnnetz ausgebaut und die südlich der Elbe gelegenen Stadtteile einbezogen werden. Für die Elbquerung war eine doppelstöckige Brücke angedacht, in deren unterem Stock die Schnellbahntrasse vorgesehen war. Die Innenstadt sollte über ein Tunnelsystem erschlossen werden. Tunnel wie Elbbrücke ließen wegen des erforderlichen größeren Lichtraumprofils und der damit verbundenen höheren Baukosten eine Oberleitung als wenig zweckmäßig erscheinen. Aus diesem Grunde wurde beschlossen, nach dem Vorbild der Berliner S-Bahnen die Energieversorgung auf Stromschienenbetrieb mit Gleichstrom und einer Spannung von 1,2 kV umzustellen. Abweichend von der Berliner S-Bahn wird die Stromschiene seitlich bestrichen. Im Jahre 1938 begann die Umrüstung der Strecke Blankenese–Poppenbüttel auf die dritte (Strom)-Schiene. Erstmals wurde nun auch in Hamburg der Begriff »S-Bahn« verwendet. Diese mittlerweile bis Wedel erweiterte Strecke führt heute die Linienbezeichnung S1/11. Noch im Dezember 1939, nach dem Eintreffen der ersten Gleichstrom-Triebzüge der Bauart ET 171, begann der Probebetrieb, ab April 1940 fuhren die Züge planmäßig.

Der Zweite Weltkrieg verhinderte zunächst den weiteren Ausbau des Gleichstromnetzes. 1943 brach der S-Bahn-Verkehr zusammen, er wurde erst 1945 wieder aufgenommen. Wegen fehlender Fahrzeuge blieb der Wechselstrom/Gleichstrom-Doppelbetrieb einstweilen notgedrungen bestehen. Erst nach Ablieferung weiterer ET 171 zwischen 1954 und 1958 war es möglich, diese unwirtschaftliche Situation zu beenden und auf reinen Gleichstrombetrieb überzugehen.

1954 begann der schrittweise Ausbau des S-Bahnnetzes, wobei die 1975 in Betrieb genommene City-Linie unter der Alster hindurch wohl das spektakulärste Projekt darstellte. Das sechs Linien umfassende Netz hat gegenwärtig eine Länge von 110,3 km.

Am 1. Januar 1997 wurde die S-Bahn aus der DB AG ausgegliedert und in die S-Bahn Hamburg GmbH, eine 100%-ige Tochter der DB AG, eingebracht.

Fahrzeuge der Hamburger S-Bahn bis 1945

Als die KPEV 1907 den elektrischen Betrieb auf der Hamburger »Verbindungsbahn« aufnahm, setzte sie 140 Zweiwagen-Triebzüge ein, die aus je zwei

Prototyp-Triebzug 480 002/480 502 in der kristallblauen Versuchslackierung im Bahnhof Lichterfelde West an der S 1.
Aufn: Jacobson

Letzten Endes setzte sich die traditionelle Kombination bordeauxrot/ocker doch wieder durch. Triebzug 480 032/480 532 aus der ersten Bauserie in Borgsdorf an der S 1 Wannsee–Oranienburg im Sommer 1994.
Aufn: Jacobson

dreiachsigen und kurzgekuppelten Abteilwagen preußischer Bauart bestanden und die Betriebsnummern 501/5001-640/5140 trugen. Hersteller der Fahrzeuge waren LHW, van der Zypen und Charlier (VdZ) sowie AEG, BBC und SSW. Betrieblich wurden diese Triebzüge als »Viertelzüge« bezeichnet; zwei gekuppelte Garnituren bildeten folglich einen »Halbzug«, vier Garnituren schließlich einen »Vollzug«. Die Fahrzeuge hatten Holzaufbauten mit Laternendach.

Es gab zwei Antriebsausführungen:
- als ET/ES mit einem zweimotorigen Triebdrehgestell (Achsfolge Bo'1 + 1 2')
- als ET/ET mit einem zweimotorigen und einem einmotorigen Triebdrehgestell (Achsfolge Bo'1 + 1 (1A)')

Die Einzelradsätze waren als Lenkradsätze ausgebildet.
Durch starke Beanspruchung verschlechterte sich nach einigen Jahren der Zustand der Fahrzeuge, insbesondere der elektrischen Anlagen. Als Ende 1918 nur noch 35 Triebzüge betriebsfähig waren, entschloß sich die KPEV zu einer umfassenden Umbauaktion, die in den Jahren 1923 bis 1925 durchgeführt wurde. Leider stellte sich heraus, daß sich bei einem Großteil der Fahrzeuge ein Umbau nicht mehr rentierte, so daß schließlich nur noch 88 Triebzüge wieder in Betrieb genommen werden konnten, allerdings nunmehr in einer Ausführung mit einem zweimotorigen Triebdrehgestell (Achsfolge Bo'1 + 1 2').
Als Kompensation für die fehlenden Fahrzeuge wurden 35 neue Triebzüge bestellt, die von WUMAG, Wismarer Waggonfabrik, BBC und WASSEG ab 1924 geliefert wurden. Diese Fahrzeuge erhielten zunächst die Betriebsnummern 641-675. Zwischen 1927 und 1931 wurden in zwei Baulosen weitere 20 Triebzüge in nahezu gleicher Ausführung mit den Betriebsnummern 676-695 abgeliefert. Als 1933 noch zwei weitere Triebzüge des gleichen Baumusters abgeliefert wurden, war das gesamte Betriebsnummersystem bereits umgestellt. Die Fahrzeuge trugen nun die Nummern 1501-1588 für die erste Generation sowie 1589-1645 für die zweite Generation. Ab 1940 wurde die gesamte Triebzuggattung als Bauart ET 99 bezeichnet. Die Triebzüge ab der Betriebsnummer 1589 a/b erhielten ebenso wie ihre Vorgängerbauart ein zweimotoriges Triebdrehgestell. Anstelle der beiden Lenkachsen, die sich aufgrund starker Verschleißerscheinungen nicht bewährt hatten, kamen Jakobs-Drehgestelle zum Einbau, die allerdings nicht auf die Übertragung von Zug- und Druckkräften ausgelegt waren. Hierzu befand sich zwischen den Wagenkästen weiterhin

Wechselstrom-Triebzug der Serie 1589-1645 a/b für die Hamburger Verbindungsbahn. Diese zwischen 1924 und 1933 gelieferten Fahrzeuge der zweiten Generation waren ebenso wie die Fahrzeuge der ersten Generation als Abteilwagen-Triebzug ausgeführt. Allerdings wurden mehrere Verbesserungen angebracht, von denen die Stahlausführung des Wagenkastens wohl eine der Wichtigsten war. Optisch unterschieden sie sich durch die moderneren Tonnendächer.
Aufn: Sammlung Riechers

Die Übergangsphase von Wechselstrom zu Gleichstrom. Der Triebzug der Reihe ET 171 (BR 471) wird bereits von der Gleichstrom-Schiene gespeist; für den parallelen Betrieb mit Wechselstrom ist die Oberleitung noch vorhanden. Diese Situation bestand bis 1955.
Aufn: Sammlung Riechers

eine Kurzkupplung. Die Achsfolge des Triebzuges lautete somit Bo'2'2'. Die Wagenkästen waren in Ganzstahl-Bauweise hergestellt und hatten Tonnendächer.

Mit der Inbetriebnahme neuer Fahrzeuge ab 1939 wurden die ältesten Exemplare für Lokbespannung umgebaut. Ab 1942 begann die Ausmusterung dieser Serie. Kriegsbedingt verschwanden die letzten Exemplare erst 1954 aus dem Verkehr. Nach der Umstellung der Strecke Blankenese–Poppenbüttel auf Stromschienenbetrieb mit 1200 V DC im Jahr 1938 traf im Dezember 1939 der erste von 47 Gleichstrom-Triebzügen ein, die zunächst mit den inzwischen freigewordenen Nummern 1501-1547, ab 1940 dann als ET 171 bezeichnet wurden.

In die Entwicklung der Reihe ET 171 flossen die Erfahrungen ein, die mit den S-Bahn-Zügen in Berlin gemacht worden waren. Trotz vermeintlicher Vorteile bei der Zugbildung setzte sich das System der »Viertelzüge« zumindest außerhalb Berlins nicht durch. Da auch dort grundsätzlich mindestens »Halbzüge« zum Einsatz kamen, wurde für künftige Projekte – u.a. wurden bereits 1937 für die Fahrzeuge der damals geplanten Münchener S-Bahn die ersten Planungsarbeiten aufgenommen – untersucht, ob eine Dreiteilung nicht wirtschaftlicher wäre. Der Wegfall von zwei verstärkten und kurzgekuppelten Wagenenden und zwei Drehgestellen könnte sich dabei günstig auf Gewicht und Kosten auswirken. Zudem böten die längeren Wagenkästen mehr Platz für die Unterflur-Unterbringung der elektrischen Ausrüstung. Aus diesem Grunde entschied sich das RZA schließlich für eine Dreiteilung künftiger S-Bahn-Triebzüge. Der ET 171 setzt sich somit zusammen aus zwei Trieb- und einem Mittelwagen, Achsfolge Bo'Bo'+2'2'+Bo'-Bo'. Diese Einheit wird betrieblich als »Halbzug« bezeichnet; die größte betriebliche Einheit ist der aus zwei Halbzügen bestehende »Vollzug«. Auch diese Wagen hatten große Einstiegsräume mit vier Taschen-Schiebetüren je Wagenseite. Hersteller waren LHW, Wegmann, MAN sowie BBC. Die elektrischen und pneumatischen Anlagen waren in einer Bodenwanne untergebracht, die unter Überdruck stand, um das Eindringen

Die ab 1959 gelieferten Fahrzeuge der Reihe ET 170 (BR 470) sind unschwer an ihrer moderneren Fahrzeugfront mit der großzügigeren Frontverglasung zu erkennen. Die Aufnahme zeigt einen Zug im Frühjahr 1988 in der damals aktuellen Farbgebung beige-ozeanblau am Hamburger Hauptbahnhof.
Aufn: Jacobson

von Staub zu verhindern. Die Gesamt-Nennleistung beträgt 896 kW.

Fahrzeuge der Hamburger S-Bahn nach 1945

Durch den Zweiten Weltkrieg wurde die Lieferung des ET 171 unterbrochen und erst 1954 mit 21 Triebzügen sowie 1958 mit weiteren fünf Triebzügen wieder fortgesetzt. Insgesamt wurden von dieser Baureihe zweiundsiebzig Triebzüge gebaut; drei waren dem Krieg zum Opfer gefallen.

Die Erweiterungen des S-Bahnnetzes machten unterdessen eine Erweiterung des Fahrzeugparks erforderlich. Hierzu erhielt MAN den Auftrag einen neuen Triebzug zu entwickeln und in zunächst acht Exemplaren zu bauen. Diese Triebzüge der Bauart ET 170 hatten eine gewisse Ähnlichkeit mit dem ET 171. Sie waren jedoch insgesamt 3 Meter länger, hatten mit 1024 kW eine höhere Leistung und waren durch konsequente Anwendung neuzeitlicher Leichtbaumethoden trotzdem 24 t leichter. Ferner hatten sie ein moderneres Aussehen, insbesondere im Führerstandsbereich. Insgesamt wurden 45 Triebzüge gebaut; beteiligt waren neben MAN die Firmen Wegmann, BBC und SSW. Der Lieferzeitraum erstreckte sich von 1959 bis 1970. Am 1. Januar 1968 wurden die ET 171 und ET 170 in BR 471 bzw. 470 umbezeichnet.

Für die 1975 in Betrieb genommene City-Linie waren stärkere Triebzüge erforderlich. Immerhin waren auf der neuen Tunnelstrecke zwischen Hauptbahnhof und Landungsbrücken Steigungen von bis zu 4 % zu überwinden, die eine hohe Anfahrbeschleunigung erforderten. Aus diesem Grunde wurden dreiteilige Triebzüge mit Allachsantrieb (Achsfolge Bo'Bo'+ Bo'Bo'+ Bo'Bo') entwickelt. Sie erhielten die Baureihenbezeichnung 472/473. Am Bau dieses Fahrzeugs waren die Firmen LHB (Endtriebwagen, Drehgestelle, Inbetriebnahme und Federführung), MBB (Mitteltriebwagen), BBC (Steuerung) und Siemens (E-Ausrüstung) beteiligt. Bei der Entwicklung dieses Triebzuges konnten beide Hersteller auf die Erfahrungen mit den BR 403/404 sowie 420/421 (s. an anderer Stelle in diesem Kapitel) zurückgreifen. Wagenkästen und Untergestelle wurden unter Verwendung von Groß-Strangpressprofilen und mittragenden Aluminiumblechen hergestellt. Die Fahrzeugköpfe bestehen aus einer Aluminium-Konstruktion, die mit einem GFK-Formteil verkleidet ist. Während in den Endtriebwagen je vier Einstiege pro Wagenseite angeordnet sind, befinden sich in den Mitteltriebwagen drei Einstiege pro Wagenseite; anstelle der üblichen Taschenschiebetüren kamen Schwenk-Schiebetüren mit einer lichten Öffnung von 1.300 mm zum Einsatz. Wie schon bei den bisherigen Berliner S-Bahnfahrzeugen wurde auch bei den Hamburger S-Bahnfahrzeugen zwischen den einzelnen Wagenkästen kein Übergang vorgesehen. Die Drehgestelle sind abgeleitet von denen der BR 420/421. Angetrieben wird der Triebzug durch 12 tatzgelagerte Gleichstrom-Reihenschlussmotoren mit einer Gesamtleistung von 1.500 kW. Die gesamte Traktionsanlage ist in den Bodenwannen untergebracht. Die Ablieferung erstreckte sich von 1974 bis 1984 und umfasste 62 Triebzüge in zwei Baulosen. Die Triebzüge BR 472/473 sind mit den Triebzügen der BR 470 und 471 betrieblich kuppelbar.

Am 1. Januar 1997 ging die Hamburger S-Bahn, wie bei den Wechselstrom-S-Bahnen, zur Dreifachtraktion über. Entsprechend änderten sich hier die Begriffe; während für die Doppeltraktion der Begriff »Vollzug« beibehalten werden konnte, wird die Einfachtraktion jetzt mit »Kurzzug«, die Dreifachtraktion mit »Langzug« gekennzeichnet.

Da der Zahn der Zeit auch die BR 471 nicht schonte, wurde mit der Ausmusterung dieser älteren Triebzüge begonnen; Anfang 1999 waren nur mehr 45 Fahrzeuge der BR 471 im Bestand. Auch für die Triebzüge BR 470 naht das Ende; Anfang 1999 waren bereits 12 Fahrzeuge ausgemustert.

Wechselstrom S-Bahnen

Die Entwicklung der Wechselstrom-S-Bahnen geht bereits zurück auf die Periode um 1928, als in München konkrete Pläne für ein Schnellbahnnetz veröffentlicht wurden. Hierbei war die Verlegung des Hauptbahnhofs um ca. 1,5 km angedacht mit dem Ziel eines Durchgangsbahnhofes. Die Weltwirtschaftskrise 1929 machte zunächst die Plände zunichte. Nach der Machtergreifung in Deutschland durch die Nationalsozialisten 1933 jedoch wurden die Plände wieder aufgenommen und weiterentwickelt. Da sich bei der geplanten Umgestaltung der Stadt, als »Hauptstadt der Bewegung«, der Hauptbahnhof ebenfalls als Hindernis erwies, wurde ein neuer Standort gewählt, diesmal rund 3 km westlich vom bestehenden Standort in den Bereich der Friedenheimer Brücke/Laim, ebenfalls als Druchgangsbahnhof.

Die Verbindung mit dem Stadtzentrum sollte durch eine neu zu bauende Untergrundbahn, im

Ein Kraftprotz im »new look« für die City-Linie ist die 1975 gelieferte allachs-getriebene BR 472/473. Aufn: ALSTOM LHB GmbH

weiteren Verlauf der Planung als **S-Bahn** bezeichnet, hergestellt werden, wobei an ein Ost-West- und Nord-Süd-Achsensystem gedacht war.

Die Einbeziehung der teilweise elektrifizierten Vorortsnetze in das geplante S-Bahnnetz führte dazu, als Stromsystem das bestehende Wechselstromsystem mit 15 kV 16,7 Hz und Oberleitung vorzusehen. Trotz erster Baumaßnahmen 1937 machte der Zweite Weltkrieg ebenfalls einen Strich durch diese Pläne. Nach Kriegsende galt es in erster Linie sowohl den bundesweiten Eisenbahnbetrieb für den Regional- und Fernverkehr als auch die S-Bahnbetriebe vom Berlin und Hamburg wieder in Stand zu setzen.

Zugleich jedoch durfte die zukünftige Entwicklung des ÖPNV in Stadt und Land nicht aus den Augen verloren werden. Insbesondere in Städten mit Kopfbahnhöfen wie Frankfurt am Main, München und Stuttgart wurden direkt nach Kriegsende Überlegungen angestellt, den Wiederaufbau zu nutzen, um den Vorortverkehr über die Hauptbahnhöfe hinaus unterirdisch in die Innenstädte zu führen und an der Peripherie wieder mit den Vorortstrecken zu verknüpfen. Hierdurch wäre es zudem möglich geworden, diametral gelegene Vororte mit einander zu verbinden. Die Pläne für diese sogenannten »Verbindungsbahnen (V-Bahnen)« reiften jedoch deutlich langsamer als es der Wiederaufbau zuließ, so dass schließlich die einmalige Chance, relativ »preiswert« zu unterirdischen Verbindungsstrecken zu kommen, vertan wurde.

Inzwischen wuchsen in den Ballungszentren, zu denen neben den drei genannten Städten auch das Gebiet zwischen Ruhr und Sieg gehört, die Pendlerströme und damit auch der Individualverkehr drastisch an. Eine vom Bundestag und Bundesregierung beauftragte »Enquetekommission« kam zu dem Ergebnis, daß den Verkehrsproblemen in den Verdichtungsräumen der gesamten Bundesrepublik nur durch eine Bevorrechtigung des schienengebundenen ÖPNV (SPNV) begegnet werden könne, und zwar als Gemeinschaftsaufgabe von Bund, Ländern und Gemeinden. Hierdurch wurde es der Deutschen Bundesbahn möglich, im kommunalen Verkehrsbereich ihre Mitarbeit zur Lösung der Verkehrsprobleme anzubieten.

Jedermann war klar, dass der Aufbau neuer eigenständiger S-Bahnnetze, wie sie in Berlin und Hamburg durch die Jahre gewachsen waren, mit sehr hohen Investitionen verbunden sein würde. Es bot sich deshalb an, schon bestehende Vorortnetze für einen ebenfalls als »S-Bahn« zu bezeichnenden Betrieb auszubauen, wobei auf die vorhandene Infrastruktur einschließlich des 15 kV/ 16,7 Hz-Oberleitungssystems zurückgegriffen werden konnte. Hierdurch war zudem eine kostensparende und schrittweise Inbetriebnahme sowie erforderlichenfalls der Ausbau der Netze möglich. Wo es die Verkehrsdichte gebot, sollten örtlich Parallelgleise vorgesehen werden.

In den Städten mit Kopfbahnhöfen kamen nun die ursprünglichen »V-Bahn«-Projekte in überarbeiteter Form wieder auf den Tisch. Die Planungen dieser S-Bahnnetze wurden unter Zugrundelegung der bekannten **Schnellbahn-Kriterien** durchgeführt, wobei allerdings einige Kompromisse unvermeidbar waren. So musste beispielsweise bei Bahnsteigen, die an Durchfahrtsgleisen lagen, darauf geachtet werden, dass diese im Hinblick auf Güterverkehr mit regelmäßig wiederkehrenden Lademaß-Überschreitungen eine Höhe von 760 mm ü.SO nicht überschritten.

Auch die für den Betrieb auf diesen S-Bahnnetzen zu entwickelnden – artreinen – Fahrzeuge entsprachen den Schnellbahn-Kriterien. Schließlich verschwand der Begriff »V-Bahn« aus der Sprachregelung und wurde durch »S-Bahn« ersetzt.

Kurze Geschichte der Wechselstrom-S-Bahnnetze

1962 begann im Bereich Rhein-Ruhr-Wupper die Verwirklichung der bereits in die dreißiger Jahre zurückreichenden S-Bahn-Pläne, die schon im November 1932 in einer ersten Stufe zur Einführung der sog. »Ruhrschnellverkehrszüge« geführt hatten. Nach Abschluss einer entsprechenden Rahmenvereinbarung zwischen dem Land Nordrhein-Westfalen und der DB am 30. August 1965 wurde am 28. September 1967 die erste S-Bahnlinie Ratingen Ost–Düsseldorf Hbf.–Düsseldorf Garath, Teil der heutigen Linie S 6 der S-Bahn *Rhein-Ruhr*[4] (BD Düsseldorf) eröffnet. Allerdings wich dieser erste S-Bahnbetrieb noch erheblich von den bekannten Schnellbahn-Kriterien ab, da innerhalb der herkömmlichen und unveränderten Infrastruktur auch vorhandene lokbespannte Wendezüge (»Silberlinge«) eingesetzt wurden. Dieser Betrieb war also mehr oder weniger als ein sog. »Vorlaufbetrieb« zu betrachten. Im Lauf der Zeit wurde die Linie S 6 erweitert und den S-Bahnkriterien entsprechend aus- und umgerüstet, so dass auch diese Linie mittlerweile die Bezeichnung S-Bahn zu Recht trägt.

4 Diese wie auch die nachfolgenden S-Bahn-Bennenungen sind mittlerweile in den Namen der jeweiligen Verkehrsverbünden aufgegangen.

In *München* war bereits 1937, wie eingangs berichtet, mit dem Bau eines unterirdischen S-Bahnnetzes begonnen worden. Wegen des Krieges wurden die Arbeiten jedoch 1941 eingestellt. Im Generalverkehrsplan 1963 der Landeshauptstadt München wurde später das unvollendete Tunnelstück als Teil des künftigen Münchener U-Bahnnetzes (U-Bf. Goetheplatz, Linie U3/U6) ausgewiesen; im Tausch dafür erhielt die DB die Erlaubnis, auf der sog. »klassischen (Straßenbahn) Trasse« der Münchener Verkehrsbetriebe (Karlsplatz–Marienplatz–Isartorplatz) den sog. »V-Bahn«-Tunnel vom Hauptbahnhof zum Ostbahnhof zu bauen. Durch die Entscheidung des IOC, die XX. Olympischen Spiele 1972 in München auszurichten, wurden die 1963 vorgelegten Pläne erheblich beschleunigt. Der erste Baggerbiß am 6. März 1967 markierte schließlich den Beginn des S-Bahn-Zeitalters in München und am 28. Mai 1972, rechtzeitig zu den Olympischen Spielen, konnte ein komplettes, rund 360 km langes S-Bahnnetz in Betrieb genommen werden. Inzwischen ist das Netz auf 412 km angewachsen.

Nach der Eröffnung der ersten Strecke der S-Bahn *Rhein-Ruhr* von Düsseldorf-Garath nach Ratingen Ost am 28. September 1967 folgte am 1. Juni 1975 als Auftakt für die S-Bahn *Rhein-Sieg* ein erster Abschnitt der Linie S 11 zwischen Bergisch Gladbach und Köln-Chorweiler. Bei der Planung der beiden S-Bahnnetze »Rhein-Ruhr« und »Rhein-Sieg« wurde auf eine nahtlose und verzahnte Verknüpfung geachtet, was sich in einer durchlaufenden Linien-Nummerierung dokumentiert.

Im Mai 1978 startete die S-Bahn *Rhein-Main* in Frankfurt am Main mit einem sechs Linien umfassenden Basisnetz. Kernstück war eine 2,6 km lange Tunnelstrecke vom Hauptbahnhof bis zur Hauptwache. Dieser Abschnitt ist Teil der ca. 4 km langen, in einem Bogen unter der Innenstadt verlaufenden Tunnel zu den Bahnhöfen Frankfurt-Süd (1990) bzw. Frankfurt-Mühlberg (1992).

Ein lokbespannter Wendezug im April 1992 auf der S 12 nach Hennef (S-Bahn-Rhein-Sieg) im S-Bahn-Vorlaufbetrieb. Auch bei der S-Bahn-Rhein-Ruhr hatte 1962 das S-Bahnzeitalter mit Wendezuggarnituren begonnen, allerdings trugen die ersten Züge der S 6 seinerzeit noch das Original-Pfauenaugenmuster. Aufn: DB AG

Auch das am 1. Oktober 1978 als *S-Bahn Mittlere Neckar* in Betrieb genommene Stuttgarter S-Bahnnetz verfügt als zentrale Stammstrecke über eine Tunnelstrecke, sie führt vom Haupt-

Er prägt das Bild der Wechselstrom-S-Bahnen: Der erstmals zur Olympiade 1972 in München eingesetzte 420 ist aus den S-Bahn-Netzen in Stuttgart, Frankfurt und München kaum noch weg zu denken. 420 002 war der erste 420 im Münchner Farbkleid weiß-blau, anlässlich des Jubiläums »50 Jahre Stuttgarter Hauptbahnhof« ging er im Herbst 1972 jedoch fremd und demonstrierte in Stuttgart die Zukunft des Nahverkehrs.
Aufn: O. Blaschke, Slg. J. Krantz

bahnhof zunächst unter der Innenstadt hindurch, und weiter in Richtung Süden bis zum Bahnhof Universität. Der erste Bauabschnitt des Tunnels endete am Bahnhof Schwabstraße. Die hier gebaute und noch heute als Endpunkt der Linien S 4, 5 und 6 erforderliche Wendeanlage stellt übrigens ein eisenbahntechnisches Kuriosum dar: Aus fahrplan- und bautechnischen wie auch aus wirtschaftlichen Gründen wurde sie als ca. 1,5 km lange, teilweise zweigleisige Wendeschleife mit einem Radius von 190 m konzipiert. Durch die Überholungsmöglichkeit innerhalb dieser Schleife besteht die Möglichkeit, Unregelmäßigkeiten im Fahrplan besser auszugleichen, als es in einer Wendeanlage mit Stumpfgleisen der Fall gewesen wäre.

Im September 1987 wurde auch in der Region *Nürnberg* eine erste S-Bahnlinie eröffnet, nämlich die Linie S 1 Nürnberg Hbf.–Lauf (li.d.Pegnitz). 1993 folgte die Linie S 2 Nürnberg Hbf–Altdorf.

Auch das neue S-Bahnnetz des Großraums *Hannover* entspricht den Schnellbahn-Kriterien. Aus Kostengründen und wegen regelmäßiger Güterverkehre mit Lademaßüberschreitung auf den S-Bahn-Gleisen haben die Bahnsteige generell eine Höhe von 760 mm ü.SO. Die Einstiegshöhe der für dieses S-Bahnnetz vorgesehenen Triebzüge der BR 424 ist auf diese Höhe abgestimmt, womit der geforderte stufenlose Ein- und Ausstieg wieder gewährleistet ist.

Das in der Planung befindliche Mannheimer S-Bahnnetz *»Rhein-Neckar«* dagegen soll nur im Kernbereich mit Bahnsteighöhen von 760 mm ü.SO. ausgerüstet werden. Die teilweise niedrigeren Bahnsteige der Haltepunkte in den Randbereichen des Verkehrsverbundes Rhein-Neckar (VRN) sollen dagegen aus Kostengründen zunächst nicht angepaßt werden, so dass hier unter Umständen Probleme insbesondere für Behinderte oder Eltern mit Kinderwagen auftreten könnten, es sei denn, die zukünftig eingesetzten Fahrzeuge (im Gespräch sind u.a. die neuentwickelten Regionaltriebzüge der BR 425) werden mit entsprechenden Hilfseinrichtungen ausgestattet. Inzwischen hat sich dieses vorbildliche, Ländergrenzen (Baden-Württemberg/Rheinland-Pfalz) übergreifende Projekt leider in dem Maschen von Kirchturmpolitik und politischen Egoismen verheddert; seine weitere Entwicklung ist daher momentan noch völlig offen.

Zwar als S-Bahn bezeichnet, aber gemäss der »Schnellbahn-Kriterien« keine echten S-Bahn-Betriebe sind die Netze in Rostock, Leipzig/Halle und Dresden. Typisch für diese Betriebe sind die lokbespannten Doppelstock-Wendezüge wie dieser auf der Rostocker S-Bahn im Bahnhof Warnemünde.
Aufn: Jacobson

Triebzug für die Wechselstrom-S-Bahnen: BR 420/421

Wie bereits erwähnt, wurden bereits 1937 die Entwicklungsarbeiten eines neuen Fahrzeugs für das geplante Münchener S-Bahnnetz aufgenommen.

Obwohl ebenfalls mit Wendezug-Garnituren betrieben, erfüllen die S-Bahnen an Rhein, Ruhr und Sieg sowie in Nürnberg alle »Schnellbahn-Kriterien«, denn die dort eingesetzten speziellen S-Bahn (»x«)-Wagen wurden eigens für den S-Bahn-Verkehr konzipiert. Aufn: Riechers

Hierbei entschied sich das RZA für einen dreiteiligen »Halbzug« in 15 kV/16,7 Hz-Ausführung, um die bestehende Infrastruktur mitbenutzen zu können. Als wegen des Zweiten Weltkrieges die Entwicklung abgebrochen werden mußte, lag ein Konzept vor, das im Nachhinein betrachtet bereits starke Ähnlichkeiten mit der späteren Baureihe 420/421 aufwies. Die Entwicklung wurde erst 1961 mit dem dreiteiligen Triebzug der Bauart ET 27 (BR 427) wieder aufgenommen. Da dieses Fahrzeug jedoch nicht befriedigte, blieb es bei den 1964 abgelieferten fünf Einheiten.
Am 27. Oktober 1965 wurde der Entwicklungsauftrag für einen spezifischen Wechselstrom-S-Bahntriebzug, den heutigen BR 420/421, erteilt; dieser sollte nicht nur in München sondern auch auf den damals in Planung befindlichen Netzen von Frankfurt, Stuttgart und Rhein-Ruhr eingesetzt werden. Zunächst wurde auch dieser Triebzug für Zweifachtraktion als »Halbzug« konzipiert. Da die steigenden Fahrgastzahlen jedoch Dreifachtraktion erforderlich machten, mussten die Begriffe neu gefasst werden. Während für die Doppeltraktion der »Vollzug« beibehalten werden konnte, wurde für die Dreifachtraktion der Begriff »Langzug« geprägt. Da der Begriff »Halbzug« jetzt nicht mehr sinnvoll war, wurde schließlich für die kleinste Betriebseinheit der Begriff »Kurzzug« festgelegt.
Die ersten 119 Triebzüge wurden zwischen Januar 1970 und August 1972, also rechtzeitig zum Beginn der Olympischen Spiele, nach München geliefert. Es verwundert also nicht, dass diese Triebzüge zunächst mit dem Titel »Olympia-Triebzug« bedacht wurden, übrigens das zweite Mal in der Geschichte der S-Bahnen. Vorgestellt wurden die Tiebzüge in drei Farbausführungen: Die Grundfarbe kieselgrau wurde mit jeweils einem orangefarbigen, einem blauen und einem roten Fensterband kombiniert. Die Bevölkerung der vorgesehenen Einsatzgebiete sollte über die Farbe entscheiden. Die Münchener wählten naturgemäß die blaue Farbe. Die Fahrzeuge der übrigen Einsatzgebiete erhielten schließlich allesamt die orange Farbe. Aus Gründen der Flexibilität kam die Farbe rot nirgends zum Einsatz. Ab 1988 galt für alle Fahrzeuge einheitlich das neue S-Bahn-Farbschema lichtgrau mit orangefarbenem Fensterband und einem gelben Zierstreifen, das die Züge im Rahmen allfälliger Neulackierungen erhalten sollten. Eine Ausnahme bildeten einige auf der Flughafenbahn in München eingesetzte Triebzüge, sie wurden in der »Hausfarbe« Hellblau des Münchener Flughafens lackiert und trugen an den Seitenwänden hinter den Führerstandstüren ein großes »M«. Mittlerweile werden alle Triebzüge Zug um Zug im bekannten Verkehrsrot umlackiert.
Die ersten Triebzüge wurden mit Endwagenkästen (BR 420.0 /420.5) in Stahl-Leichtbau und Mittelwagen (421.0) in Aluminium-Bauweise unter Verwendung von Strangpress-Profilen als verwindungssteife Röhrenkonstruktion hergestellt. Ab Triebzug Nr. 420 131 (2. Bauserie) wurden alle Wagenkästen in Aluminium-Bauweise hergestellt. Je Wagenseite wurden vier doppelte Taschen-Schiebetüren mit einer lichten Öffnung von 1000 mm vorgesehen. Die Drehgestell-Rahmen bestehen aus geschweißten Kastenträgern; als Sekundärfederung wurden Luftfedern mit Niveauregulierung vorgesehen. Die allachs-getriebenen Fahrzeuge (Achsfolge Bo'Bo'+Bo'Bo'+ Bo'Bo') verfügen über thyristor-gesteuerte Tatzlagermotoren mit einer Leistung von je 200 kW (Gesamtleistung des Triebzuges 2400 kW). Ab der 7. Bauserie wurden die insbesondere im Winter störanfälligen Taschen-Schiebetüren durch Schwenk-Schiebetüren ersetzt. Auch die Inneneinrichtung wurde bei dieser Gelegenheit verändert, so wurden die Zwischenwände und Türen entfernt und durch Glastrennwände ersetzt sowie die Kunstlederpolsterung durch Textil abgelöst. Letztgenannte Änderungen wurden inzwischen auch bei den älteren Bauserien angebracht. Ebenfalls ab der 7. Bauserie wurde jeder Zwischenwagen nur noch mit einem statt bisher zwei Stromabnehmern abgeliefert, die Triebzüge der 5. und 6. Bauserie wurden entsprechend zurückgebaut. Die gesamte Antriebssteuerung und -Elektronik ist in Einschüben in der Bodenwanne eingebaut. Erwähnenswert ist die Tatsache, dass die Inbetriebnahme der BR 420/421 exakt ein Jahr nach der Ablieferung dreier Probezüge erfolgte und die Züge störungsfrei ihren Dienst aufnahmen.
An der Herstellung der BR 420/421 waren neben MAN auch die WMD, später MBB, und O&K, sowie AEG, BBC und Siemens beteiligt. Insgesamt wurden in acht Bauserien 480 Einheiten gebaut, womit die BR 420/421 nach der ehemaligen Berliner BR ET/EB/ES 165 die zweitstärkste Triebzugserie in der Geschichte der deutschen Bahnen stellt.

Die 1. Klasse bei der S-Bahn

Da die S-Bahnen den Stadtschnellverkehr der Deutschen Bahnen, sowohl der DRG, der DR bzw. der DB versorgten, war es eine klare Sache, dass die Züge auch mit 1. Klasse-Abteilen ausgestattet wurden. Das ist heute nicht mehr überall der Fall. Bei der **Berliner S-Bahn** waren die Fahrzeuge ursprünglich mit 2.- und 3.-Klasse-Räumen ausgestattet. Hierbei waren die Sitze in der 2. Klasse gepolstert, die der 3. Klasse in Holz ausgeführt. Die Räume der 2. Klasse waren durch eine Wand mit Drehtür von denen der 3. Klasse getrennt. Um dem Fahrgast auf dem Bahnsteig das Auffinden des 2. Klasse Abteils zu erleichtern, war das entsprechende Fensterband des Triebzuges hellblau lackiert. Das nahende Ende des Zweiten Weltkriegs und die mit den Kriegshandlungen einhergehenden starken Zerstörungen unter den Fahrzeugen führten 1943/44 dazu, die 2. Klasse aufzuheben.

Nach Kriegsende waren nur noch 25 % des ehemals rund 2000 Wagen umfassenden Fahrzeugparks betriebsfähig, alle anderen Fahrzeuge waren mehr oder weniger stark beschädigt, zerstört oder als Reparationsleistung von der Besatzungsmacht ausser Landes gebracht worden. Als am 6. Juni 1945 der S-Bahnbetrieb von Wannsee nach Schöneberg mit zwei Zugpaaren täglich wieder aufgenommen wurde, führten die Triebzüge nur noch die 3. Klasse, ab der allgemeinen Umstellung der Wagenklassen zum 3. Juni 1956 somit die 2. Klasse. Mangelndes Publikums-Interesse und fehlende Kontrollmöglichkeiten führten schließlich dazu, dass es fortan bei der 2. Klasse blieb. Auch die nach 1946 gebauten Prototypen und Neubau-Fahrzeuge bis hin zur BR 480 und 485 führten ausschließlich die 2. Klasse.

Ganz anders in Hamburg: Bereits die Abteil-Triebwagen (Betriebsnummer 501-695, ab 1932 Nr. 1501-1645 einschließlich zwei Nachlieferungen 1933) verfügten über Abteile 2. und 3. Klasse. Ab der Bauart ET 171 (BR 471), die ebenso wie die nachfolgenden Baureihen aus drei Wagen zusammengesetzt sind, wurde der jeweils mittlere Wagen für die 2. Klasse, die beiden Endwagen für die 3. Klasse vorgesehen - ab dem 3. Juni 1956 demnach 1. Klasse bzw. 2. Klasse. Die Begründung ist wohl, dass in dieser Kaufmannsstadt ein erhöhter Bedarf an 1. Klasse-Plätzen bestand und – offenbar – immer noch besteht. Während bei den blau-lackierten Triebzügen der Baureihen 470 und 471 die Fensterpartie der 1. Klasse (ex 2. Klasse) elfenbeinfarbig lackiert wurde, wurde der Triebzug BR 472/473 im abweichenden Farbschema beige mit ozeanblauem Fensterband geliefert, die 1. Klasse wurde durch den bekannten gelben Streifen oberhalb der Fenster des 1. Klasse-Wagenkastens gekennzeichnet.

In den Mittelwagen der Wechselstrom-Triebzüge der BR 420/421 waren ursprünglich 33 Plätze der 1. Klasse vorgesehen, die sich über zwei benachbarte Abteile (Raucher und Nichtraucher) erstreckten. Als am 1. Februar 1973 das Rauchen in den S-Bahnen untersagt wurde, entfiel die Notwendigkeit eines eigenen Raucher-Abteils in der 1. Klasse und die Anzahl der 1.-Klasse-Sitzplätze wurde auf 17 reduziert, die sich am Kurzkuppelende mit dem Endwagen 2 befinden. Sowohl der große Andrang in der 2. Klasse als auch die spärliche Inanspruchnahme der 1. Klasse führte bereits am 1. Oktober 1972 dazu, dass in München die 1. Klasse abgeschafft wurde. Bei den anderen S-Bahnbetrieben, die Triebzüge der BR 420/421 einsetzen, wie Rhein-Main und mittlerer Neckar, wird die 1. Klasse weiterhin beibehalten.

Zusammenfassung

Der Begriff »S-Bahn«, 1930 als Gütezeichen eines nach strengen Vorgaben betriebenen Vorortverkehrs eingeführt, wird mittlerweile auch für einige von diesen Vorgaben zum Teil erheblich abweichende Regionalverkehrs- und Vorortnetze benutzt. Hierzu gehören auch die S-Bahn-Netze, die 1969 in *Leipzig* und *Halle*, 1970 in *Rostock* und 1974 in *Dresden* und *Magdeburg* eingerichtet wurden. Alle diese S-Bahn-Verkehre haben eines gemeinsam: sie wurden und werden größtenteils immer noch innerhalb vorhandener Infrastrukturen und mit Regelfahrzeugen, insbesondere lokbespannten Doppelstock-Wendezuggarnituren betrieben, ähnlich der ersten Düsseldorfer S-Bahnlinie S 6 im Jahre 1968. Somit entsprechen diese nicht den von der DRG bzw. DB selbstgesteckten Standards. Sogar der Taktverkehr wurde, mit Ausnahme von Dresden und Leipzig, erst in den neunziger Jahren eingeführt. Die in diesen Netzen eingesetzten Fahrzeuge werden deshalb in dieser Publikation nicht behandelt.

Die ebenfalls unter dem S-Bahn-Signum durchgeführten Regionalverkehre in den Räumen *Karlsruhe* (KVV), *Offenburg* (Ortenau-S-Bahn) und *Freiburg* (Breisgau S-Bahn) entsprechen trotz ihres hohen und, insbesondere im Falle des KVV, innovativen Nahverkehrsstandards nicht den ursprünglichen S-Bahn-Kriterien und nehmen aufgrund ihrer völlig abweichenden Konzeption eine Sonderstellung ein. Unter Verweis auf das in diesem Verlag erschienene Buch »Regionaltriebwagen« wird deshalb auf die in diesen Netzen eingesetzten Fahrzeuge ebenfalls nicht eingegangen.

Um Irritationen vorzubeugen: die S-Bahn-Kriterien geben durchaus nicht vor, dass der S-Bahnbetrieb ausschließlich mit Triebzügen durchzuführen ist. Da sich beispielsweise abzeichnete, dass für die S-Bahnnetze von Rhein-Ruhr, Rhein-Sieg und – zu einem späteren Zeitpunkt – Nürnberg mangels gebündelter S-Bahn-Linien auf Tunnelstrecken mit Steilrampen die hohe Leistung der BR 420/421 nicht erforderlich war, kamen ab 1978 lokbespannte Wendezüge mit speziell entwickelten, der BR 420/421 angepaßten S-Bahnwagen der Gattung Bx, Abx und Bxf (sog. »x«-Wagen) sowie Lokomotiven der BR 111 oder 143 (ex DR) zum Einsatz. Wegen der längeren Strecken und den weit auseinanderliegenden Bahnhöfen wurden diese Wagen zudem mit begehbaren Übergängen und Toiletten versehen.

Die neue S-Bahn Generation der DB AG – ET-Familie BR 423-426

Die Entwicklung einer neuen S-Bahn-Generation für Wechselstrombetrieb

Ende der neunziger Jahre erreichten die ersten Triebzüge der BR 420/421 das Ende ihrer wirtschaftlichen Lebensdauer. Daher beschäftigte sich das Bundesbahn-Zentralamt (BZA) in München bereits seit 1990 mit einer Projektstudie für einen Nachfolgetyp dieser bewährten und bis 1997 in acht Bauserien und 480 Exemplaren ausgelieferten Triebzug-Gattung. Daneben standen diese Bemühungen natürlich im Zusammenhang mit dem Bestreben der DB AG, bis zum Jahre 2000 die gesamte Nahverkehrsflotte zu modernisieren bzw. zu erneuern um ihre Wettbewerbsfähigkeit nach der Privatisierung zu verbessern. Für dieses Programm sollten Mittel in Höhe von ca. 7 Mrd DM bereitgestellt werden. Der zeitliche Rahmen dürfte jedoch wohl etwas knapp gefasst sein.
Die steigende Nachfrage nach Fahrgastraum bei den Wechselstrom-S-Bahnen von Frankfurt/Main, München und Stuttgart musste bis ca. 1992 weiterhin mit Triebzügen der BR 420/421 gedeckt werden, da ein geeignetes Nachfolge-Baumuster nicht zur Verfügung stand. Das war um so bedauerlicher, als sich die Antriebstechnik mittlerweile weiter entwickelt hatte und die energiesparenden Asynchron-Drehstrom-Motoren mit Pulswechselrichtern statt der Gleichstrom-Kommutator-Motoren mit Thyristor-Gleichrichtern seit Ende der siebziger Jahre ihren Siegeszug angetreten hatten. Fehlendes Geld sowohl bei der damaligen Deutschen Bundesbahn als auch bei der einschlägigen Industrie verhinderte die notwendigen Entwicklungs-Aktivitäten für einen adäquaten Ersatz der BR 420/421. Hinzu kam, dass die Entwicklung von unterflur anzuordnenden Ausrüstungsteilen für den Drehstrom-Antrieb in hohem Maße vom Bau entsprechender Prototypen abhängig war, da diese Teile zunächst für Hochleistungs-Lokomotiven wie die BR 120 dimensioniert waren. Insofern verwundert es nicht weiter, dass die Gedanken der Bundesbahn-Zentralämter zunächst um den Einsatz einer angepassten Ausführung der BR 120 mit entsprechender Wendezug-Garnitur kreisten. Beleg für diese Überlegungen dürfte der Probe-Einsatz einer niederländischen Doppelstock-Garnitur mit zwei Loks der BR 120 (je eine vorn und hinten mangels Steuerwagen) im Mai und Juni 1989 u.a. auf der Münchener S-Bahnlinie S 4 Ostbahnhof–Geltendorf gewesen sein, der jedoch nicht befriedigte.
Seit 1990 beschäftigten sich die Zentralämter wieder mit realistischeren Projekten, eingedenk der guten Erfahrungen, die mit der BR 420/421 gemacht wurden. Im Mittelpunkt der Überlegungen stand das Interesse der Fahrgäste nach mehr subjektiver Sicherheit unter gleichzeitiger Verbesserung des Fahrgastflusses. Ähnliche Überlegungen bei mehreren europäischen U- Bahnbetrieben, wie beispielsweise Barcelona, Berlin und Paris, führten zu durchgehend begehbaren Triebzügen, einer völligen Abkehr also von den bis dahin üblichen einzelnen und nicht mit Übergängen versehenen Wagenkästen. Bereits die 1978 in Betrieb genommenen lokbespannten »x- Wagen« für die S-Bahnen an Rhein und Ruhr sowie in Nürnberg wurden mit Übergängen zwischen den Wagenkästen versehen und auch der 1995 vorgestellte Berliner S-Bahntriebzug der BR 481 wurde zumindest als Viertelzug durchgehend begehbar gestaltet; gegenwärtig werden sogar Überlegungen für einen durchgehend begehbaren Halbzug (entspr. zwei Viertelzügen) angestellt. Ferner sollte zwischen Fahrgästen und Tfz-Führer möglichst Blickkontakt hergestellt werden können. Eine weitere Vorgabe war, dass die neuen Triebzüge mit Rücksicht auf die vorhandene Infrastruktur die gleiche Fahrzeuglänge aufweisen sollten wie die Triebzüge der BR 420/421. Aus diesem Parameter ergaben sich zwei Konzeptvarianten:

- ein dreiteiliger Triebzug analog der BR 420/421 mit eingeschränkten Übergängen zwischen den Wagenkästen
- ein vierteiliger Gliederzug mit Jakobs-Drehgestellen und nahezu wagenbreiten Übergängen zwischen den Wagenkästen.

Stichwort Jakobs-Drehgestell

Jakobs-Drehgestelle sind nach dem Ingenieur Wilhelm Jakobs (1858-1942), Direktor der Waggonfabrik Rastatt, benannt. 1904 präsentierte er erstmals ein Drehgestell, das zwischen zwei Wagenkästen angeordnet war. Der Drehpunkt lag mittig zwischen den beiden auf dem Drehgestell ruhenden Wagenkästen. Durch diese Anordnung konnte der gegenseitige Wagenkasten-Versatz insbesondere in gegenläufigen Gleisbögen verhindert werden. Gleichzeitig verringern sich die Gesamtzahl der Achsen und damit das Gewicht des Zuges sowie die Anschaffungs- und Unterhaltungskosten.
Allerdings bedingt diese Drehgestellanordnung eine Verkürzung der Wagenkästen, um die Profilfreiheit zu erhalten.

Da die Sicherheit der Fahrgäste in Triebzügen am besten durch möglichst breite Übergänge zu gewährleisten ist, wurde letztere Lösung in die Konzeptüberlegungen aufgenommen, zumal auch eine weitere Senkung des Gewichtes wie auch der Wartungskosten zu erwarten war. Last but not least sollte der neue Triebzug mit Drehstromantrieb ausgerüstet werden, der neben geringeren Betriebskosten weitere Gewichtseinsparungen erwarten ließ. Dieser nach den o.g. Vorgaben projektierte Triebzug mit einer durchgehenden Fußbodenhöhe von 1025 mm ü.SO (BR 420/421: 1030 mm) und einer Einstiegshöhe von 995 mm ü.SO erhielt die Baureihenbezeichnung 423.
Innerhalb dieser Konzeptphase fiel die Entscheidung, im Hinblick auf die Expo 2000 für den Nahverkehr im Großraum Hannover ein S-Bahn-System einzurichten. Entsprechend dem Raumordnungs- und Verkehrswegeprogramm des Landes Niedersachsen wurden bereits in den achtziger Jahren erste konkrete Planungen zum Ausbau des Schienennetzes mit dem Fernziel eines S-Bahnsystems aufgenommen. Mit dem Abschluss eines

Ein neues Gesicht bei den Wechselstrom-S-Bahnen: Die Baureihe 423.
Aufn: ALSTOM LHB

Wachablösung: Am 17. September 1999 begegnet 420 932-6 seinem Nachfolger 423 006-6 in Plochingen.
Aufn: J. Krantz

Ausbau- und Finanzierungsvertrags über die Entmischung des Nah- und Fernverkehrs auf der sog. »Ost-West-Achse« Lehrte–Hannover–Wunstorf am 12. November 1990 sollte die erste Ausbaustufe der Gesamtplanung eingeläutet werden. Aufgrund der am 14. Juni 1990 getroffenen Entscheidung des »Internationalen Ausstellungsbüros (B.I.E.)« in Paris, die Weltausstellung 2000 (EXPO 2000) nach Hannover zu vergeben, erhielten die Planungen erhöhte Aktualität, so dass bereits am 11. Oktober 1990 das Bundesverkehrsministerium der Deutschen Bundesbahn vorschlug, aufbauend auf dieser noch zu besiegelnden ersten Baustufe Lehrte–Hannover–Wunstorf die erforderlichen Maßnahmen zur Errichtung eines S-Bahnnetzes auf das Jahr 2000 vorzuziehen, um während der EXPO 2000 über ein leistungsfähiges Schnellbahnnetz verfügen zu können.

Bei der Projektierung der Infrastruktur galt es, auf den Güterverkehr mit regelmäßig wiederkehrenden Lademaß-Überschreitungen Rücksicht zu nehmen. Daher und weil damit Baukosten eingespart werden konnten, fiel die Entscheidung zugunsten einer Bahnsteighöhe von 760 mm ü.SO. Die Machbarkeit eines S-Bahnfahrzeugs mit einem auf diese Bahnsteighöhe abgestimmten Fußboden wurde in einer früheren Projektstudie des BZA bereits nachgewiesen. So dass die bekannten S-Bahn-Kriterien erfüllt werden konnten. Auf Grund der EXPO-2000 hatten die benötigten Fahrzeuge bis Ende 1999 betriebsfähig zu sein. Da bei dieser Terminlage trotz vorhandener Innovationsfreude die technischen Risiken begrenzt bleiben mussten, kristallisierte sich der Vorschlag heraus, die Entwicklung dieses Fahrzeugs mit dem der BR 423 zu koppeln, zumal bei beiden Fahrzeugtypen die gleichen kommerziellen und technischen Überlegungen im Vordergrund standen.

Somit wurde auch für dieses Fahrzeugkonzept ein vierteiliger Gliederzug mit Jakobsdrehgestellen zugrunde gelegt, der die Baureihenbezeichnung 424 erhielt. Diese Ausführung fand im Übrigen auch im Rahmen der Ausbaupläne des Dresdener S-Bahnnetzes sowie für das geplante Mannheimer S-Bahnnetz (»Rhein-Neckar S-Bahn«) Aufmerksamkeit.

Parallel zu den genannten Planungen wurde auch die Anschaffung von neuen attraktiven Fahrzeugen für den schweren Regionalverkehr ins Auge gefasst. Im Hinblick auf die Sicherung der Wettbewerbsfähigkeit durch eine Begrenzung der Betriebskosten wünschte sich die DB AG ein möglichst modulares Konzept in Verbindung mit der neuen »S-Bahn-Familie« BR 423 und 424, wodurch die Erweiterung des »Familiendenkens« auch für das hierzu erforderliche Rollmaterial vorgegeben war.

Da die Regional-Fahrzeuge für Strecken vorgesehen sind, die zum Teil niedrigere Bahnsteighöhen als 760 mm ü.SO (380 bzw. 550 mm ü.SO) aufweisen, konnten sie zwar baugleich mit der BR 424 konzipiert werden, sie benötigten jedoch zusätzliche Einstiegshilfen, um für diese Infrastruktur geeignet zu sein. Aus diesen Überlegungen entstand die Baureihe 425, der aus Gründen der Flexibilität eine weitere, zweiteilige Version folgte, die BR 426. Mit diesen beiden Typen können je nach den aktuellen Erfordernissen variable Zug-Konfigurationen zusammengestellt werden.

Die zeitgleiche Entwicklung der Baureihen 423 bis 426 bot schließlich die Chance zur Vereinheitlichung mehrerer Komponenten wie

- automatische Mittelpufferkupplung,
- elektropneumatische (E/P)-Bremsanlage
- Fahrgast-Informationssystem
- Fahrgastraumsitze
- Frontscheibe
- Führersitz
- Hauptschalter
- Leittechnik
- Makrofon
- Scheibenwisch-/Waschanlage
- Spurkranzschmierung
- Stromabnehmer

Dadurch konnten die Kosten für Beschaffung und Wartung positiv beeinflusst werden.

Bedingt durch die unterschiedlichen Einbauverhältnisse unterhalb der Untergestelle der BR 423 bzw. der BR 424-426 konnten Aggregate wie Transformator und Stromrichter nicht vereinheitlicht werden.

Nachdem die Konzepte ausgearbeitet waren, wurde im Herbst 1993 die gesamte Fahrzeug-Generation europaweit ausgeschrieben. Hierbei stellte die DB folgendes Anforderungsprofil auf:

I Fahrgastsicherheit und -Komfort
- erhöhte Transparenz und – bei gleichbleibender Fußbodenhöhe – eine durchgängig begehbare Fahrzeugeinheit.
- Fahrgast-Notsprechstellen zur Kommunikation mit dem Triebfahrzeugführer.
- Fahrgast-Informationssystem mit Zugziel- und Haltestellenanzeige sowie -Durchsage.
- optimierte, auf die Bahnsteighöhen abgestimmte Fußbodenhöhe; Trittkästen bzw. Klapptritte zur Anpassung an die Bahnsteige.
- Einstiegshilfen für Behinderte.
- behindertengerechte Toiletten bei den BR 425-426; nach der Auftragsvergabe wurde die Toiletteneinrichtung auf Druck der Öffentlichkeit auch auf die BR 424 ausgedehnt.
- Mehrzweckräume für Kinderwagen, Fahrräder etc.

II. Betriebliche Flexibilität
- Mehrfachtraktion mit je nach Baureihe bis zu vier Einheiten zur Anpassung an das Verkehrsaufkommen
- einfache Bedienung des Zugverbands
- kurze Fahrgastwechselzeiten
- automatischer Vorbereitungsdienst einschließlich Bremsprobe

III. Wirtschaftlichkeit
- geringer Energieverbrauch durch:
  - Leichtbau
  - Drehstromantrieb
  - Rekuperationsfähige elektrodynamische Nutzbremse als Betriebsbremse
  - Nutzung der Geräte-Abwärme für Heizzwecke
  - rechnergestützte Überwachung und Optimierung der Betriebszustände.
- niedrige Instandhaltungskosten durch:
  - leicht zugängliche und austauschbare Bauteile bei Teilen, die Verschleiß unter liegen
  - schnelles Erkennen einer gestörten tauschbaren Einheit durch weitgehende Diagnose
  - störungs-/bedarfsorientierte Instandhaltung
  - Störungsbeseitigung auch bei kurzen Stillstandzeiten
  - reduzierte Ersatzteilbevorratung durch möglichst viele gleiche Bauteile innerhalb der Triebzugfamilie.
  - hohe Verfügbarkeit

IV Umweltverträglichkeit
- geringer Energieverbrauch; s.u.III.
- vorbeugender Brandschutz
- Recyclingfähigkeit
- Geräuscharmut

V hohe Zuverlässigkeit

VI gleiche Fahrdynamik untereinander und mit der BR 420 (fahrplantechnisch)

Am 30. November 1994 erteilte die DB AG zunächst folgende Entwicklungs- und Lieferaufträge:

I. Konsortium ABB Henschel (als Konsortialführer) und LHB:
100 Triebzüge der BR 423,

II. Konsortium AEG (als Konsortialführer), DWA und Siemens:
60 Triebzüge der BR 424,
136 Triebzüge der BR 425,
43 Triebzüge der BR 426.
Insgesamt also 339 Einheiten.

Nach der Auftragserteilung änderten sich die Organisationformen der Konsortialpartner einschneidend; dazu folgende Anmerkungen:

- nach dem Zusammenschluss von *ABB Henschel* und *AEG* zu *ABB Daimler-Benz Transportation (Adtranz)* am 1. Januar 1996 übernahm diese folgerichtig die Konsortialführung beider Projekte; die heutige Firmenbezeichnung lautet *DaimlerChrysler Rail Systems (Adtranz)*,
- die traditionsreiche *Deutsche Waggonbau Aktiengesellschaft (DWA)* gehört seit dem 2. Februar 1998 dem kanadischen *Bombardier Konzern* an (*Bombardier Transportation)*;
- nachdem *GEC-Alsthom* 1994 mit zunächst 51% der Anteile die Majorität an LHB erwarb und am 13. Juni 1997 die restlichen 49 % übernahm, wurde LHB eine volle GEC Alsthom-Tochter. Nach dem Börsengang am 22. Juni 1998 wurde der Konzernname infolge der Reduzierung ihrer GEC-Anteile kurz und bündig in *ALSTOM* geändert; am gleichen Tage änderte sich auch der offizielle Firmenname von LHB in *ALSTOM LHB GmbH*.

1996 erhöhte sich durch eine Nachbestellung von 90 Triebzügen der BR 423 die Gesamtzahl der Triebzüge auf 429; ferner zog die DB AG den Auftrag über 20 Triebzüge der BR 424 zurück, um hiermit die Stückzahl der BR 425 aufzustocken. Ende 1999, nachdem die DB AG insbesondere für das Münchener S-Bahnnetz eine Option auf weitere 110 Triebzüge der BR 423 einlöste, sah der Auftragsumfang schließlich wie folgt aus:

I. Konsortium Adtranz und ALSTOM LHB:
300 Triebzüge der BR 423,

II. Konsortium Adtranz, Bombardier und Siemens:
40 Triebzüge der BR 424,
156 Triebzüge der BR 425,
43 Triebzüge der BR 426.
Insgesamt waren damit also nun 539 Einheiten geordert. Dies ist die größte Triebzugbestellung in der Geschichte der deutschen Eisenbahnen!
Nachdem die Aufträge erteilt waren, setzten regelmäßig durchgeführte Konsultationen zwischen Kunde und Konsortien ein, die zu einer zügigen und konstruktiven Abwicklung des Auftrags beitrugen.
Die weitgehende Realisierung des vorstehend erwähnten Anforderungsprofils bedeutete für die Triebzugentwicklung in Deutschland, im Vergleich zur BR 420/421, einen Quantensprung. Die vollständig andere Maßkonzeption und die zeitgemäße und energiesparende Drehstromtechnik erforderte die Entwicklung neuer Komponenten. Dazu gehören z.B.:

- Transformator und Stromrichter in z.T. extrem flacher Bauweise
- luftgefederte Jakobs-Drehgestelle
- elektronisch gesteuerte pneumatische Bremse
- kombiniertes Heizung-, Lüftungs-, Kühlungs- und Rückkühlungssystem (**HLKR**)
- Leittechnik auf der Basis eines Multifunction Vehicle Bus (**MVB**), dem zukünftigen DB AG-Standard

Von den insgesamt 300 in Auftrag gegebenen Triebzügen der BR 423 wurden 33 Einheiten nach Stuttgart geliefert, 243 sollen im Münchener S-Bahnnetz und 24 Fahrzeuge bei der S-Bahn-Rhein-Ruhr eingesetzt werden. Innerhalb des Konsortiums BR 423 liefert Adtranz die dort entwickelten Jakobs-Drehgestelle und die E-Ausrüstung. Wagenkästen und die ebenfalls von Adtranz entwickelten End-Drehgestelle werden im ALSTOM LHB-Werk Salzgitter gebaut. Die Endmontage erfolgt sowohl in Salzgitter bei ALSTOM LHB als auch im Nürnberger Werk von Adtranz. Hierzu werden Drehgestelle und lackierte Wagenkästen per Schiene nach Nürnberg überführt. Die Inbetriebnahme erfolgt durch Adtranz im ehemaligen Bw Tübingen.
Während die Fahrzeuge der BR 424 für das S-Bahnnetz von Hannover vorgesehen sind, werden die BR 425 und 426 bei den Regionalniederlassungen im gesamten Bundesgebiet eingesetzt. Innerhalb des Konsortiums 424-426 sind die Baulose der insgesamt 239 Triebzüge wie folgt aufgeteilt:

BR 424/425
Adtranz 70 Triebzüge:

- Wagenkästen, Endmontage, Prüfung und Inbetriebsetzung Werk Hennigsdorf;
- Drehgestelle Werk Siegen.

Siemens 70 Triebzüge:

- Wagenkästen, Endmontage und Prüfung: Werk Krefeld;
- Drehgestelle Werk Graz;
- Inbetriebsetzung im Prüfcenter Wegberg-Wildenrath.

Bombardier 56 Triebzüge:

- Wagenkasten Werk Bautzen;
- Drehgestelle Werk Vetschau;
- Endmontage, Prüfung und Inbetriebsetzung Werk Ammendorf.

BR 426
Bombardier 43 Triebzüge:

- Wagenkasten Werk Bautzen;
- Drehgestelle Werk Vetschau;
- Endmontage, Prüfung und Inbetriebsetzung Werk Ammendorf.

Triebzug BR 423

Allgemein

Der Triebzug der BR 423 besteht aus zwei End- und zwei Mittelwagen, die betrieblich nicht getrennt werden können. Hierbei trägt der End-Triebwagen 1 (ETW 1) die Baureihenbezeichnung 423.0, der End-Triebwagen 4 (ETW 4) wird mit BR 423.5 und die Mittel-Triebwagen 2 und 3 (MTW 2 bzw. 3) mit BR 433.0 bzw. 433.5 bezeichnet.
Eine deutliche Verbesserung gegenüber den Triebzügen der BR 420 ist die durchgehende Begehbarkeit des ganzen Zuges. Diese dient nicht nur der besseren Fahrgastverteilung innerhalb des gesamten Zuges sondern auch der Steigerung des subjektiven Sicherheitsgefühls der Fahrgäste. Aus dem gleichen Grund befindet sich ungefähr in Zugmitte eine Glas-Trennwand mit verschließbarer Drehtür, die zusammen mit den Einstiegstüren des jeweils hinteren Zugteils in Schwachlastzeiten vom Zugpersonal verschlossen werden kann (siehe auch an anderer Stelle in diesem Kapitel).
Den Interessen von Behinderten dienen farblich abgesetzte Türen, Rollstuhlplätze sowie Zustiegshilfen, die die Höhendifferenzen zum Bahnsteig überbrücken sollen, wenn dieser (in Einzelfällen) nur 760 mm über S.O. liegt. Diese Zustiegshilfen befinden sich in den beiden Mehrzweckräumen hinter den Führerständen.
Eines der wichtigsten Konstruktionskriterien war die Brandprävention, daher erfolgte die Werk-

Das Untergestell eines Endtriebwagens in gedrehtem Zustand (Fertigungslage). Vorne ist die Kopfverstärkung und die Kupplungsaufnahme zu sehen.
Aufn: ALSTOM LHB

Unten: Rohbau des Endwagenkastens mit Kopfverstärkung und Führerpult-Träger.
Aufn: ALSTOM LHB

stoffauswahl für die Innenausstattung unter Beachtung der Brandschutzstufe 3 nach DIN 5510; schließlich wurden die Aspekte »Vandalismus-Resistenz« und Recyclingfähigkeit berücksichtigt. Die Leittechnik der BR 423 ist auf eine Mehrfachtraktion von bis zu drei Triebzügen ausgelegt.

Wagenkasten

Rohbau und Lackierung

Die Untergestelle sowie die leicht geneigten Seitenwände, Kopfstücke und Stirnwände an den Gelenkenden sowie die Dachkonstruktion bilden eine verwindungssteife Schweißkonstruktion unter Verwendung von Aluminium-Strangpress-Großprofilen in den schweißfähigen Werkstoffen AlMgSi 0,6, AlMgSi 0,7 und AlMgSi 1. Die Seitenwand der ETW wird über den Führerstand bis zur Formtrennung mit der Kopfverkleidung weitergeführt; die Kopfverkleidung besteht aus einem GFK-Sandwich-Formteil, welches mit dem Wagenkasten verklebt wird. Auch das Untergestell besteht aus Aluminium-Strangpressprofilen.
Die Fahrzeugstruktur wurde nach der *Finiten-Elemente-Methode* (FEM)[1] ermittelt. Hierdurch konnte sowohl eine gewichtsoptimierte Gestaltung als auch Festigkeitsanforderungen an die Rohbau-Wagenkästen (1500 kN Längsdruckkraft, 1000 kN Längszugkraft in Kupplungsebene und 300 kN Längsdruckkraft auf Höhe der Frontfensterbrüstung) sichergestellt werden. Die Fahrzeugbegrenzung der BR 423 entspricht dem im Vergleich zur UIC-505-1-Vorschrift in Einstiegshöhe um 180 mm breiteren G2-EBO-Profil, da diese Fahrzeuge in eigens auf sie bzw. die BR 420 abgestimmten Infrastrukturen eingesetzt werden.
Da die Außenhaut des Wagenkastens aus Strangpressprofilen gebildet wird, entfallen die kostenintensiven Spachtelarbeiten vor dem Lackieren; für die Außenlackierung werden PUR-Lacke verwendet. Alle Fahrzeuge sind im Farbschema von DB-Regio lackiert: Wagenkasten *verkehrsrot* (RAL 3020), unterhalb der Formtrennung zum

1 »Finiten-Elemente Methode« umschreibt eine Methode zur Statik-Berechnung, bei der ein Fahrzeugaufbau in Flächen aufgeteilt und für jede einzelne Fläche die Momentengleichung aufgestellt wird.

Innenansicht des Endwagenkasten-Rohbaus. Deutlich sichtbar ist die Ausrichtung der Strangpress-Profile und die Anordnung der Verstärkungen an den Einstiegen.
Aufn: ALSTOM LHB

Unten: Die Verbindung der Wagenkästen erfolgt über Sphärolager. Das Gegenlager besitzt beidseitig U-förmige Aufnahmen, in die die seitlichen Lagerzapfen aufgenommen und über je eine angeschraubte Lagerschale gehalten werden. Unterhalb der Lagerung, im Ausleger des Gegenlagers befinden sich zwei Befestigungspunkte für den Mitnehmerlenker.
Aufn: ALSTOM LHB

Dach sowie an der Unterkante des Wagenkastens mit je einem Streifen *lichtgrau* (RAL 7035) abgesetzt. Die Türen sind ebenfalls in *lichtgrau* (RAL 7035), Dach, Frontfensterpartie und Schürzen (Rahmenverkleidung) in *basaltgrauer* Farbe (RAL 7012) lackiert.

Kupplungen und Energieverzehrkonzept, Übergänge

Die Triebzüge der BR 423 sind mit automatischen, beheizten Schaku-Mittelpufferkupplungen vom Typ 10 ausgerüstet. Wie erwähnt können die Triebzüge der BR 420 nur mechanisch mit denen der BR 423 gekuppelt werden; auch mit den Triebzügen 424-426 ist aufgrund der abweichenden Software lediglich eine mechanische Kupplung möglich. Der große Greifbereich des Kupplungskopfes vom Typ 10 erlaubt eine Kupplung auch bei größeren horizontalen und vertikalen Versätzen, z.B. an Kuppen und in Gleisbögen. Zug- und Druckkraft werden vom Kupplungskopf über eine Kupplungsstange, in der ein Stoßverzehrelement in Form eines Ringfederpakets integriert ist, auf den Wagenkasten übertragen. Die Kupplungsstange ist über ein verschleiß- und wartungsfreies Metallgummi-Sphärolager mit dem Wagenkasten verbunden. Beim Kupplungsvorgang werden gleichzeitig die Verbindungen der Hauptluft- und Hauptluftbehälter- sowie der elektrischen Leitungen hergestellt. Die elektrischen Verbindungen werden hierbei über zwei seitlich angeordnete schiebende Kontaktkupplungen übertragen, diese verfügen über einen eigenen pneumatischen Antrieb. Die Trennung der Kupplung kann sowohl pneumatisch als auch manuell erfolgen. Ferner besteht für den Abschleppfall eine eingeschränkte Druckluftsteuerung der Bremse über die Hauptluftleitung; diese kann auch beim Abschleppen durch einen anderen Triebzug, mit dem eine Mehrfachsteuerung nicht möglich ist, genutzt werden. Die Wagenkästen werden über verschleiß- und wartungsfreie Metallgummi-Sphärolager miteinander verbunden, die nur in den Werken gelöst werden können. Die pneumatischen und elektrischen Leitungen sowie die Leitungen für die Wasserkühlung werden in Pritschen über die Jakobs-Drehgestelle geführt. Der Übergang zwischen den Fahrzeugen besteht aus einem umlaufenden Doppelwellenbalg der Firma Hübner sowie einer Trittplatte im Fußbo-

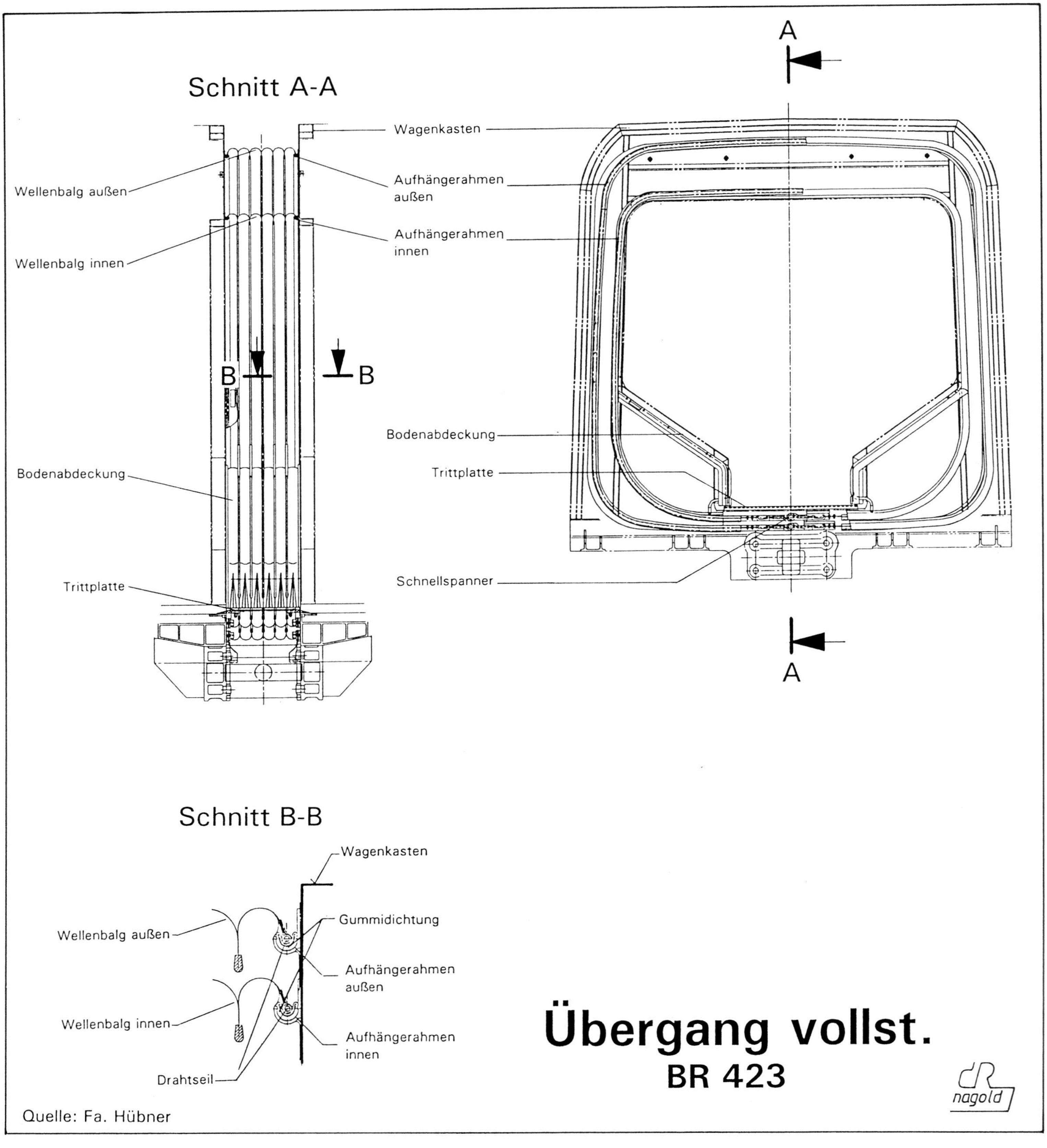

Übergang vollständig der BR 423.
Zeichnung: Riechers; Quelle Hübner

denbereich. Die Übergänge haben ihre größte lichte Weite oberhalb der Sitz-Rückenlehnen und sind im Bodenbereich auf Breite des Mittelganges durch eine am Balg befestigte Bodenabdeckung eingeengt; hierdurch werden versteckte Ecken zur Ablage von Unrat sowie die Gefährdung von Fahrgästen vermieden.

Die inneren und äußeren Wellenbälge bestehen aus nach innen offenen flexiblen Stoffwellen, die aus speziellen Wellenbalgstoffen zusammengenäht sind, und aufgesickten Balgrahmen. Die ähnlich aufgebaute Bodenabdeckung ist an den Balgrahmen des Innenbalges angenietet. An den Endtüchern der Wellenbälge sind umlaufende Drahtseile eingenäht, die über Schnellspanner formschlüssig mit den Wagenkästen verbunden sind. Die Trittplatte besteht aus einem Alu-Blech, an dem zwei Gleitplatten aus PUR befestigt sind; das Alu-Blech ist mit einem aufgeklebten Bodenbelag versehen. Die Platte wird über zwei Führungszapfen mit Gleitlagern am Wagenkastenboden gehalten und geführt. Gegenüber dem Fußboden trägt die Trittplatte konstruktionsbedingt im Übergangsbereich 21 mm auf.

Der Doppelwellenbalg läßt eine optimale Luftschalldämmung von 30 dB (A) erwarten (vgl. Einfachwellenbalg = 23 dB (A)).

Ausstattung Fahrgastraum

Durch doppelverglaste Isolier-Fenster im Fahrgastraum sollen Kältebrücken verhindert werden, wodurch das Beschlagen der Fenster bei entsprechender Witterung vermieden wird. Das Fensterpaket besteht aus zwei je 6 mm starken Scheiben aus Verbund-Sicherheitsglas, die in einen Aluminium-Rahmen im Abstand von 9 mm eingeklebt sind. Die außenliegende Scheibe ist metallbedampft. Die Fenster sind bündig mit der Außenwand im Rohbau eingeklebt. Pro Fahrzeugseite sind zehn klappbare Oberlichter vorgesehen, je drei Fenster pro ETW und je zwei Fenster pro MTW. Diese sind einfach verglast und in den Fensterrahmen integriert.

Der Fahrzeugboden besteht aus einem 18 mm dicken Sandwich, das aus einem 10 mm dicken Divinycell-Kern und zwei je 4 mm dicken Deckschichten aus Sperrholz zusammengesetzt ist. Die Sandwichplatten sind »schwimmend« auf dem Rohbau gelagert, wodurch keine störenden Körperschallanteile über den Fußboden übertragen werden können. Der Fußbodenbelag besteht aus 2 mm dickem Noraplan (Kautschuk). Die Fußbodenhöhe beträgt durchgehend 1025 mm, allerdings ist der Fußboden im Bereich der Einstiege über eine Länge von ca. 1000 mm auf eine Einstiegshöhe von 995 mm schräg verzogen.

Die Decke besteht aus einem mittig angeordneten, sog. »Multifunktionskanal« und beidseitig angebrachten Polyurethan-Verkleidungen, deren Oberflächen aus akustischen Gründen gelocht sind. Der als Aluminium-Konstruktion unter Verwendung von Strangpressprofilen hergestellte Mittelkanal dient als Luft- und Kabelkanal sowie zur Aufnahme des Leuchtenbandes und der Deckenverkleidung. Die Innenverkleidungen, Fensterschlüssel, Einstiegs- und Übergangsverkleidungen bestehen aus GFK-Formteilen.

Die Wagenkästen werden mit rieselgesicherter Mineralwolle isoliert. Unterhalb des Fußbodens ist eine Kunststoff-Wellfolie in Kombination mit Mineralwolle angebracht; durch die dadurch erzielte Belüftung werden optimale Wärmedurchgangswerte sowie eine weitere, verbesserte Schallisolierung erreicht. Die übrigen Isolationen bestehen aus Melaminharz-Schaumteilen im Bereich der Dachlüfter.

Die Triebzüge der BR 423 verfügen je Seite über zwölf doppelflügelige und elektrisch angetriebene Schwenk-Schiebetüren mit einer lichten Öffnung von 1300 mm; Hersteller ist die Firma Faiveley. Die Türen lassen sich nach Freigabe durch den Tfz-Führer mittels Leuchttaster von außen und innen öffnen und schließen nach einer von einer Lichtschranke überwachten fahrgastwechselfreien Zeit (ca. 3 s) selbsttätig. Aus Sicherheitsgründen ist ein Einklemmschutz vorgesehen. Vor dem Schließen und während des Schließvorgangs ertönt beim Zwangsschließen an den offenen Türen ein Warnton, zusätzlich blinkt bei jedem Schließvorgang eine Warnleuchte im Türporta .

In den jeweils vorderen Einstiegsräumen sind auf der in Fahrtrichtung rechten Seite Einstieghilfen vorhanden. Diese bestehen aus einer zusammenklappbaren Auffahrrampe in einer Aluminiumkonstruktion, die fallweise manuell zwischen Einstieg und Bahnsteig angebracht werden müssen.

In den Einstiegsräumen befinden sich Notsprechstellen mit Notbremsgriffen; die Notsprechstellen haben eine direkte Verbindung zum Führerstand, die sowohl manuell durch den Fahrgast als auch automatisch durch eine ausgelöste Notbremsung hergestellt wird.

Das Öffnen der Türen während der Fahrt wird unterdrückt. Ein Öffnungsversuch bei Stillstand des Fahrzeugs über die Notentriegelung führt zu einer Meldung im Führerstand. Durch diese Maßnahme soll in Verbindung mit den fehlenden Haltestangen und Schutzborden das sog. »S-Bahn-Surfen« unterbunden werden.

Die für die S-Bahnnetze von Stuttgart und Düsseldorf (S-Bahn Rhein-Ruhr) vorgesehenen Triebzüge verfügen über zwei 1. Klasse-Räume, von denen sich je einer in den ETW 1 bzw. 4 hinter dem Führerstand befindet. Die mit blauem Veloursstoff gepolsterten Einzelsitze der Firma Grammer (vorm. Paulisch) sind speziell für die neuen S-Bahn-Triebzüge 423-424 entwickelt. Mit Ausnahme einer Sitzreihe in den 1. Klasse-Abteilen sind die Sitze in der Aufstellung 2 + 2 sowie vis à vis angeordnet; der Sitzteiler beträgt 1650 mm. Sitzteiler und Sitzanordnung in den 1. Klasse-Abteilen sind unterschiedlich. Der Sitzteiler beträgt in Fahrtrichtung rechts 1825 mm, während auf der linken Seite durch den dort angeordneten LZB-Schrank nur 1650 mm möglich sind. Die an der Trennwand zum Führerraum befindlichen Sitze sind in der Aufstellung 1 + 3 angeordnet. Der 1. Klasse-Raum ist durch eine Glastrennwand mit Drehtür von den Einstiegsräumen getrennt. Die Sitze der 1. Klasse zeichnen sich durch ihre Holzbeschläge aus, außerdem sind über den Abfallbehältern Holztischchen angebracht. Da im Münchener S-Bahnnetz die 1. Klasse bereits am 1. Oktober 1972 abgeschafft wurde, sind bei den für München vorgesehenen Fahrzeugen die Abteile in 2. Klasse-Ausstattung ohne Glasdrehtüre eingerichtet.

Beide ETW verfügen im Bereich der jeweils ersten Einstiegsräume über einen Mehrzweckraum mit je acht Klappsitzen; die Mehrzweckräume ermöglichen die Mitnahme von Rollstühlen und Fahrrädern. An den Klappsitzen sind Rollgurte und Zurrösen zur Sicherung von Fahrrädern angebracht.

Oberhalb der Fenster befinden sich Gepäckablagen in geschweißter Aluminium-Ausführung, mit Ausnahme von den an den Übergängen gelegenen Sitzgruppen. Beidseits der Fenster sind Kleiderhaken in die Gepäckablage integriert.

Die Einstiegsräume sind von den Fahrgasträumen durch halbhohe Wände mit aufgesetzten Windfangscheiben getrennt.

Zum Sicherheitskonzept gehört neben den wagenbreiten Übergängen die Möglichkeit, in Schwachlastzeiten die hintere Zughälfte zu verschließen. Hierzu ist im Anschluss zum vorderen Einstiegsraum des MTW 3, hinter dem Übergang von MTW 2, eine zusätzliche Glaswand mit Drehtür angebracht, die vom Zugpersonal verschlossen werden kann. Durch das Quittieren des Schließvorganges im Führerstandsterminal wird die Aktivierung der jeweils hinteren Einstieg-

Die Innenraumgestaltung der BR 423 im 2. Klasse-Großraum mit Übergang und Haltestellen-Display.
Aufn: ALSTOM LHB

Oben: Blick in den 1. Klasse-Raum direkt hinter dem Führerstand, der durch eine verglaste Trennwand abgeteilt ist.
Aufn: Riechers

Unten: Das kombinierte »Heizungs-Lüftungs-Kühl-Rückkühlgerät« (HLKR-Gerät) der Baureihe 423.
Aufn: Adtranz

Der Mehrzweckraum mit Klappsitzen, Haltegriffen und Verzurrhilfen.
Aufn: Riechers

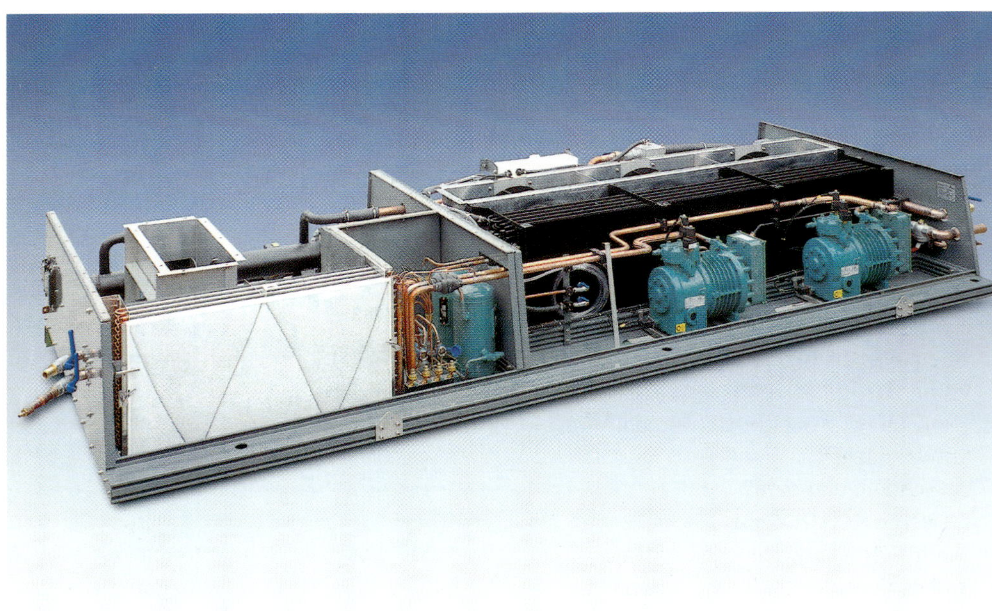

stüren aufgehoben und gleichzeitig das Licht in den Fahrgasträumen ausgeschaltet. Die Fahrgäste können in diesem Fall nur im jeweils vorderen Zugteil Platz nehmen.

Die Beheizung des Fahrgastraumes erfolgt unter Ausnutzung der Verlustwärme der elektrischen Ausrüstung (Fahrmotoren, Transformatoren, Leistungselektronik und Bordnetzversorgung) bei minimalem Energiebezug aus der Oberleitung. Da die Klimaanlage nur mit Außenluft betrieben wird, wird im Heiz- und Lüftungsbetrieb ein angenehmes Klima erreicht; selbst bei starker Sonneneinstrahlung entstehen im Innenraum keine höheren Temperaturen als außerhalb des Fahrzeugs. Hierzu ist auf dem Dach eines jeden Wagens ein kombiniertes **H**eizungs-**L**üftungs-**K**ühl-**R**ückkühlgerät **(HLKR)** angebracht (Hersteller Adtranz).

Das Gerät enthält:

- den Luftbehandlungsteil mit Filter, Zuluftventilator,und Wärmetauscher zum Erwärmen und Kühlen der Zuluft;
- eine Einrichtung zum Abzweigen des erwärmten Wassers aus dem Rückkühlkreis in

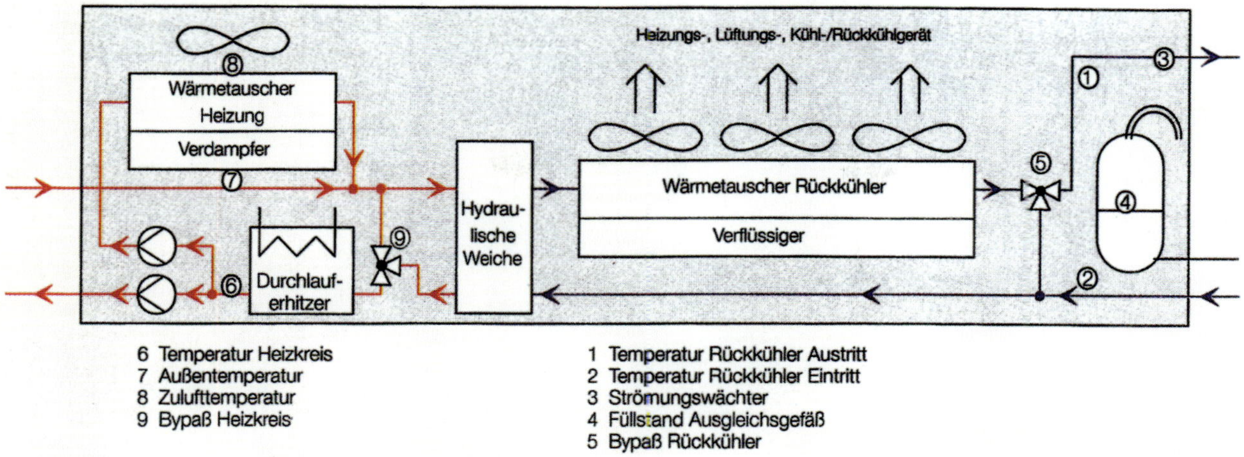

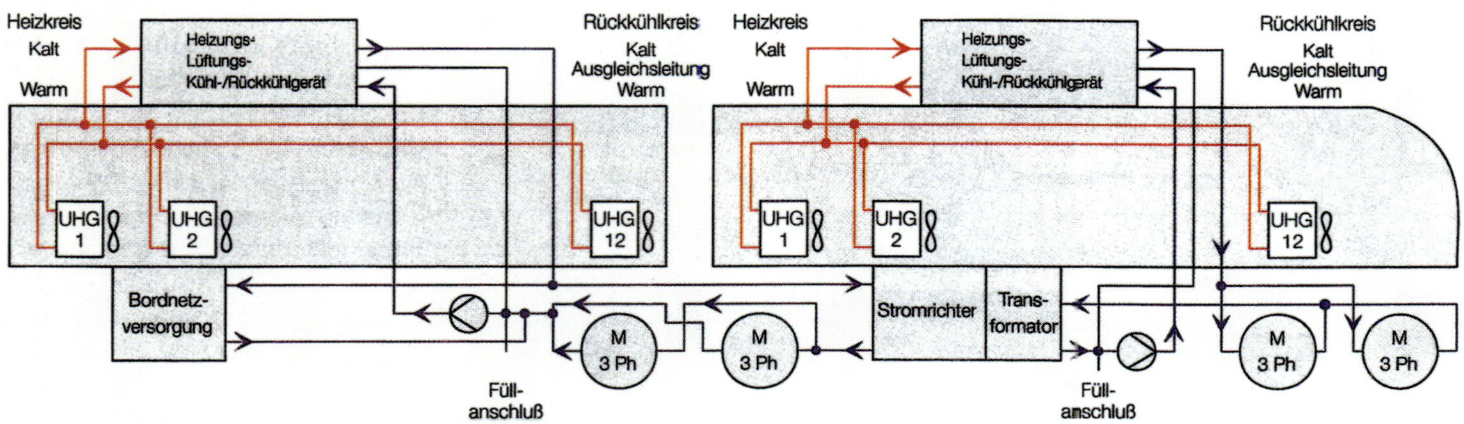

Schema des HLKR-Systems bei der BR 423.
Abb: Adtranz

die Heizkreise mit den zugehörigen Pumpen und Ventilen;
- einen elektrischen Durchlauferhitzer zum Vorheizen des Fahrzeuges und als Zusatz-Heizeinrichtung bei nicht ausreichendem Verlustwärmeanfall
- ein Ausdehnungsgefäß
- die Verdichter der Klimaanlage
- einen Wärmetauscher mit Ventilatoren zur Rückkühlung der Kühlkreisläufe von Fahrmotoren, Transformatoren, Leistungselektronik und Bordnetzversorgung und als Verflüssiger für die Kühlanlage.
- Regel- und Überwachungsgeräte für Luft, Kälte und Wasser.

Der an der Decke befindliche Luftkanal verteilt die Luft in Längsrichtung und bläst diese über Vorverteiler und Schlitze parallel zur Decke aus. Dabei bildet sich eine Luftwalze, die eine weitgehend gleichmäßige und zugfreie Luft- und Temperaturverteilung im Fahrgastraum bewirkt. Die Abluft wird in den Einstiegsbereichen oberhalb der Türen in den Dachraum und von dort über statische Dachlüfter abgeleitet.
Der Fahrgastraum wird durch Umluft-Heizgeräte beheizt, die in den Sitzkästen angeordnet sind. Ihre Wasser-Luft-Wärmetauscher werden aus dem Heizungskreis des Klimagerätes gespeist und erwärmen die dem Fahrgastraum zugeführte Außenluft etwa auf Raumtemperatur. Die Fahrgastraumbelüftung kann zur Eindämmung eines Brandes oder der Verteilung von Rauchgasen abgeschaltet werden.

Das in der Gesamtverantwortung von der Firma GSP gelieferte Fahrgast-Informationssystem (**FIS**) besteht aus einer Zugzielanzeige an jeder Stirnseite, vier Zugzielanzeigen in LCD-Ausführung in den Seitenfenstern einer jeden Fahrzeugseite, sowie aus Haltestellen-Displays im Bereich der Wagenübergänge in LED-Ausführung. Alle Anzeigegeräte und Displays werden von Adtranz als Unterlieferant beigesteuert.
Die Haltestellenansagen erfolgen über eine elektro-akustische Anlage (**ELA**) sowie einen digitalen Sprachspeicher, womit die teilweise undeutlichen Ansagen in den S-Bahn-Zügen der BR 420/421 wohl endgültig der Vergangenheit angehören.
Neben der digitalen Ansage können Mitteilungen an die Fahrgäste auch per Mikrofon ebenfalls über die ELA gemacht werden. Die Lautsprecher sind im Leuchtenband des Fahrgastraumes untergebracht. Für Mitteilungen an außerhalb des Fahrzeugs wartende Fahrgäste sind auf dem Dach eines jeden Wagenkastens je Wagenseite zwei Lautsprecher angebracht.

Führerstand

Dem Führerraum wurde besondere Aufmerksamkeit gewidmet. Der Führertisch wurde in Anlehnung an die BN 411 005 »integrierter Einheitsführerraum« und unter Mitarbeit des Gesamtbetriebsrates der DB AG anhand eines 1:1-Modells gestaltet und optimiert. Der Führertisch besteht aus einem Bedienfeld mit einer 6°-Ebene zur Aufnahme der Bedienelemente sowie einer in fünf Flächen unterteilten Anzeigeebene. Über die Anzeigeebene wölbt sich eine Sonnenblende. Das gesamte Bedienfeld einschließlich Sonnenblende besteht aus einem GFK-Formteil, das mit dem linken und rechten Pult-Untergestell klappbar verbunden ist, wodurch die Wartungsarbeiten erleichtert werden. In den beiden Pult-Untergestel-

Blick in den Führerstand der BR 423. Aufn: Riechers

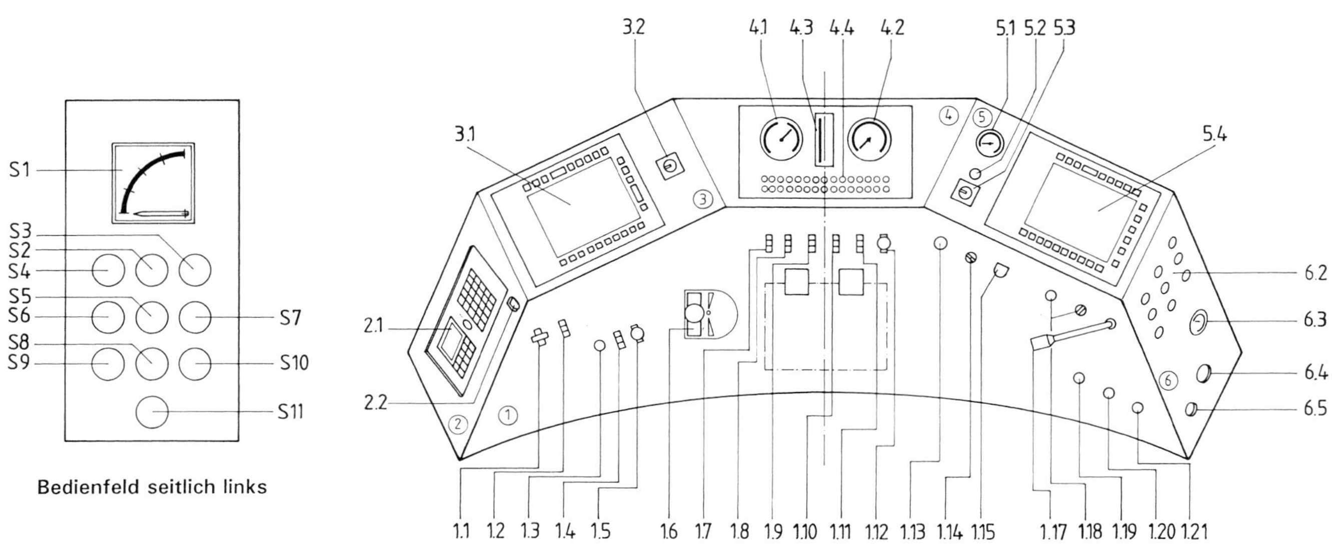

S 1. Batteriespannung
S 2. Batterieschutz (aus/ein)
S 3. PZB-Störschalter (aus/ein)
S 4. LZB-Störschalter (aus/ein)*
S 5. Federspeicherbremse lösen
S 6. Federspeicherbremse anlegen
S 7. Vereinfachte Bremsprobe
S 8. SIFA (Betrieb/Störung)
S 9. Überbrückung Anfahrsperre (aus/ein)
S10. PZB-Überbrückung Bremse (aus/ein)
S11. Fahrgastraum Lüfter (aus)

* nur bei Fahrzeugen ohne LZB-Ausrüstung
** bei PZB-Fahrzeugen Kipp (Tast)-Schalter

(1) Ebene

1.1. Stromabnehmer
1.2. Hauptschalter
1.3. PZB (Indusi) Befehl**
1.4. PZB frei
1.5. PZB wachsam
1.6. Fahr- und Bremsschalter
1.7. Fahrgastraumbeleuchtung
1.8. Führerraumbeleuchtung
1.9. Signallicht
1.10. Scheibenheizung
1.11. Makrofon
1.12. Sanden
1.13. Dimmer Buchfahrplanleuchte
1.14. Buchfahrplanleuchte (an/aus)
1.15. Störfahrt (Plombierkappe)
1.16.
1.17. Mikrofon
1.18. Überbrückung Fahrgastnotbremse
1.19. Taster Tür, Freigabe links
1.20. Taster Tür, schließen
1.21. Taster Tür, Freigabe rechts

2.1. Zugbahnfunk-Gerät
2.2. LZB-Nothalt*

3.1. Terminal
3.2. Fahrtrichtungsschalter

4.1. Traktionsanzeige (links E-Bremskraft, rechts max. Motorzugkraft)
4.2. Geschwindigkeitsmesser
4.3. Zielentfernungsanzeige*
4.4. Leuchtmelderblock

5.1. Doppelmanometer (HBL- und C-Druck)
5.2. Entkuppeln
5.3. Schlüsselschalter Entkuppeln
5.4. Farbdisplax (Buchfahrplan)

6.1.
6.2. ELA-Tastenfeld
6.3. Manometer (HLL-Druck)
6.4. Schnellbremse
6.5 Dimmer Leuchtmelder.
6.6.
6.7.

Führerpult BR 423. Zeichnung: Riechers

len sind führerpultnahe Geräte der Fahrzeugpneumatik, elektrische und elektronische Geräte, Geräte zur Klimaregelung sowie der Wasserbehälter für die Scheibenwaschanlage untergebracht. Alle Geräte sind über Klappen leicht erreichbar.

In der Fußnische zwischen den beiden Pult-Untergestellen befinden sich das Sifa-Pedal und die Makrofon-Fußbedienung.

Die Anordnung der Anzeigeinstrumente und Bedienelemente sind der Abbildung zu entnehmen. Ein weiteres Bedienfeld befindet sich in der linken Seitenwand.

Beidseitig neben den Führerstandstüren sind Handmikrofone für die Zugabfertigung angebracht. Diese Mikrofone sind mit Drucktastern für die Türbetätigung versehen.

Der beheizbare Führersitz entspricht den heutigen Ansprüchen an einen modernen Arbeitsplatz. Er ist mit Armlehnen und Kopfstütze ausgerüstet und in Längsrichtung, Höhe und Neigung verstellbar.

Zur Verbesserung des Klimas befindet sich auf dem Dach oberhalb des Führerstandes ein zusätzliches, von der Fahrgastraum-Klimatisierung unabhängiges und leistungsfähiges Klimagerät. Eine Fußbodenheizung vervollständigt den Komfort.

Die Frontscheibe aus Verbund-Sicherheitsglas ist beschusssicher. Die Beschussgeschwindigkeit beträgt 360 km/h (bei einer Gegenzug-Geschwindigkeit von 200 km/h). Sie ist über eine Schnellabtaustufe und Normalstufe elektrisch beheizbar. Für freie Sicht sorgt eine im Führertisch integrierte Defrosterdüse. Ein geführtes Rollo schützt den Tfz-Führer vor Blendung durch starke Sonneneinstrahlung.

Die seitlichen Führerstandstüren sind mit senkrecht schiebbaren Fenstern ausgestattet, die in geschlossenem Zustand verriegelt werden können.

Durch die Anordnung der Griffstangen im Innenraum wird das sog. »S- Bahn-Surfen« unterbunden.

Die Innenbeleuchtung des Führerstandes läßt sich vom Gleisbett aus einschalten, hierzu befindet sich an geeigneter Stelle ein Schalter. Eine getönte Glaswand mit in Fahrtrichtung gesehen nach links versetzter Drehtür trennt den Führerraum vom Fahrgastbereich; hierdurch kann der Triebzugführer mit den Fahrgästen Blickkontakt aufnehmen, wodurch ein zusätzliches Sicherheitsgefühl entsteht. Gegen Reflexe durch die Fahrgastraumbeleuchtung sind Rollos angebracht. In einem Teil der Führerstand-Trennwände sind unterhalb der Fenster Schränke angeordnet, in denen u.a. die LZB-Ausrüstung (S-Bahn München) untergebracht ist. Ferner sind ein Thermofach und ein Garderobenschrank, in dem u.a. Reinigungsgerät untergebracht ist, vorhanden. Eine Beimann-Sitzgelegenheit, Verbands- und Werkzeugkasten, Ablagefach für Fahrplanunterlagen und ein Feuerlöscher runden die Einrichtung ab.

Geräteanordnung

Nahezu alle zum Betrieb des Triebzuges erforderlichen Geräte sind entweder unterhalb des Untergestells der ETW 1 und 4 (423.0 und 423.5) sowie der MTW 2 und 3 (433.0 und 433.5) oder auf deren Dächern untergebracht (siehe hierzu auch die Abbildungen) und von der Seite bzw. von oben zu warten. Bei der Anordnung der Geräte

Anordnung Geräte BR 423.
Zeichnung: Riechers

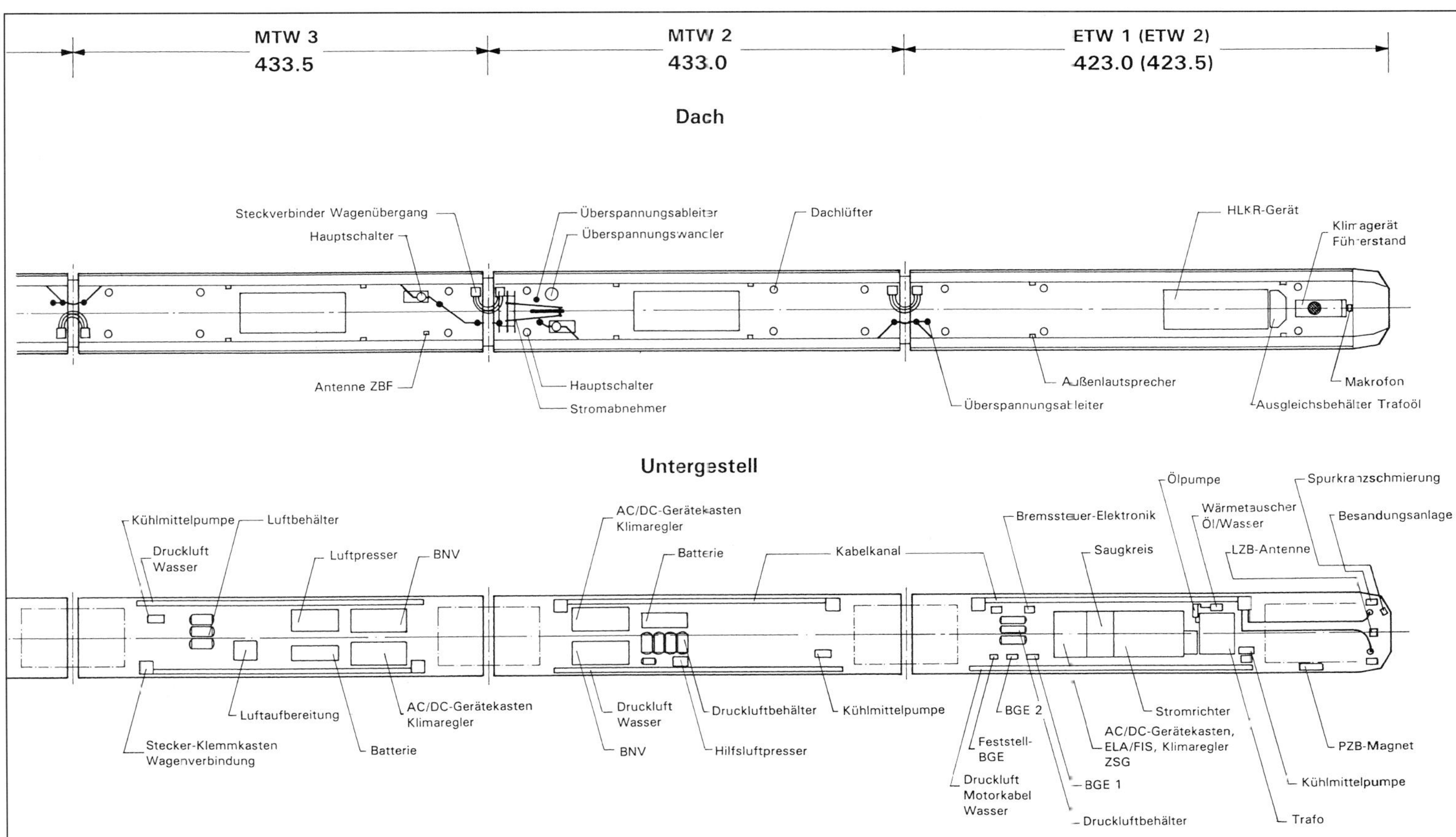

15 kV-Dachausrüstung mit Stromabnehmer.
Aufn: Adtranz

wurde auf eine möglichst gleichmäßige Achslastverteilung geachtet. Hierzu wurden die schwereren Komponenten wie Transformator, Stromrichter und Saugkreis möglichst nahe an den Enddrehgestellen angeordnet. Die Funktionseinheiten sind in selbsttragenden Containern untergebracht. Sämtliche Leistungsbauteile im elektrischen Kreis sind am gemeinsamen Kühlkreislauf des Fahrzeuges angeschlossen.

Die Anordnung der Geräte bei ETW 1 und MTW 2 ist in Fahrtrichtung gesehen identisch mit der der ETW 4 und MTW 3.
Unterhalb des Untergestells von ETW 1 bzw. 4 sind untergebracht:

Wagenmitte
- Transformator;
- Stromrichter;
- Saugkreis;
- AC/DC-Gerätekasten, ELA, FIS, Klimaregler, ZSG;
- Druckluftbehälter.

Links (in Fahrtrichtung)
- Brems-Steuerelektronik;
- Ölpumpe;
- Sandbehälter;
- Spurkranzschmierung;
- Stecker-Klemmenkasten Wagenverbindung;
- Wärmetauscher Öl/Wasser.

Rechts (in Fahrtrichtung)
- Bremsgeräte-Einheiten 1, 2 und Feststellbremse;
- Kühlmittel-Pumpe;
- Sandbehälter.

Unterhalb des Untergestells von MTW 2 bzw. 3 sind untergebracht (in Fahrtrichtung gesehen):
Links (in Fahrtrichtung)
- AC/DC-Gerätekasten, Klimaregler;
- Batterie;
- Druckluftaufbereitungsanlage (MTW 3);
- Stecker-Klemmenkasten Wagenverbindung.

Rechts (in Fahrtrichtung)
- Bordnetzversorgung (BNV);
- Hilfsluftpresser (MTW 2);
- Drucklufterzeugungsanlage (MTW 3).

Die Dachausrüstung sieht wie folgt aus:
ETW 1 und 4:
- HLKR-Gerät
- Kompaktklimagerät Führerraum
- Ausgleichsbehälter Trafo-Öl
- Überspannungsableiter
- je zwei Außenlautsprecher pro Wagenseite
- Makrofon.

MTW 2 und 3:
- HLKR-Gerät
- Hauptschalter (MTW 2)
- Überspannungsableiter
- Stemman-Einholm-Stromabnehmer DSA 350 SEK (MTW 2)
- Oberspannungswandler (MTW 2)
- je zwei Außenlautsprecher pro Wagenseite
- Antenne Zugbahnfunk (MTW 3).

**Oben: End-Triebdrehgestell der BR 423. auf der vorderen Radsatzwelle ist das Getriebe mit Keilpaketkupplung sichtbar.
Aufn: ALSTOM LHB**

**Unten: Jakobs-Laufdrehgestell der BR 423.
Aufn: ALSTOM LHB**

Drehgestelle, Bremsen, Pneumatik

Drehgestelle

Alle End- und Jakobs-Drehgestelle der Triebzugfamilie BR 423-426 wurden bei Adtranz, Werk Siegen entwickelt. Die beiden Enddrehgestelle der BR 423 (Hersteller ALSTOM LHB) sowie die beiden benachbarten Jakobsdrehgestelle (Hersteller Adtranz) sind angetrieben; das mittlere Jakobsdrehgestell ist weder angetrieben noch mit einer Bremse versehen; es ist jedoch ansonsten baugleich mit den angetriebenen Jakobsdrehgestellen. Die Achsfolge lautet Bo'(Bo')(2')(Bo')Bo'. Der Rad-Durchmesser beträgt 850/780 mm (neu/abgenutzt). Obwohl serienmäßig Monobloc-Räder zum Einbau kommen, sollen möglicherweise fünf Triebzüge zu Versuchszwecken mit gummigefederten Rädern der GHH oder VSG ausgerüstet werden. Die Träger der H-förmigen Drehgestellrahmen sind aus Stahlblechen, Werkstoff St 52-3, in Kastenform zusammengeschweißt. Primärfederung und Radsatzführung erfolgen über Gummi-Konusfedern. Durch entsprechende Gestaltung der Gummi-Metallschichten wird gewährleistet, dass die aus den Dynamikrechnungen geforderten Steifigkeiten erreicht werden. Die Primärfederung wird unterstützt durch je einen vertikal wirkenden hydraulischen Dämpfer. In der Sekundärstufe stützen sich die Wagenkästen auf je zwei Luftfedern mit integrierten Gummischicht-Notfedern pro Drehgestell ab, so dass die Jakobsdrehgestelle also über vier Luftfedern verfügen. Das Luftfedersystem verfügt über einen Niveauausgleich, wodurch die Fußbodenhöhe der einzelnen Wagenkästen unabhängig vom Bela-

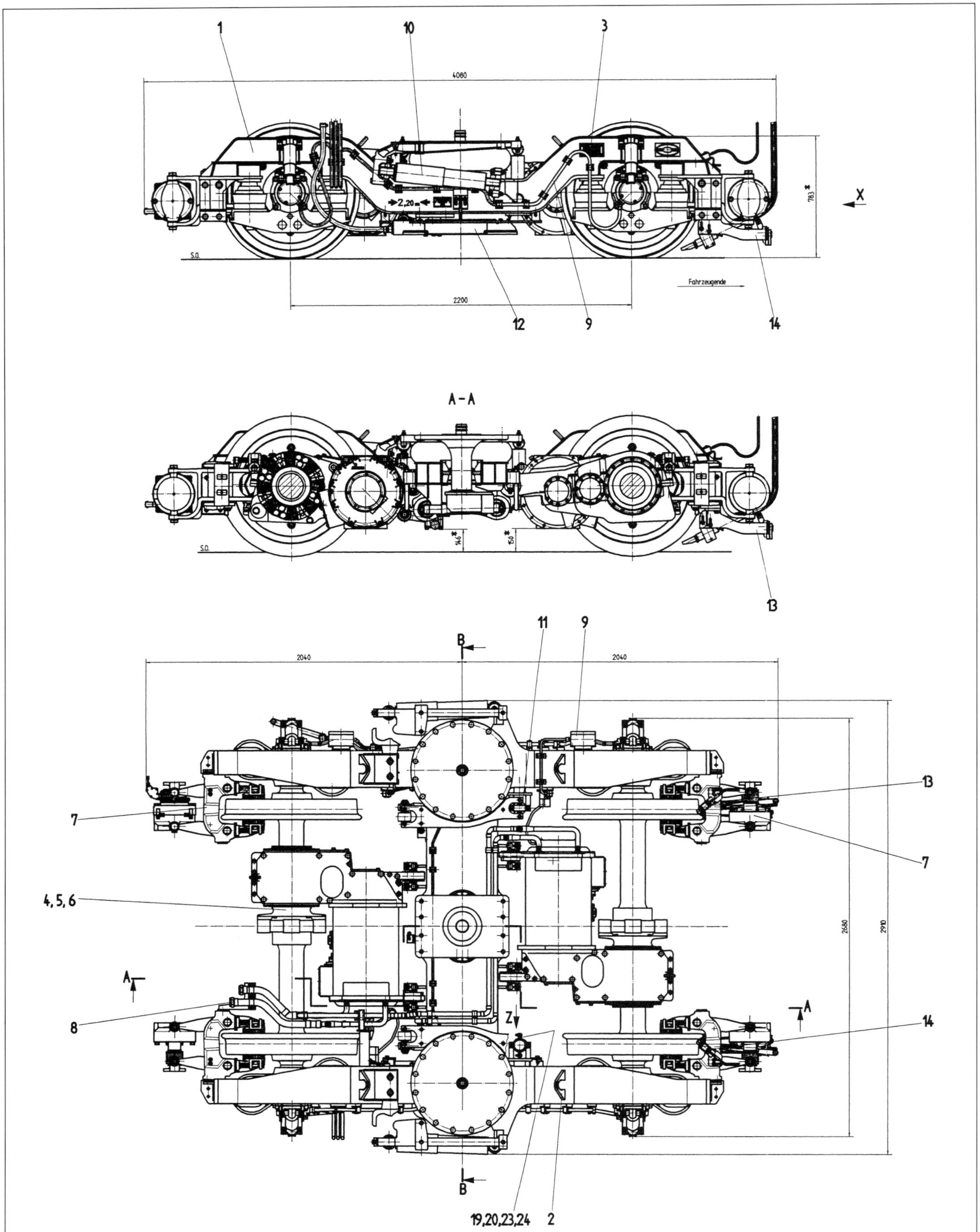
1
10
3
4080
783*
X
2,20
S.O.
Fahrzeugende
2200
12
9
14
A-A
146*
150*
S.O.
13
11
9
B
2040
2040
13
7
7
4,5,6
2680
2910
A
A
8
Z
14
B
19,20,23,24
2

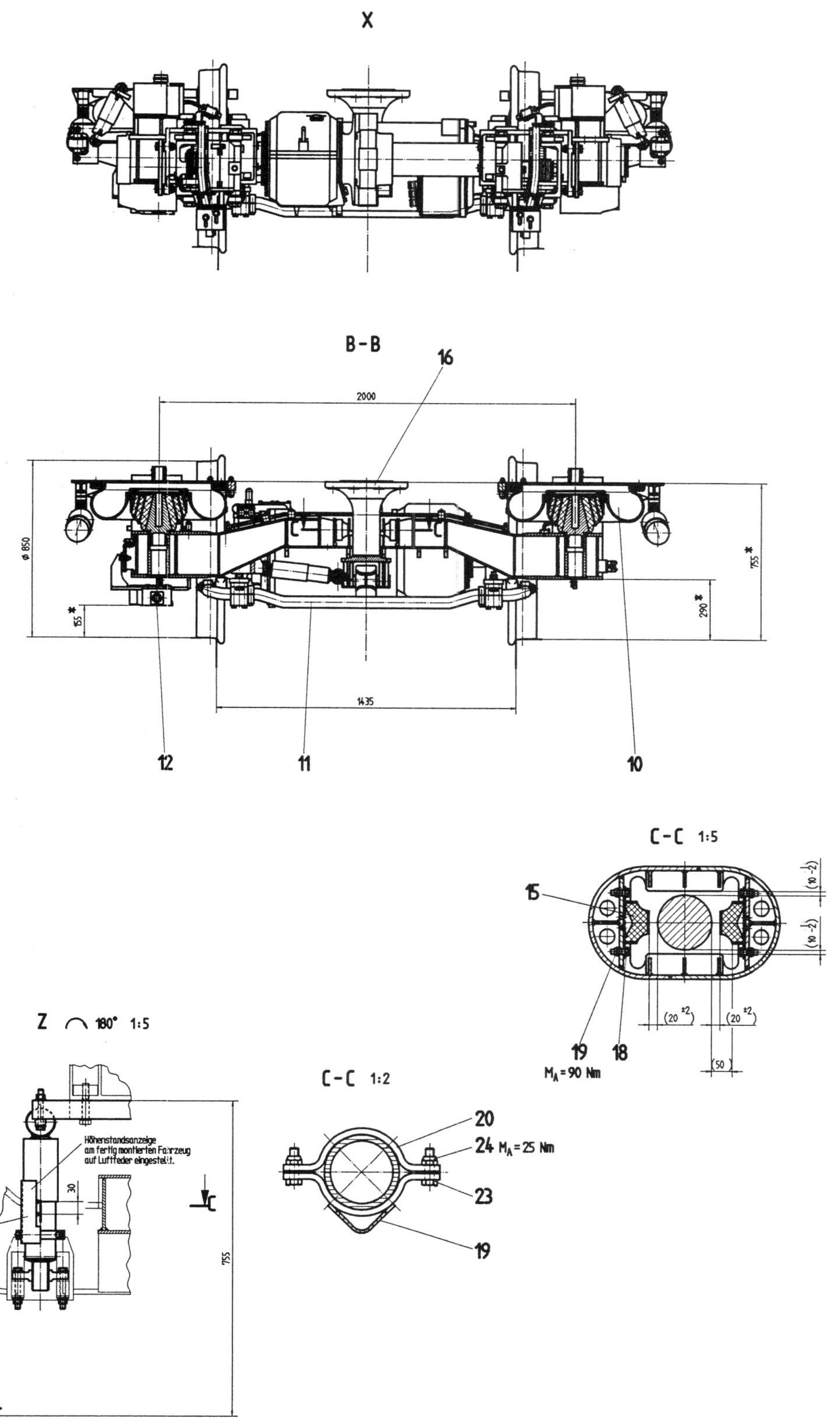

End-Triebdrehgestell BR 423.
Abb: Adtranz

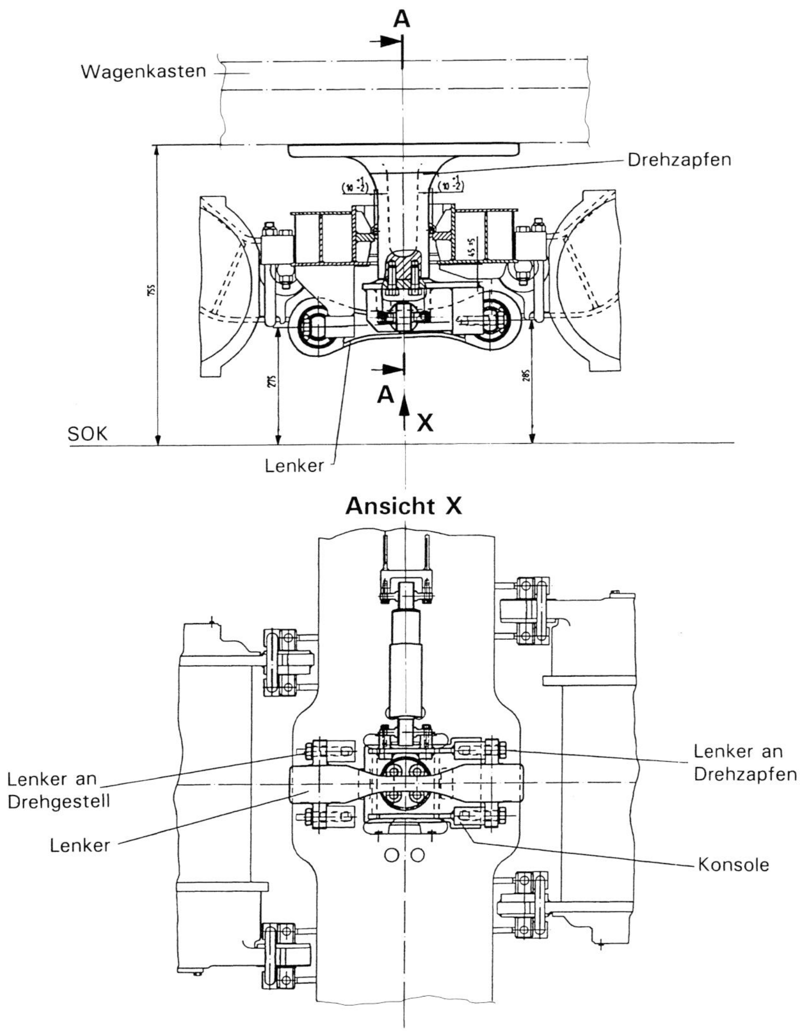

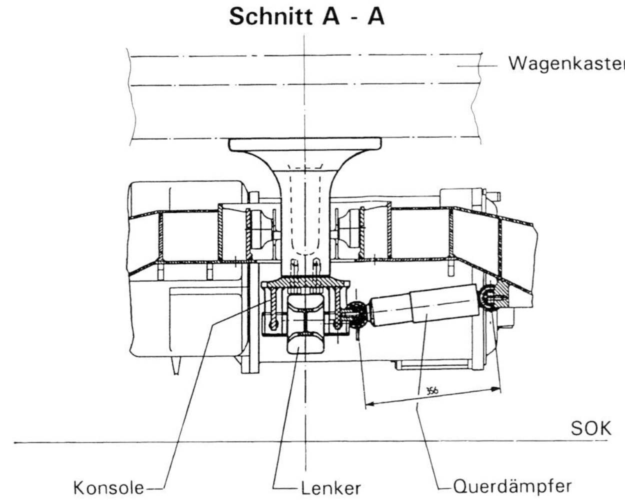

Prinzip Anlenkung der Enddrehgestelle an den Wagenkästen der BR 423.
Zeichnung: Riechers

dungszustand immer gleich ist. Die in der Luftfeder integrierte Notfeder übernimmt bei Ausfall der Luftfeder deren Aufgabe, allerdings ohne Niveauausgleich.
Zur Fahrstabilisierung im oberen Geschwindigkeitsbereich sind zwischen Drehgestell und Wagenkasten Längsdämpfer vorgesehen. Im Bereich der Jakobsdrehgestelle sind diese Dämpfer paarweise zu den einzelnen Wagenkästen angeordnet, wodurch die Wagenkästen untereinander bedämpft werden.
Die zulässigen Neigungskoeffizienten werden durch zwei Wankstützen pro Wagenkasten gewährleistet; diese bestehen aus einem drehbar im Drehgestell gelagerten Torsionsstab, der über Lenker mit den Luftfederplatten und damit am Wagenkasten verbunden ist.
Die Beweglichkeit der Drehgestelle gegenüber dem Wagenkasten, insbesondere bei Bogenfahrt, wird durch eine bogenabhängige Querspielbegrenzung eingeschränkt.

Die Übertragung der Zug- und Bremskräfte von den wiegenlosen Drehgestellen zum Wagenkasten erfolgt bei den Enddrehgestellen über einen Lenker, der drehgestellseitig am Drehgestellrahmen und wagenkastenseitig über eine Konsole in Tiefanlenkung mit dem Drehzapfen verbunden ist. Bei den Jakobsdrehgestellen erfolgt die Übertragung der Traktionskräfte ebenfalls über einen mittig angeordneten Lenker, der den Drehgestellrahmen mit dem Gelenk zwischen den Wagenkästen verbindet. Die Anlenkung ist ebenfalls als Tiefanlenkung ausgelegt. In beiden Fällen ist die Anlenkung mit einem Querdämpfer gegen den Drehgestellrahmen abgestützt, bei den Enddrehgestellen auf Mitte Drehzapfen, bei den Jakobsdrehgestellen auf Mitte Sphärolager.
Die Enddrehgestelle sind mit den PZB-Magneten sowie mit einer auf die jeweils vorlaufende Achse wirkenden Besandungsanlage und Spurkranzschmierung, System Delimon versehen.

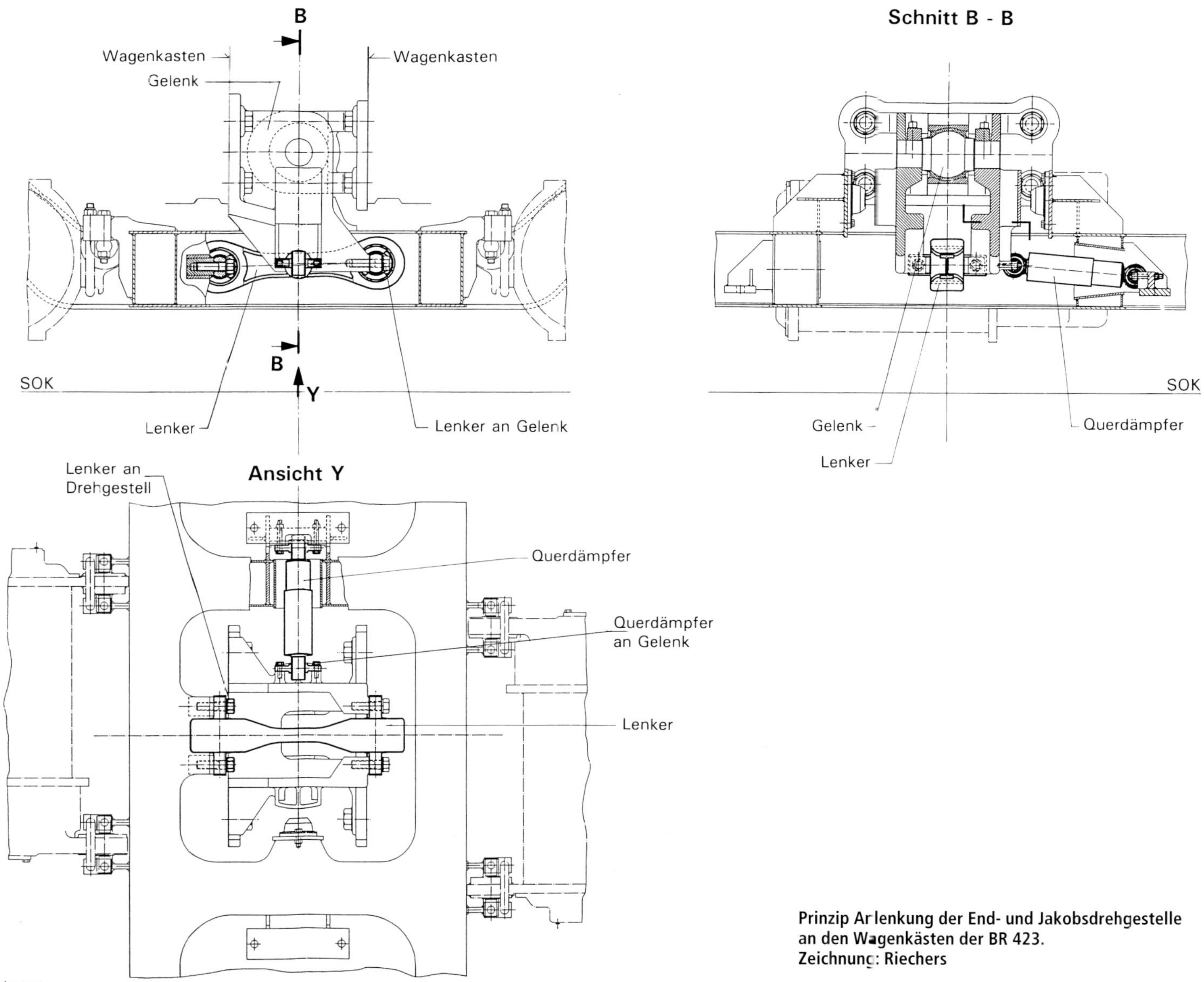

Prinzip Anlenkung der End- und Jakobsdrehgestelle an den Wagenkästen der BR 423. Zeichnung: Riechers

Bremsanlage

Die Bremsanlage besteht aus einer elektrodynamischen (E) und einer elektropneumatischen (E/P) Bremse. Als Betriebsbremse wird die E- Bremse verwendet, die die beim Bremsen freiwerdende Energie bei aufnahmefähigem Netz zurückspeist. Die E/P-Bremse der Bauart MRP-E/P-BS 205 wirkt als Scheibenbremse auf alle Radsätze der Triebdrehgestelle mit je vier Rad-Bremsscheiben pro Triebdrehgestell. Bei Ausfall oder nicht-ausreichender Wirkung der E-Bremse übernimmt die E/P-Bremse die vorgewählte Bremskraft der E-Bremse. Bei einem über den vollen Bremssollwert hinausgehenden Bremsbefehl wird die geforderte Schnellbremsung ausschließlich mit der pneumatischen Bremse ausgeführt.

Die gesamte Bremssteuerung setzt sich aus folgenden Komponenten zusammen:

- *Zugsteuergerät (ZSG)*:
  übernimmt die Leittechnik des Fahrzeugs sowie die Vorgabe des Bremssollwertes und der Steuersignale.
- *Antriebssteuergerät (ASG)*:
  übernimmt die Steuerung des Antriebs und der elektrodynamischen Betriebsbremse.
- *Bremssteuergerät (BSG)*:
  übernimmt Bremssteuerung und Gleitschutz.

Der Dialog zwischen diesen Geräten erfolgt über den Fahrzeugbus (**M**ultifunction **V**ehicle **B**us).

- Die *Bremsgeräteeinheiten (BGE)* übernehmen gemeinsam mit der dazugehörenden Bremsmechanik drehgestellweise die Betätigung der E/P-Bremse.
- *Feststellbremsgeräteeinheiten (FGE)* sind in jedem Endtriebwagen einmal vorhanden. Von jedem Gerät aus wird die Federspeicher-Bremsfunktion für den gesamten Triebzug gesteuert, Von den 16 Bremszylindern sind sechs mit aufgesatteltem Federspeicher ausgerüstet; diese befinden sich an den Radsätzen 2, 3, 4, 7, 8 und 9. Zum Anlegen und Lösen der Federspeicher werden die FGE vom ZSG angesteuert; im Notfällen, z.B. bei Druckluftausfall, können die Federspeicher auch

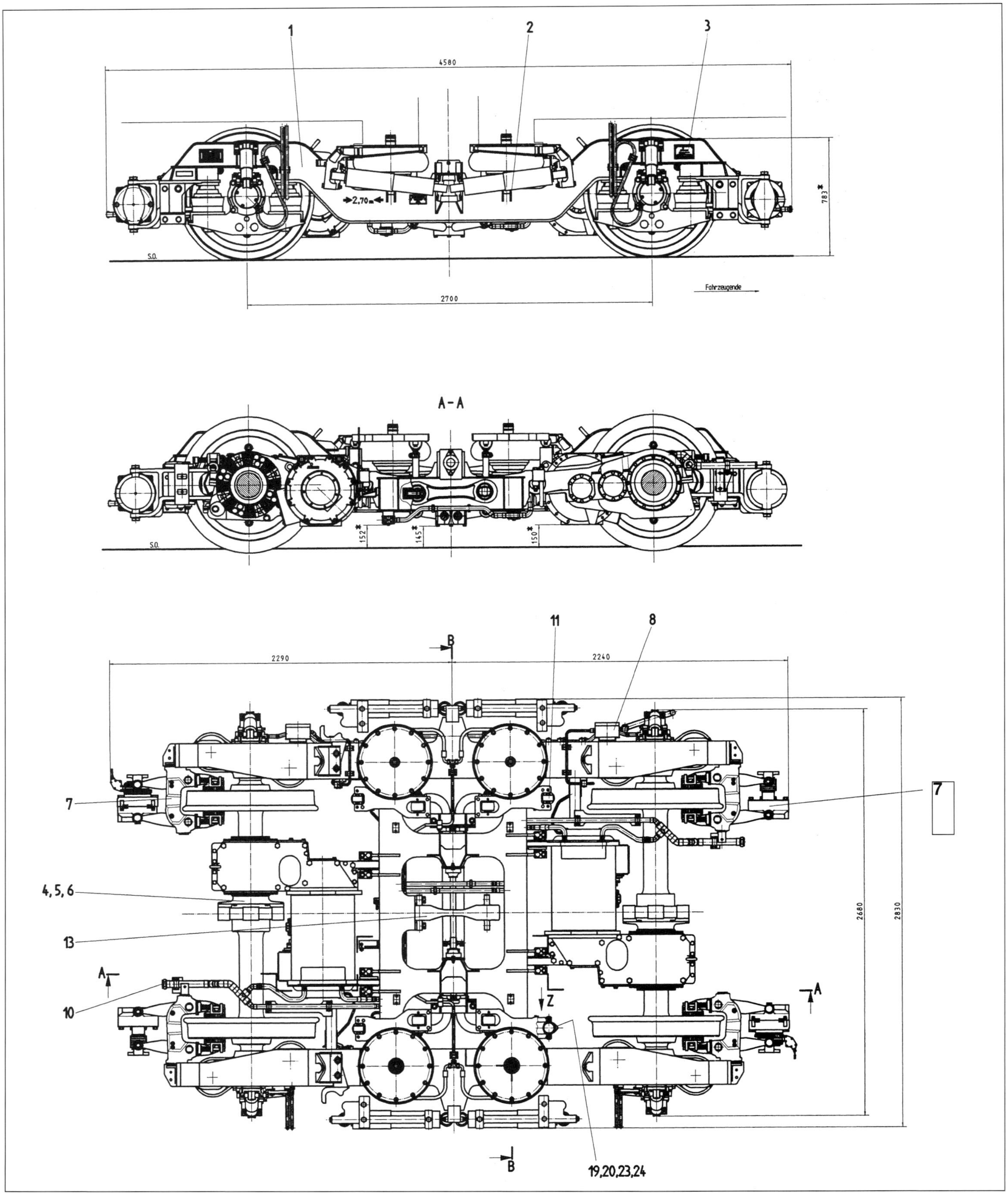
1
2
3
4580
2,70
783*
S.O.
2700
Fahrzeugende
A-A
152*
145*
150*
S.O.
11
8
B
2290
2240
7
7
4,5,6
13
A
10
Z
A
2680
2830
B
19,20,23,24

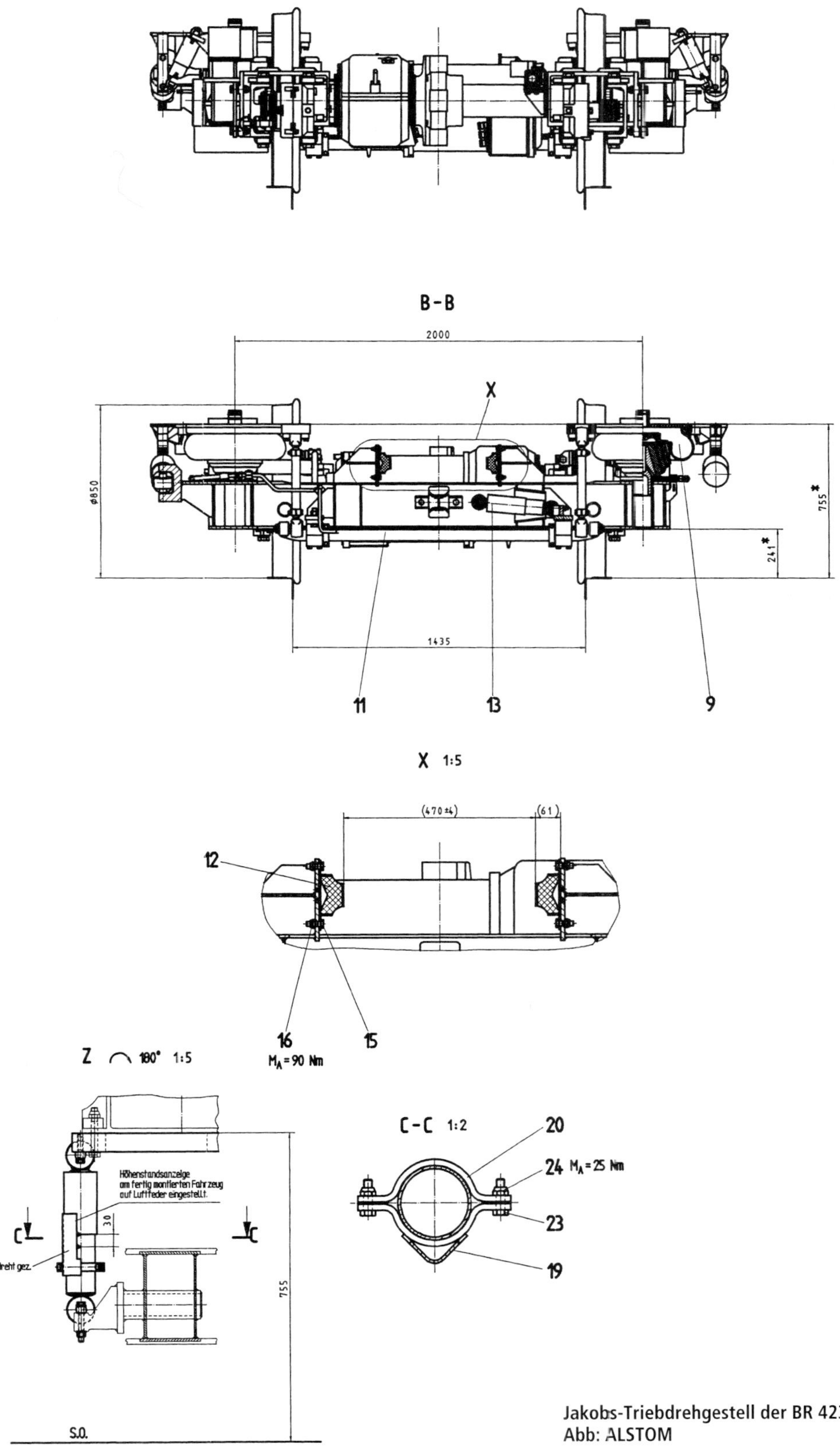

Jakobs-Triebdrehgestell der BR 423.
Abb: ALSTOM

manuell über eine Notlöseeinrichtung gelöst werden.

Das BSG enthält die Mikroprozessor-Steuerung für die Gleitschutz-Funktion. Zwischen den BGE und den Bremszylindern ist pro Triebdrehgestell und Radsatz ein Gleitschutzventil mit P/I-Umsetzer installiert. Außerdem ist jede Treibachse mit einem Impulsgebersystem versehen. Zeigt eine der Achsen eine sog. »kritische Verzögerung«, die wesentlich höher ist als die maximale Bremsverzögerung, so tritt der Gleitschutz in Funktion. Die vorprogrammierte Logik entscheidet über Absperren bzw. stufenweises oder stufenloses Entlüften der Bremszylinder, so dass der augenblickliche Haftwert Rad/Schiene optimal ausgenutzt wird. Das Entlüften der Bremszylinder erfolgt durch die Gleitschutzventile.

Die Sicherheitsbremse wird nicht mehr durch die Entlüftung der Hauptluftleitung aktiviert, sondern durch das Öffnen einer elektrischen Schnellbremsschleife, wodurch sämtliche Bremsventile des Zuges betätigt werden. Diese Schnellbremsschleife wirkt durch den gesamten Zugverband und reagiert auf Sifa, PZB, LZB und Fahrgastnotbremse sowie auch bei einem Zugabriß, bei dem eine Schnellbremsung aller Fahrzeuge des Zugverbandes ausgelöst wird. Um die Strecke mit reduzierter Geschwindigkeit räumen zu können, kann die Schnellbremsschleife durch ständiges Drücken eines Stör-Fahrtasters überbrückt werden.

Damit der Zug bei einer fahrgastbetätigten Notbremsung (z.B. im Falle eines Brandes) nicht in schwer zugänglichen Bereichen, wie beispielsweise in einem Tunnel, zum Stehen kommt, kann der Tfz-Führer, wie bei den S-Bahnen üblich, die Wirkung der fahrgastbetätigten Notbremse auf die Schnellbremse überbrücken, um die Weiterfahrt zur nächsten Haltestelle zu ermöglichen.

Aus wirtschaftlichen Gründen und auf Grund der Tatsache, dass die BR 423 ausschließlich in einem geschlossenen Verkehrssystemen eingesetzt wird, wurde auf eine UIC-Fähigkeit verzichtet. Um im Störungsfalle das Abschleppen durch ein Fahrzeug zu ermöglichen, mit dem eine Mehrfachsteuerung nicht möglich ist, besteht eine eingeschränkte Druckluftsteuerung der Bremse über die Hauptluftleitung; diese hat im Normalfall keine Funktion.

Pneumatik

Die Komponenten zur Drucklufterzeugung sind unterhalb des Untergestells des MTW 3 (BR 433.5)

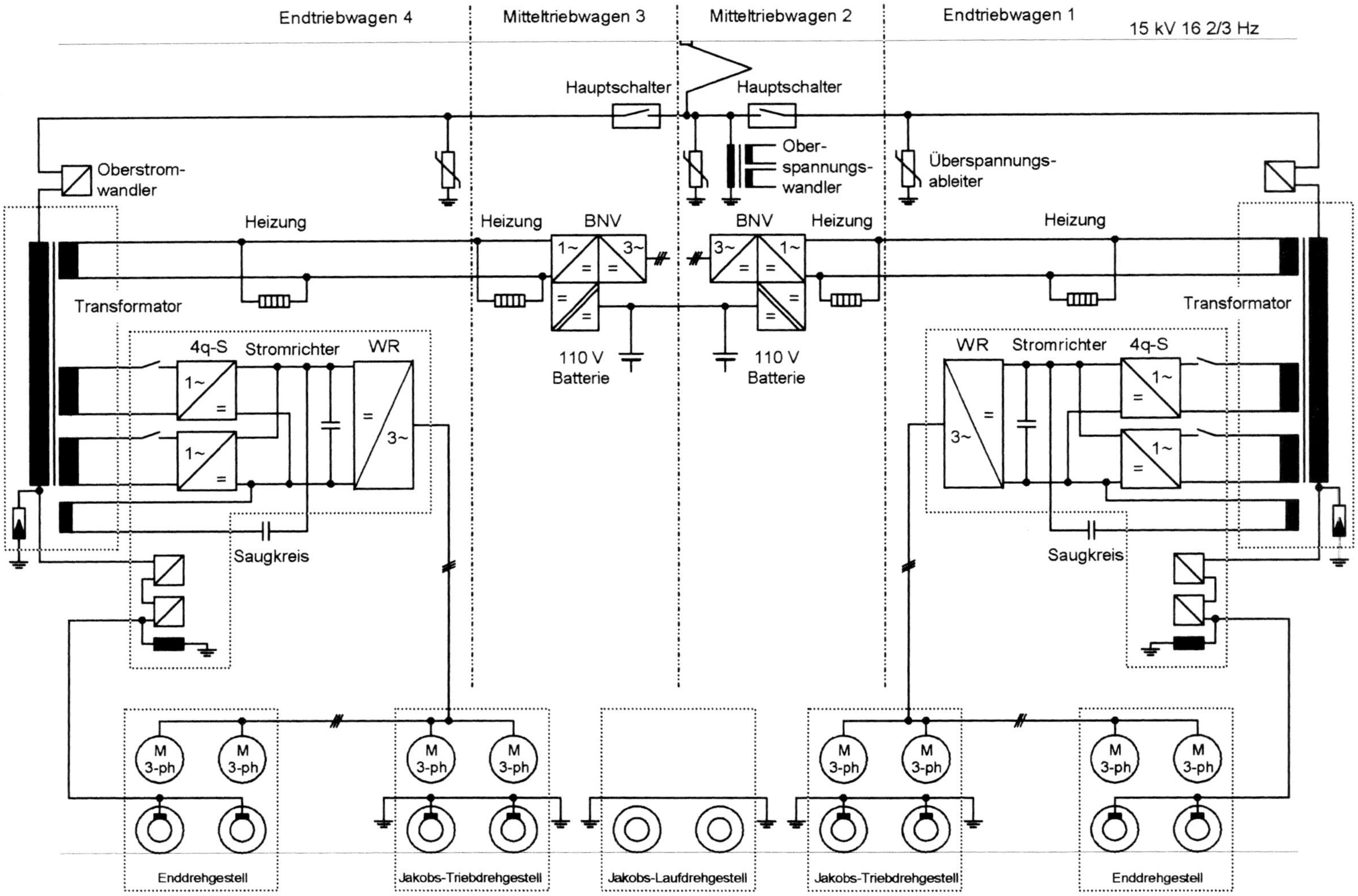

Der Hauptstromkreis der BR 423.
Abb: Adtranz

untergebracht. Sie bestehen aus einem Schraubenkompressor, der Lufttrocknungsanlage sowie einem Kondensat-Sammelbehälter. Mit Rücksicht auf Wartung und Reparatur sind die Ausrüstungen der Druckluftanlagen in den beiden Endwagen identisch.

Neben der pneumatischen Bremsanlage ist die Luftfederung der zweite wichtige Verbraucher an der Hauptluftbehälterleitung. Die Niveauregelung der Luftfedern erfolgt über Luftfederventile, welche je nach Be- oder Entlastung die Befüllung bzw. Entlüftung der Luftfedern veranlassen. Der Luftfederdruck kann mittels in den BGE eingebauten P/I-Umsetzern gemessen werden und ermöglicht dadurch eine lastkorrigierte Druckregelung des Bremsdruckes.

Weitere Verbraucher sind Stromabnehmer und Hauptschalter, HLKR-Geräte, Spurkranzschmierung und Besandungsanlage, Scheibenwisch- und Waschanlage, Makrofon und Mittelpufferkupplung.

Antrieb

Die BR 423 wird von acht vierpoligen Drehstrom-Asynchron-Fahrmotoren, Hersteller Adtranz, Typ 4 WIA 3558 G angetrieben.

Die »wasser«-gekühlten und gekapselten Motoren haben eine Gesamtleistung von 2350 kW bei einer max. Drehzahl von 6000/min. Die Motoren sind am gemeinsamen Kühlkreislauf des Fahrzeuges angeschlossen. Das Kühlmedium, ein Gemisch aus Wasser und Antifrogen, läuft im Außengehäuse mäanderförmig um den Stator herum, die Verlustleistung des Rotors wird, wie bei jedem gekapselten Drehstrommotor, über den Luftspalt an den Stator abgegeben. Die Kraftübertragung erfolgt über ein zweistufiges achsreitendes Stirnradgetriebe mit Keilpaketkupplung, das Übersetzungsverhältnis beträgt 1 : 6,33. Die Kupplung besteht aus Getriebestern und Achsstern mit Gummi-Keilpaketen in den Lücken der Arme von Getriebestern und Achsstern. Die Keilpaketkupplung sorgt für den Ausgleich der betriebsbedingten Bewegungen zwischen Radsatz und Getriebe.

Getriebe und Motorgehäuse sind fest miteinander verschraubt und über elastische Befestigungselemente (je eines am Motor und Getriebe (teilabgefedert)) am Drehgestellrahmen befestigt. Der Antrieb stützt sich über die Keilpaketkupplung auf der Radsatzwellenmitte ab.

Elektrische Anlage

Allgemein

Wie im Abschnitt »Entwicklung einer neuen S-Bahn-Generation…« erwähnt, hatte die DB in ihrem Anforderungsprofil unter »III - Wirtschaft-

Der Transformator der BR 423 in geöffnetem Zustand während der Montage in den Gerätecontainer. Aufn: Adtranz

lichkeit« (Seite 38) einen geringen Energieverbrauch und niedrige Instandsetzungskosten gefordert. Hier ist in erster Linie die Auslegung der elektrischen Anlage gefordert.
Zunächst war es möglich, durch Gewichtseinsparungen – die BR 423 hat immerhin ein um 35 t niederigeres Eigengewicht als die BR 420/421 – die gleichen Fahrleistungen mit geringerer Antriebsleistung zu erreichen. Weitere Energie-Einsparungen brachten die Rekuperation der freiwerdenden Bremsenergie in die Oberleitung und die Nutzung der Verlustwärme der Antriebskomponenten zum Heizen.
Ferner wurde der Wartungsaufwand dadurch verringert, dass Störungen rechtzeitig über das Diagnosesystem angezeigt werden und die Komponenten so angeordnet sind, dass ein Austausch einfach möglich ist.

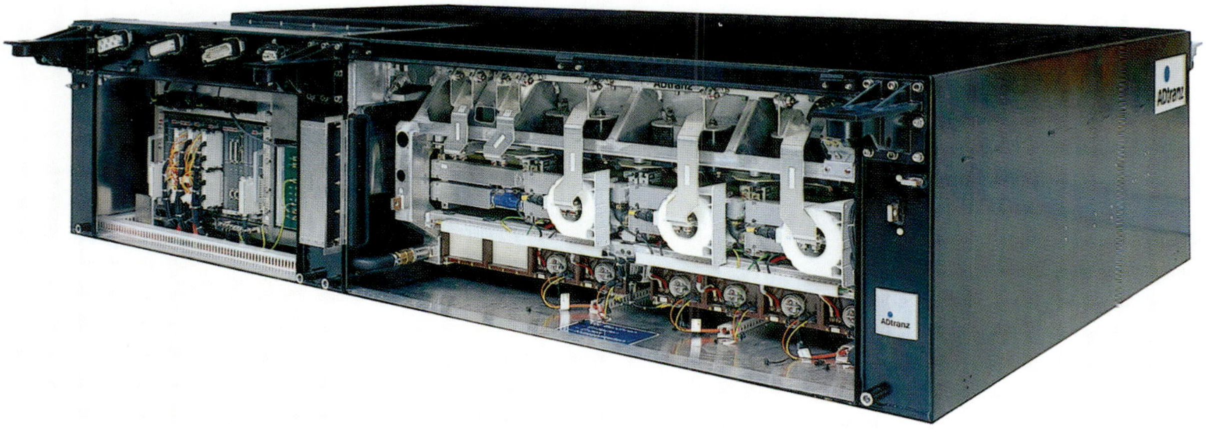

Der Stromrichter der BR 423 von der Wechselrichterseite gesehen. Aufn: Adtranz

Dem Tfz-Führer sind im Führerstand die wesentlichen Bedienelemente zugänglich; alle anderen betrieblich nicht erforderlichen Schaltelemente befinden sich in den jeweiligen Gerätecontainern unterhalb des Fahrzeugs.

Hauptstromkreis

Der Triebzug verfügt über zwei weitestgehend von einander unabhängige Traktionsanlagen, die über einen gemeinsamen, auf dem MTW 2 (BR 433.0) angebrachten Dach-Stromabnehmer mit Energie versorgt werden. Hierdurch ist auch bei Einfachtraktion weitgehende Redundanz gegeben. Vom Stromabnehmer wird die Energie über die jeweiligen Hauptschalter zu den beiden Traktionsanlagen geführt. Der Hauptschalter des MTW 2 oder 3 trennt im Falle einer Störung in (Milli-)Sekundenschnelle sowohl die Traktionsanlage als auch die Bordnetzversorgung der jeweiligen Triebzughälfte vom Netz. Die Einspeiseschaltung vervollständigen der Oberspannungswandler, der Oberstromwandler und der Überspannungsschutz.

Die Transformatoren als schwerstes Bauteil befinden sich in unmittelbarer Nähe der Enddrehgestelle. Der eigentliche Transformator sowie die Saugkreisdrossel sind in einem sogenannten »Transformatorkessel« zusammengefasst. Gekühlt wird der Transformator mit Mineralöl; die Ölumwälzpumpe und der Öl/Wasser-Wärmetauscher sind fest mit dem Kessel verbunden. Der Wasseranschluss des Wärmetauschers ist am Rückkühlkreislauf des Wagens angeschlossen. Die elektrischen Verbindungsleitungen zwischen Transformator und Stromrichter sind möglichst kurz gehalten und mit einem Balg gegen Verschmutzung geschützt.

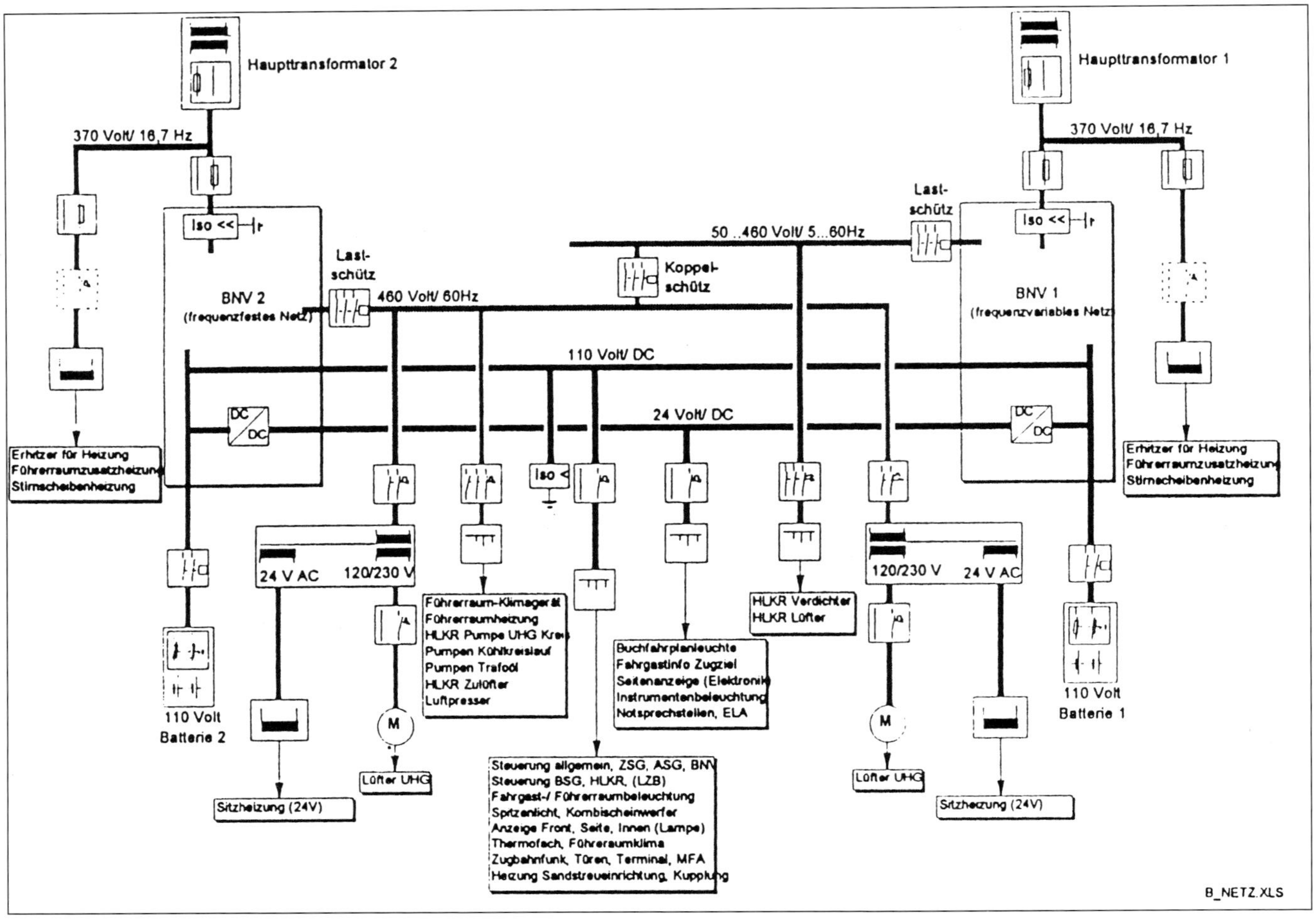

Schaltplan der Bordnetzversorgung (links) und Schema der Leittechnik (rechts) der BR 423.
Abb: Adtranz

Jeder Transformator verfügt über drei Sekundärwicklungen, zwei für die Traktionsanlagen und eine für die Versorgung der Hilfsbetriebe einschließlich Heizung.
Die heruntertransformierte Einphasen-Wechselspannung mit 16,7 Hz wird je Traktions-Anlage in zwei Vierquadranten-Eingangsstellern in Gleichspannung und im GTO-Wechselrichter in einen dreiphasigen Drehstrom umgeformt.
Der Eingangsstrom des 4q-Stellers ist sinusförmig und wirkt auf das Netz wie ein ohmscher Verbraucher. Hierdurch sind entlang der Strecke keine Kompensationsanlagen erforderlich. Die pulsierende Leistung des 16,7 Hz-Netzes nimmt der Saugkreis auf.
Die drehstromseitigen Ausgänge des Wechselrichters speisen eine Drehstromsammelschiene mit max. 1400 V, von der aus die vier parallelgeschalteten Fahrmotoren einer Traktionsanlage mit Energie versorgt werden. Überwachungseinrichtungen kontrollieren ständig die wichtigsten Betriebsgrößen der Stromrichterschaltung. Abweichungen von den Sollwerten werden von der Fahrzeugdiagnose erfaßt, für die Leistungselektronik gefährliche Zustände werden hierdurch rechtzeitig erkannt und somit die Zerstörung von Komponenten der Ausrüstung durch Schutzabschaltung bzw. Impulssperre vermieden.

Hilfsbetriebeausrüstung und Bordnetz

Das Bordnetz wird von zwei identischen Bordnetz-Versorgungseinheiten (**BNV**) gespeist, die in den beiden MTW des Zuges eingebaut sind. Jede Versorgungseinheit besteht aus einem Eingangssteller, der aus der Eingangsspannung eine konstante Zwischenkreisspannung bei sinusförmigem Eingangsstrom erzeugt. Der Zwischenkreis speist einen Wechselrichter zur Versorgung der Drehstromverbraucher sowie einen BNV mit Potenzialtrennung zur Speisung der 110 V-Verbraucher und zum Laden der Pufferbatterie.
Jede Anlage erzeugt folgende, für die Fahrzeughilfsbetriebe erforderlichen Spannungen:

> Eingang: 370 V 1-Ph. 16,7 Hz mit Eingangsfilter,sinusförmig
> Ausgang 1: 3 ˘ 50-460 V AC 5-60 Hz, 90 kVA mit Ausgangsfilter
> Ausgang 2: 110 V DC, 13 kW, potenzialgetrennt, einschl. Batterieladeausgang mit Ladestrombegrenzung und Ladekennlinie mit Erhaltungsladung
> Ausgang 3: 24 V DC, 500 W, potenzialgetrennt, erzeugt aus 110 V DC

Die BNV im MTW 2 (BR 433.0) speist eine Drehstrom-Sammelschiene mit *variabler* Frequenz 50-460 V/5-60 Hz, an der die Rückkühlerlüfter und Verdichter für die Fahrgastraum-Kühlanlage angeschlossen sind. Zur Verringerung der Geräusche wird die Frequenz je nach Kühlbedarf soweit wie möglich abgesenkt.

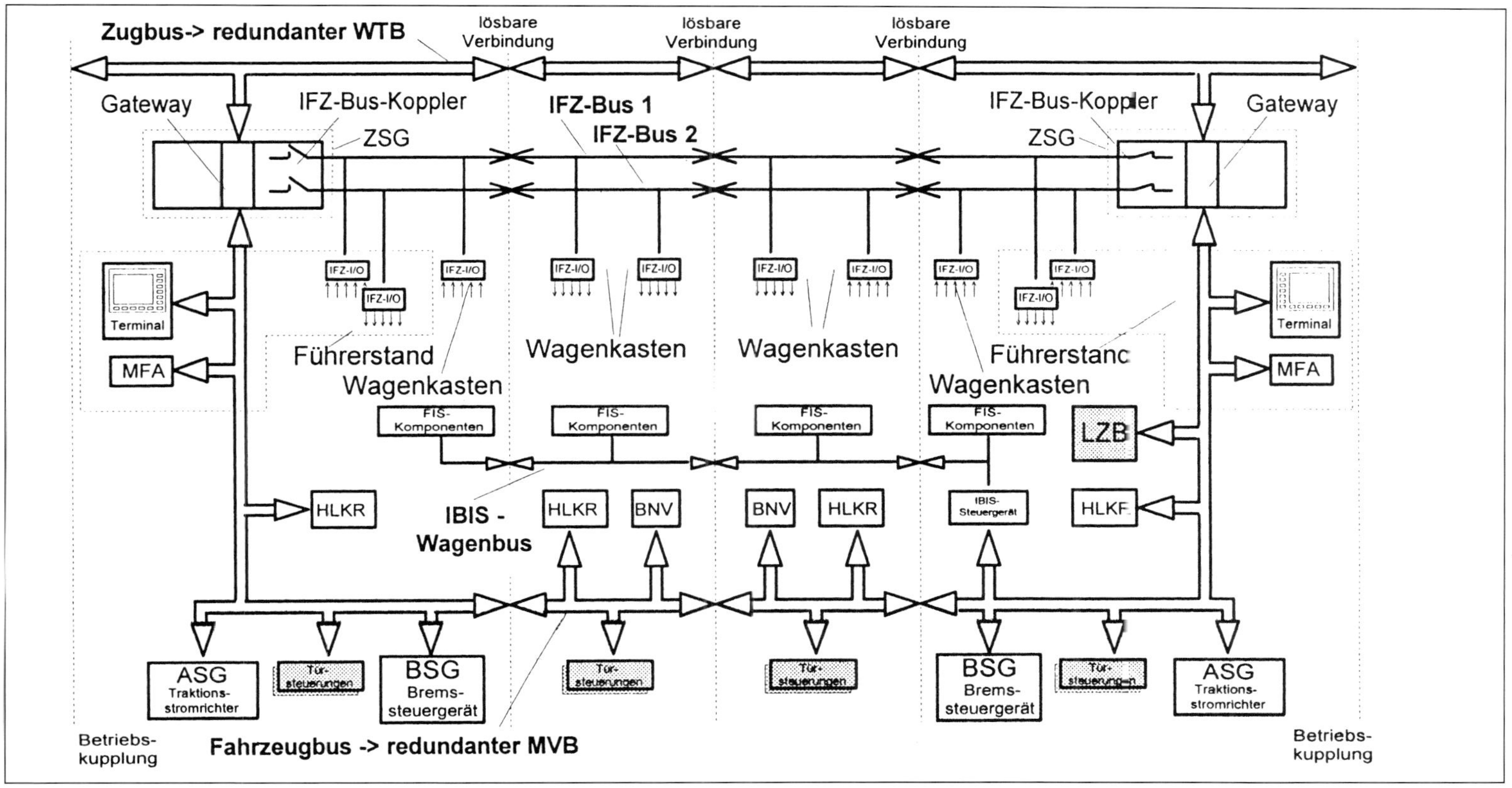

Die BNV im MTW 3 (BR 433.5) speist eine Drehstrom-Sammelschiene mit einer *festen* Frequenz von 460 V/60 Hz. Wenn eine der beiden Versorgungseinheiten ausfällt, werden die beiden Sammelschienen mit einander verbunden und vom intakten Gerät mit der festen Frequenz gespeist.

Die 110 V-Ausgänge beider BNV speisen eine Sammelschiene; die in den MTW 2 und 3 (BR 433.0 und 5) angeordneten Batterien sind über Dioden von dieser Schiene abgekoppelt.

Die Leistung ist so bemessen, dass bei Ausfall einer Anlage nur solche Verbraucher betroffen sind, deren Abschaltung lediglich eine Komforteinbuße verursacht.

Leittechnik und Diagnosesystem

Zur Steuerung aller Fahrzeugfunktionen wird das Traktions-Leitsystem **MICAS®-S** eingesetzt. MICAS®-S ist ein Mehrrechnersystem für die Funktionen der Zug- und Fahrzeugleitebene mit speziellen für stromrichternahe Aufgaben entwickelten Microcomputern mit hoher Verarbeitungsgeschwindigkeit. Für den Informationsaustausch zwischen den einzelnen Komponenten und dem Leitsystem werden verschiedene für die jeweiligen Aufgabenbereiche optimierte Bus-Systeme eingesetzt.

Der Informationsaustausch zwischen den Zentralen Steuergeräten (**ZSG**) und anderen Subsystemen innerhalb eines Triebzuges (Führerstandterminals, Modulares Führerstands-Anzeigegerät (**MFA**), Antriebssteuergeräte, Bremssteuergeräte, Türsteuerungen sowie BNV, HLKR, LZB und FIS) erfolgt über den redundant ausgeführten Fahrzeugbus des neuen »Standard Multifunction Vehicle Bus« (**MVB**) nach der IEC-Norm 1375-3, der von der DB AG als zukünftiger Standard für alle Triebfahrzeuge vorgesehen ist.

Dieser Bus verfügt über eine hohe Leistungsfähigkeit, bedingt durch die hohe Übertragungsrate von 1,5 MB/s und ein effizientes Protokoll durch feste Konfiguration und Adressierung. Neu ist die erstmalige Anwendung dieses Bussystems in einem vierteiligen Triebzug mit Transformatorkopplung und einer hohen Zahl von »Teilnehmern«. Die zentrale Zugsteuerung im ZSG enthält u.a. folgende Softwaremodule:

- Fahrzeugsteuerung für Fahren und Bremsen
- Fahrzeugsteuerung allgemein
- Diagnoseerfassung
- Steuerung der Subsysteme, wie Luftpresser, Umformer, Beleuchtung über den Integrierten Fahrzeug-Zubringer (**IFZ**)-Bus und MVB

Über den IFZ-Bus erfolgt auch die Datenübertragung und Energieversorgung der Peripherie-Geräte (dezentrale Aktoren und Sensoren). Zentraler Ein- und Ausgabeort ist das Führerpult mit Fahr-/Bremshebel, Fahrtrichtungsschalter, den Bedienelementen wie Tastern, Schaltern, Meldeleuchten sowie dem Terminal zur Eingabe von Daten, wie z.B. für das FIS, und Anzeige der Meldungen für Subsysteme, Informationseinrichtungen und Fehlermeldungen mit Abhilfetexten zur Diagnose für den Tfz-Führer.

Die Drehstrom-Asynchronmotoren werden beim Fahren und Bremsen über ein Antriebssteuergerät (**ASG**) mit stufenlosen Sollwertvorgaben gesteuert. Das ASG verarbeitet die vom ZSG über den MVB vorgegebenen Sollwerte, setzt diese in Ansteuersignale für die Leistungselektronik des jeweiligen Triebzugteils um und überwacht ihre ordnungsgemäße Funktion.

Die Bedienung des Fahrzeugs ist erst nach der Betätigung eines Schlüsselschalters möglich, in den anderen Führerständen ist dann eine gleichzeitige Bedienung blockiert.

Die Fahrzeugbedienung erfolgt über zwei Gruppen von Bedienelementen. Alle für das Fahren und Bremsen notwendigen Funktionen werden über konventionelle Taster bedient, weitere Funktionen sind über das Terminal zugänglich.

Noch im Probebetrieb war am 10. September 1999 ein Langzug in Stuttgart-Vaihingen unterwegs, es führt 423 003.
Aufn: J. Krantz

Bei Ausfall des Terminals ist eine Weiterfahrt grundsätzlich möglich.
Über den Fahr- und Bremshebel mit Sollwertgeber lassen sich Zug- und Bremskraft stufenlos vorgeben. Je nach Beladungszustand des Fahrzeugs ergeben sich daraus die resultierenden Beschleunigungen und Verzögerungen.
Die Steuerung der elektrisch angetriebenen Schwenk-Schiebetüren erfolgt über ein lokales Türsteuergerät (LTG) pro Tür. Die LTG kommunizieren über entsprechende Schnittstellen und über MVB mit der übergeordneten Türsteuerung im ZSG.
Das Herzstück der FIS-Anlage ist ein Kombigerät, bestehend aus einem digitalen Ansagenspeicher, einem **IBIS**-Steuergerät (Integriertes Bord-Informationssystem) und einem Funkuhrempfänger. Es ist mit der Fahrzeugleittechnik über MVB gekoppelt.
Das Kombigerät steuert die Zugziel- und Innenanzeigen sowie die Ansagen. Die Ausgabe von Texten und Ansagen erfolgt automatisch; der Tfz-Führer kann manuell eingreifen, muss es aber nicht.
Die für die Steuerung erforderlichen Streckennetzdaten sind im FIS-Speicher abgelegt. Bei Fahrtantritt gibt der Tfz-Führer die Strecke mit Start und Ziel ein. Aus den Daten »gefahrene Strecke« und »Stillstand mit Türfreigabe« ermittelt das FIS-Steuergerät den Zeitpunkt für die nächste Ansage bzw. Anzeige und löst diese aus.
Im Zugverband erfolgt der Datenaustausch (Befehle und Rückmeldungen der Zugverbandssteuerung wie Fahr-Bremsbefehle, FIS-Daten, Türsteuerbefehle und Diagnosedaten) über den WTB (Wire Train Bus) ebenfalls nach der IEC 1375-3, jedoch mit einer Übertragungsleistung von 1 MB/s. Dieser ermöglicht eine automatische Konfiguration von Zugverbänden als Busteilnehmer, auch »Zugtaufe« genannt.
Das ZSG organisiert den Datenverkehr auf allen angeschlossenen Kanälen, verarbeitet empfangene Daten und stellt Informationen über Betriebszustände, Störungen und Abhilfemaßnahmen für den Tfz-Führer auf dem Terminal dar. Eines der beiden ZSG des Zuges übernimmt die gesamte Steuerung (Master), das zweite Gerät steht bei Ausfall als Ersatz zur Verfügung (Slave). Zudem werden Trafotemperatur, Überwachungs- und Störstrom sowie Minimal- und Maximalstrom auf jedem ZSG für die zugehörige Zughälfte bewertet.
Die Ausgaben erfolgen entweder ereignisabhängig (z.B. als Reaktion auf ein Signal) oder zeitabhängig. Das Gerät überwacht sich selbst. Fehler in den einzelnen Systemen werden in jedem Zug vom Diagnosesystem erfaßt und mit Datum, Uhrzeit und Umfelddaten im Terminal abgespeichert. Führen Fehler zu einer Beeinträchtigung des Fahr- und Bremsverhaltens des Fahrzeugs, so werden die erforderlichen Maßnahmen – z.B. Reduktion der Antriebsleistung – automatisch durchgeführt oder die Abhilfemaßnahmen dem Tfz-Führer mitgeteilt. Die Störungsdaten für die Instandhaltung können mit einem Service-PC über eine Infrarot-Schnittstelle ausgelesen werden.

Ein seltenes Bild: Ein Triebzug der BR 424 für die neue S-Bahn Hanover begegnet einem 420 der S-Bahn Rhein-Main im Bahnhof Hennigsdorf. Im Vordergrund sichtbar ist die Stromschiene der Berliner Gleichstrom-S-Bahn. Die am 7. August 1999 eröffnete Fahrzeugausstellung anlässlich der 75-Jahr-Feier der Berliner S-Bahn ermöglichte dieses außergewöhnliche Zusammentreffen.
Aufn: Riechers

Beim Abstellen der Triebzüge wird über das Terminal der Betriebszustand »aufgerüstet abgestellt« eingegeben. In diesem Zustand überwacht sich das Fahrzeug selbst. Hierzu gehören z.B. der Schutz vor unbefugtem Öffnen der Türen sowie der Vorbereitungsdienst einschließlich der vollen Bremsprobe.
Störungen, die einen Einsatz des Triebzuges bei Betriebsbeginn beeinträchtigen können, werden als Sammelmeldung über Zugbahnfunk der Betriebsleitstelle zugeleitet.

Triebzug BR 424

Allgemein

Wie die BR 423 ist auch die BR 424 ausschließlich für den S-Bahnverkehr innerhalb einer eigenen Infrastruktur vorgesehen, allerdings im Unterschied zur BR 423 für Bahnsteige mit 760 mm Höhe ü. SOK. Das Fahrzeug entspricht somit den S-Bahnkriterien. Auch die BR 424 besteht aus zwei End-Triebwagen (ETW 1 und 4) und zwei Mittel-Triebwagen (MTW 2 und 3). Hierbei trägt der ETW 1 die Baureihenbezeichnung 424.0, der ETW 4 wird mit BR 424.5 und die MTW 2 und 3 mit BR 434.0 bzw. 434.5 bezeichnet.
Die augenfälligste Abweichung zur BR 423 ist die durch den niedrigeren Fußboden bedingte tiefer angeordnete Fensterbrüstung der Fahrgasträume. Erst auf den zweiten Blick fällt die geringere Anzahl der Einstiege auf. Die Zugehörigkeit zur ET-Familie ist jedoch offensichtlich.
Die Leittechnik der BR 424 ist auf einer Mehrfachtraktion von bis zu vier Triebzügen ausgelegt.

Wagenkasten

Rohbau

Das Konstruktionsprinzip des Wagenkastens ähnelt, abgesehen von bauart-spezifischen Abweichungen, dem der BR 423. Allerdings ist der Wagenkasten der BR 424 mit einer Breite von 2840 mm um 180 mm schmaler als der des 423, der Grund ist die Einhaltung des Freiraumprofils nach UIC-505 insbesondere mit Blick auf die baugleichen Regionaltriebzüge BR 425 und 426. Die senkrechten Seitenwände reichen bei den Endwagen nur bis auf Höhe der Führerstand-Rückwand. Die aus einem UP-GF-Sandwich bestehenden Fahrzeugköpfe werden zusammen mit dem Führertisch fertig konfektioniert und verkabelt mit der Rohbaustruktur verklebt.

Der Rohbau eines Endwagenkastens der Baureihen 424 - 426.
Aufn: Riechers

Kupplungen und Energieverzehrkonzept, Übergänge

Die stirnseitigen Kupplungen sind, obwohl mit der BR 423 identisch, wegen Abweichungen in der Software nur in Notfällen mechanisch mit der

Oben: Der Rohbau eines Mittelwagenkastens für die BR 424/425. Die eckigen Öffnungen in der Stirnwand dienen der Durchführung von Leitungen wie der Klimaanlage.
Aufn: Riechers

Unten: Seitenwand mit vorgefrästen Fenster- und Türöffnungen
Aufn: Riechers

Oben und unten: Vorkonfektionierter Fahrzeugkopf der BR 424-426 (oben) im Vergleich zum Kopfstück der BR 423 (unten).
Aufn: Riechers

BR 423 kuppelbar. Auch die Sphärolager, die die Wagenkästen im Bereich der Gelenke miteinander verbinden, sind nach gleichen Konstruktionsprinzipien entwickelt, jedoch unterschiedlich ausgeführt.
Der Übergang zwischen den Fahrzeugen besteht aus einem äußeren umlaufenden Wellenbalg und einem inneren, nach unten offenen Faltenbalg der Firma Hübner sowie einer Trittplatte im Fußbodenbereich. Die Übergänge haben ihre größte lichte Weite oberhalb der Sitz-Rückenlehnen und sind im Bodenbereich auf Breite des Mittelganges durch eine angeformte Bodenabdeckung eingeengt; hierdurch werden versteckte Ecken zur Ablage von Unrat sowie eine Gefährdung von Fahrgästen vermieden. Der äußere Wellenbalg besteht aus nach außen offenen und aus speziellen Wellenbalgstoffen zusammengenähten flexiblen Stoffwellen mit aufgesickten Balgrahmen; der ähnlich aufgebaute innere Faltenbalg ist nach innen offen.

Übergang vollständig BR 424-426. Zeichnung: Riechers

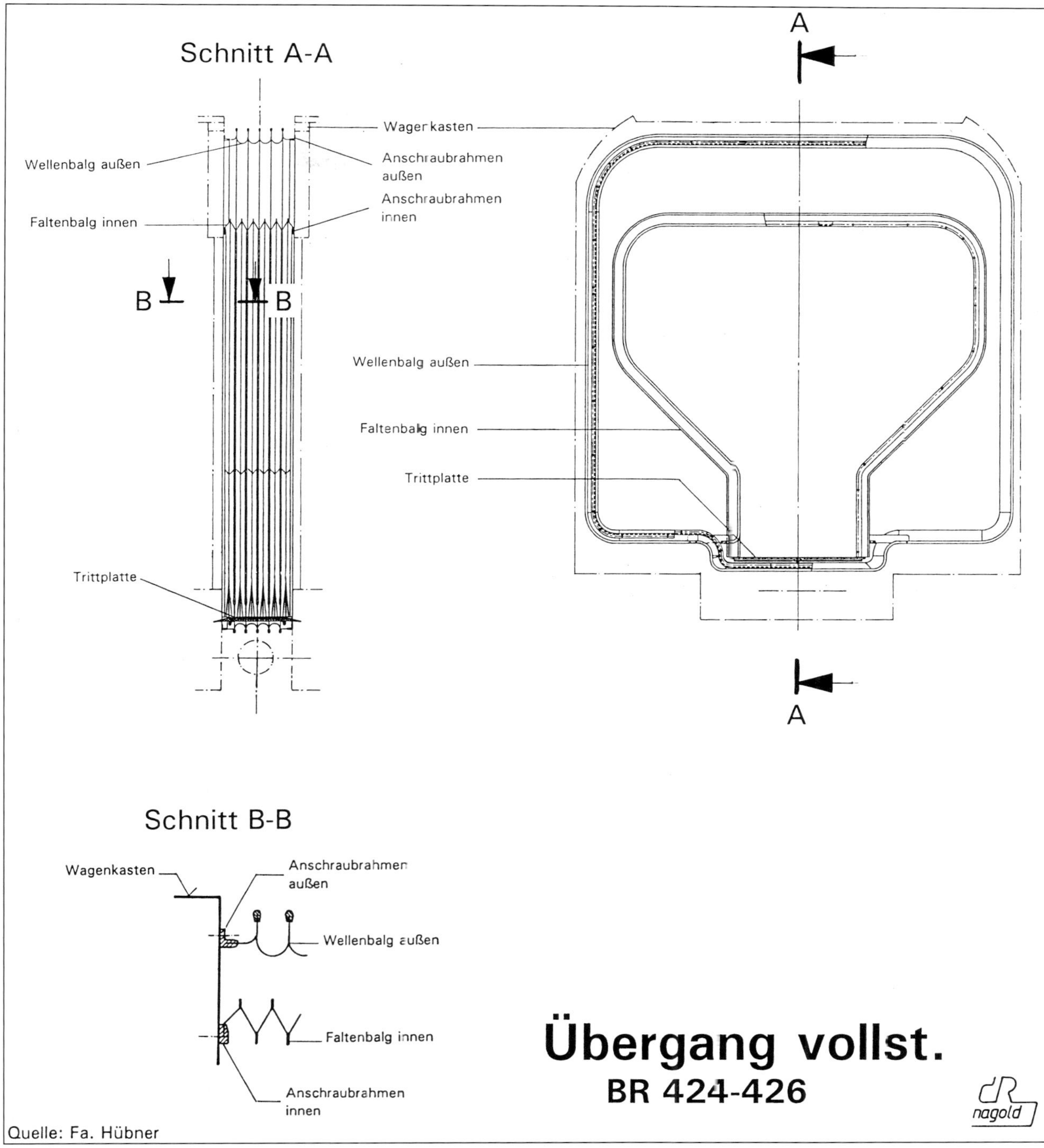

An den Endtüchern beider Bälge sind umlaufende Aluminium-Profile angebracht, mit deren Hilfe der Balg an den Wagenkasten-Stirnwänden angeschraubt wird.
Innerhalb der Übergänge sind einseitig auf dem Innenbalg Feuerlöscher montiert. Die Trittplatte entspricht der der BR 423. Der Doppelbalg läßt einen Gesamtschalldämmwert von 25 - 27 dB (A) erwarten. Die pneumatischen und elektrischen Leitungen sowie die Leitungen für die Wasserkühlung werden zwischen dem Innen- und Außenbalg geführt.

Ausstattung Fahrgastraum

Der Aufbau der Fenster entspricht dem der BR 423; drei der sieben Fenster einer Wagenseite sind mit klappbaren Oberlichtern ausgerüstet.
Auch der Fußboden entspricht in seinem Aufbau dem der BR 423; die Fußbodenhöhe beträgt in den Einstiegsräumen und Gängen durchgehend 798 mm ü.SO.
Pro Triebzugseite sind acht doppelflügelige, elektrisch betätigte Schwenk-Schiebetüren der Firma IFE-Kiekert mit einer lichten Weite von 1300 mm vorhanden, die einen schnellen Fahrgastwechsel ermöglichen. Wegen des ausschließlichen Einsatzes auf Strecken mit 760 mm hohen Bahnsteigen sind mit Ausnahme von Dreh-Klapptritten zur

Innenansicht des Balges mit integriertem Feuerlöscher.
Aufn: Riechers

Verringerung des Spaltes zwischen Bahnsteigkante und Einstiegen keine weiteren Einstieghilfen erforderlich. In Ruhestellung schließen die Dreh-Klapptritte bündig mit der Fahrzeugkontur ab.

Die Räume der 1. Klasse mit insgesamt 24 Sitzplätzen befinden sich in den beiden ETW hinter dem Führerstand; die Sitzaufstellung ist durchgängig 2 + 2, wobei jeweils ein Abteil vis-à-vis eingerichtet ist. Der Sitzteiler der ersten Klasse beträgt im vis-à-vis-Abteil 1725 mm, bei der Reihenbestuhlung 1565 mm.

Die Sitze der 1. Klasse zeichnen sich durch ihre Holzbeschläge aus, außerdem sind über den Abfallbehältern Holztischchen angebracht. Die 1. Klasse-Räume sind durch Glaswände und Drehtüren von den Einstiegsräumen abgetrennt.

Beidseitig der Übergänge sowie an den Kopfwänden oberhalb der Drehgestelle ist jeweils eine Sitzgruppe auf einem 252 mm hohen Podest angeordnet. Dieses Podest ist wegen des Freigangs der Drehgestelle und des niedrigeren Fahrzeugbodens erforderlich. Insgesamt 30 Klappsitze sind über die in den 2. Klasse-Räumen der Endwagen eingerichteten Mehrzweckräume verteilt.

Blick auf die Einrichtung des 1. Klasse-Abteils. Gut sichtbar sind die in Holz ausgeführten Gepäckablagen. Beachtenswert sind ferner die hohen Podeste im Bereich der Drehgestelle, die gewissermaßen der Preis für die niedrige Fußbodenhöhe sind.
Aufn: Riechers

Der Mehrzweckraum des ETW 1 (BR 424.0) verfügt über 16 Klappsitze sowie – erstmals bei S-Bahn-Fahrzeugen – eine Sanitärzelle mit Toilette. Der Mehrzweckraum des ETW 4 (BR 424.5) hat 14 Klappsitze. Erstgenannter Mehrzweckraum erstreckt sich über die gesamte Fläche zwischen den beiden Einstiegen. Die Mehrzweckräume ermöglichen die Mitnahme von Rollstühlen und Fahrrädern.

Zwecks bedarfsorientierter Anpassung können bestimmte Sitzbereiche in Mehrzweckabteile umgerüstet werden, diese Umstellung muss jedoch in den Werken vorgenommen werden.

Ein besonderes Stilelement im Interieur stellen die oberhalb der Fenster über den Sitzen (ausgenommen die über den Radkästen erhöht angeordneten Sitze) angebrachten Gepäckablagen dar: Sie bestehen aus einer mit hellen Furnier beschichteten und gelochten Sperrholzablage und Aluminiumbeschlägen mit angeformten Kleiderhaken.

Wie bereits erwähnt ist im Mehrzweckraum des Endwagens 1 (BR 424.0) eine behindertenfreundliche Sanitärzelle mit Vakuum-Toilettensystem

Blick in den Mehrzweckraum mit Klappsitzen und Sanitärzelle (links).
Aufn: Riechers

Schema der Klimaversorgung der BR 424.
Abb: Adtranz

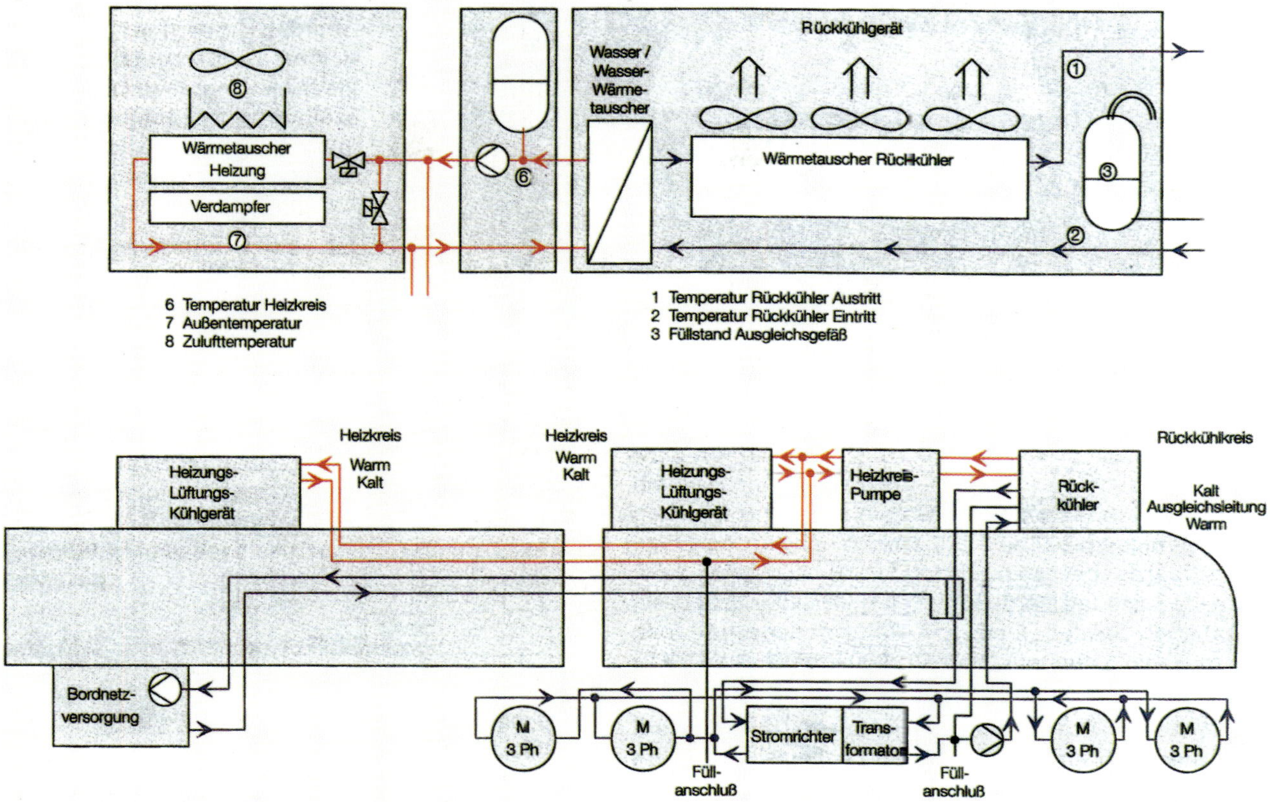

vorhanden. Die Gestaltung der Sanitärzelle erfolgte nach der UIC-Richtlinie 565-3 sowie unter Beteiligung von Vertretern von Behindertenverbänden.

Die Sanitärzelle ist aus Polyesterformteilen zusammengesetzt. Die Fußbodenwanne hat eine rutsch- und verschleißfeste Trittfläche. In den Wandflächenelementen sind Ausrüstungsteile integriert und teilweise mit angeformt, wie z.B. WC-Außenkörper, Waschtisch, Waschbeckenschüssel, Ablagekonsole, Spiegel, Abfallbehälter, Papierhandtuch- und Papierrollenhalter. Ferner sind Seifenspender, Kleiderhaken, Handgriff und Notmeldetaster vorhanden.

Die Einstiegsräume sind von den Fahrgasträumen durch halbhohe Wände mit aufgesetzten Windfangscheiben getrennt.

Zum Sicherheitskonzept gehört neben den wagenbreiten Übergängen die Möglichkeit, in Schwachlastzeiten die hintere Zughälfte zu verschließen. Hierzu ist im Anschluss an den vorderen Einstiegsraum des MTW 3 hinter dem Übergang von MTW 2, eine zusätzliche Glaswand mit Drehtür angebracht, die vom Zugpersonal verschlossen werden kann. Durch das Quittieren des Schließvorganges im Führerstandsterminal wird die Aktivierung der jeweils hinteren Einstiegstüren aufgehoben und gleichzeitig das Licht in den Fahrgasträumen ausgeschaltet. Die Fahrgäste können in diesem Fall nur im jeweils vorderen Zugteil Platz nehmen.

Die Beheizung des Fahrgastraumes erfolgt unter Ausnutzung der Verlustwärme der elektrischen Ausrüstung (Fahrmotoren, Transformatoren, Leistungselektronik und Bordnetzversorgung) bei minimalem Energiebezug aus der Oberleitung.

Da die Klimaanlage nur mit Außenluft betrieben wird, wird im Heiz- und Lüftungsbetrieb ein angenehmes Klima erreicht. Selbst bei starker Sonneneinstrahlung entstehen im Innenraum keine höheren Temperaturen als außerhalb des Fahrzeuges. Hierzu ist auf dem Dach eines jeden Wagens ein Luftbehandlungs-Kompaktgerät angebracht, das alle für die Luftbehandlung erforderlichen Teile enthält.

Die Fahrzeuge der BR 424 haben je Triebzughälfte nur einen Kühlkreis, der seine Wärme an ein auf dem jeweiligen ETW angebrachtes Rückkühlgerät abgibt.

Die Wärme-Übertragung erfolgt in einem im Traktions-Kühlkreislauf angeordneten Wasser-Wasser-Wärmetauscher. Über isolierte Leitungen im Dachbereich wird das Warmwasser verteilt.

Über den Ansaugbereich seitlich am Luftbehandlungs-Kompaktgerät wird Außenluft angesaugt; aus dem Fahrgastraum wird im Einstiegsbereich über Deckenöffnungen die Umluft abgesaugt und im Luftbehandlungsteil des Kompaktgeräts der angesaugten Außenluft beigemischt. Die Verteilung der Zuluftmenge erfolgt im Wageninnern. Im Deckenbereich führt ein Übertragungskanal mit Umschalteinheit zu einem Doppelkanal über dem mittig angeordneten Leuchtenband. Die Umschalteinheit schaltet im Lüftungs-/Kühlbetrieb zum unteren Teil und im Heizbetrieb zum oberen Teil des Kanals um.

Im Lüftungs-/Kühlbetrieb tritt die Luft seitlich des Leuchtenbandes aus. Im Bereich der Stirnwände und Türsäulen sind an der oberen Kanalhälfte Flex-Schläuche und Kanäle angeordnet, die die Warmluft über Stichkanäle zu den Fußbodenkanälen führen. In den Stichkanälen der Einstiegsbereiche sind auf Fußbodenhöhe zusätzliche Ausblasöffnungen vorgesehen.

Die Belüftung der Sanitärzelle erfolgt über den unteren Türspalt. Die verbrauchte Luft gelangt über einen Motorlüfter ins Freie. Ein geringer Unterdruck in der Sanitärzelle verhindert das Austreten von Gerüchen in den Fahrgastraum. Die Sanitärzelle verfügt über eine geregelte elektrische Zusatzheizung.

Blick in den Führerstand der BR 424,425 und 426. Aufn: Adtranz

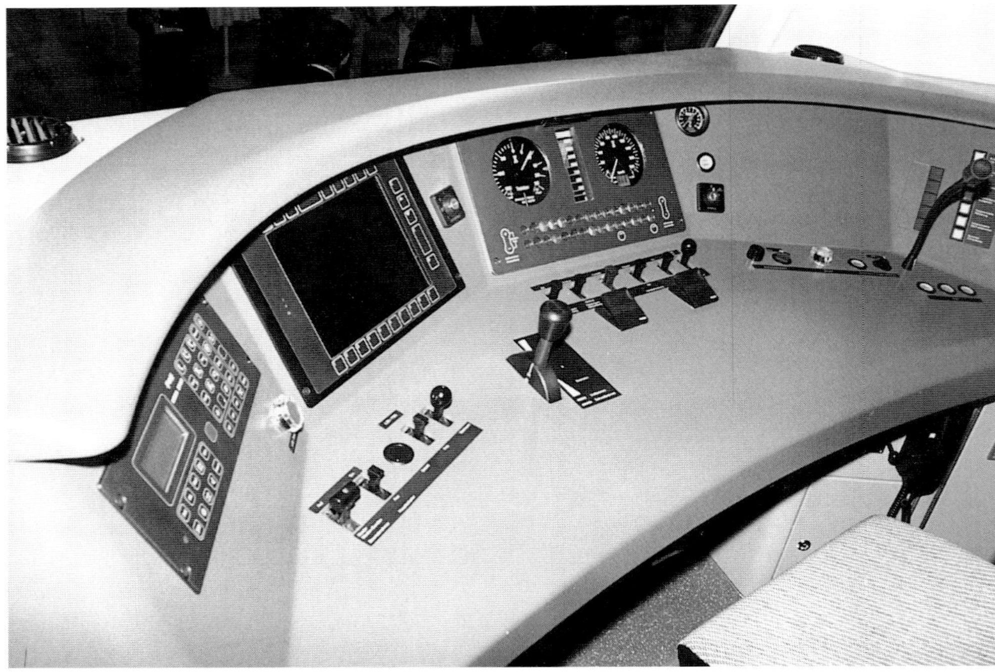

Das Fahrgast-Informationssystem (**FIS**) besteht aus je einer stirnseitigen Zugzielanzeige sowie beidseitig etwa in Mitte eines jeden Wagenkastens oberhalb des Seitenfensters angeordneten Zugzielanzeigen in LCD-Ausführung, hinzu kommen Innenanzeigen in LED-Ausführung.
Die Haltestellenansagen erfolgen über eine elektro-akustische Anlage (**ELA**) sowie einen digitalen Sprachspeicher. Neben der digitalen Ansage können Mitteilungen an die Fahrgäste auch per Mikrofon ebenfalls über die ELA gemacht werden; die Lautsprecher sind in dem Leuchtenband des Fahrgastraumes untergebracht. Für Mitteilungen an außerhalb des Fahrzeugs wartende Fahrgäste sind in jeder Wagenseitenwand zwei Druckkammer-Lautsprecher angebracht.

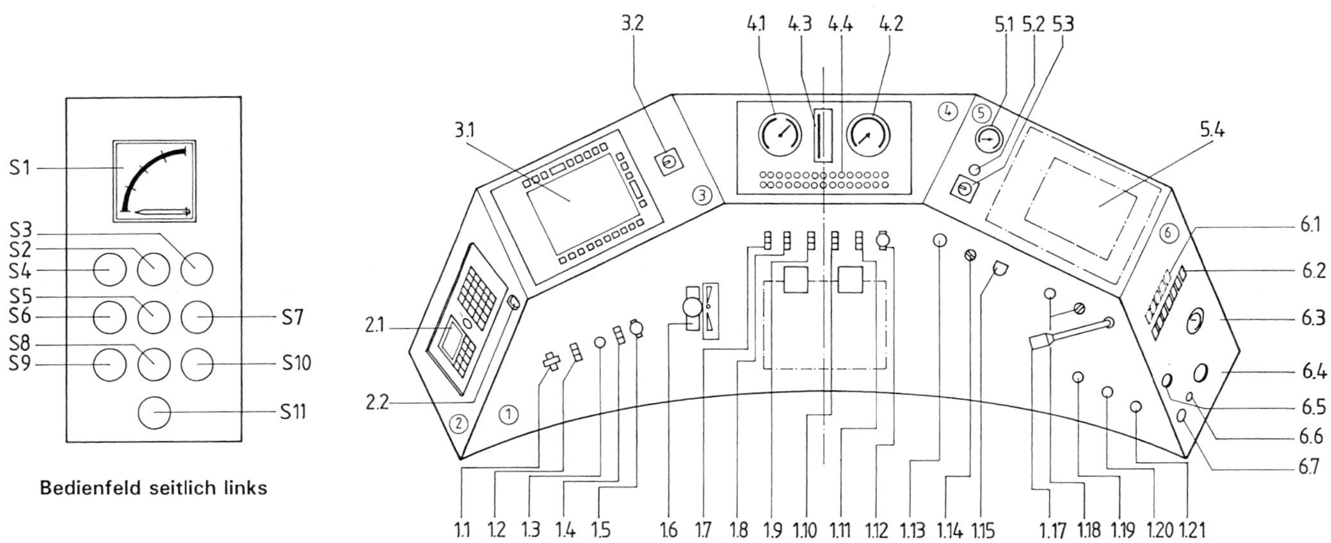

S 1. Batteriespannung
S 2. Batterieschutz (aus/ein)
S 3. PZB-Störschalter (aus/ein)
S 4. LZB-Störschalter (aus/ein)
S 5. Federspeicherbremse lösen
S 6. Federspeicherbremse anlegen
S 7. Vereinfachte Bremsprobe
S 8. SIFA (Betrieb/Störung)
S 9. Überbrückung Anfahrsperre (aus/ein)
S10. PZB-Überbrückung Bremse (aus/ein)
S11. Fahrgastraum Lüfter (aus)

1.1. Stromabnehmer
1.2. Hauptschalter
1.3. PZB (Indusi) Befehl
1.4. PZB frei
1.5. PZB wachsam
1.6. Fahr- und Bremsschalter
1.7. Fahrgastraumbeleuchtung
1.8. Führerraumbeleuchtung
1.9. Signallicht
1.10. Scheibenheizung
1.11. Makrofon
1.12. Sanden
1.13. Dimmer Buchfahrplanleuchte
1.14. Buchfahrplanleuchte (an/aus)
1.15. Störfahrt (Plombierkappe)
1.16.
1.17. Mikrofon
1.18. Überbrückung Fahrgastnotbremse
1.19. Taster Tür, Freigabe links
1.20. Taster Tür, schließen
1.21. Taster Tür, Freigabe rechts

2.1. Zugbahnfunk-Gerät
2.2. LZB-Nothalt

3.1. Terminal
3.2. Fahrtrichtungsschalter

4.1. Traktionsanzeige (links E-Bremskraft, rechts max. Motorzugkraft)
4.2. Geschwindigkeitsmesser
4.3. Zielentfernungsanzeige
4.4. Leuchtmelderblock

5.1. Doppelmanometer (HBL- und C-Druck)
5.2. Entkuppeln
5.3. Schlüsselschalter Entkuppeln
5.4. Farbdisplax (Optional)

6.1. Tastenfeld Video-Überwachung (Optional)
6.2. ELA-Tastenfeld
6.3. Manometer (HLL-Druck)
6.4. Schnellbremse
6.5 Dimmer Leuchtmelder.
6.6. Kontrolle Hublift*
6.7. Betätigung Hublift*

* nur bei BR 425-426

(1) Ebene

Führerpult BR 424-426

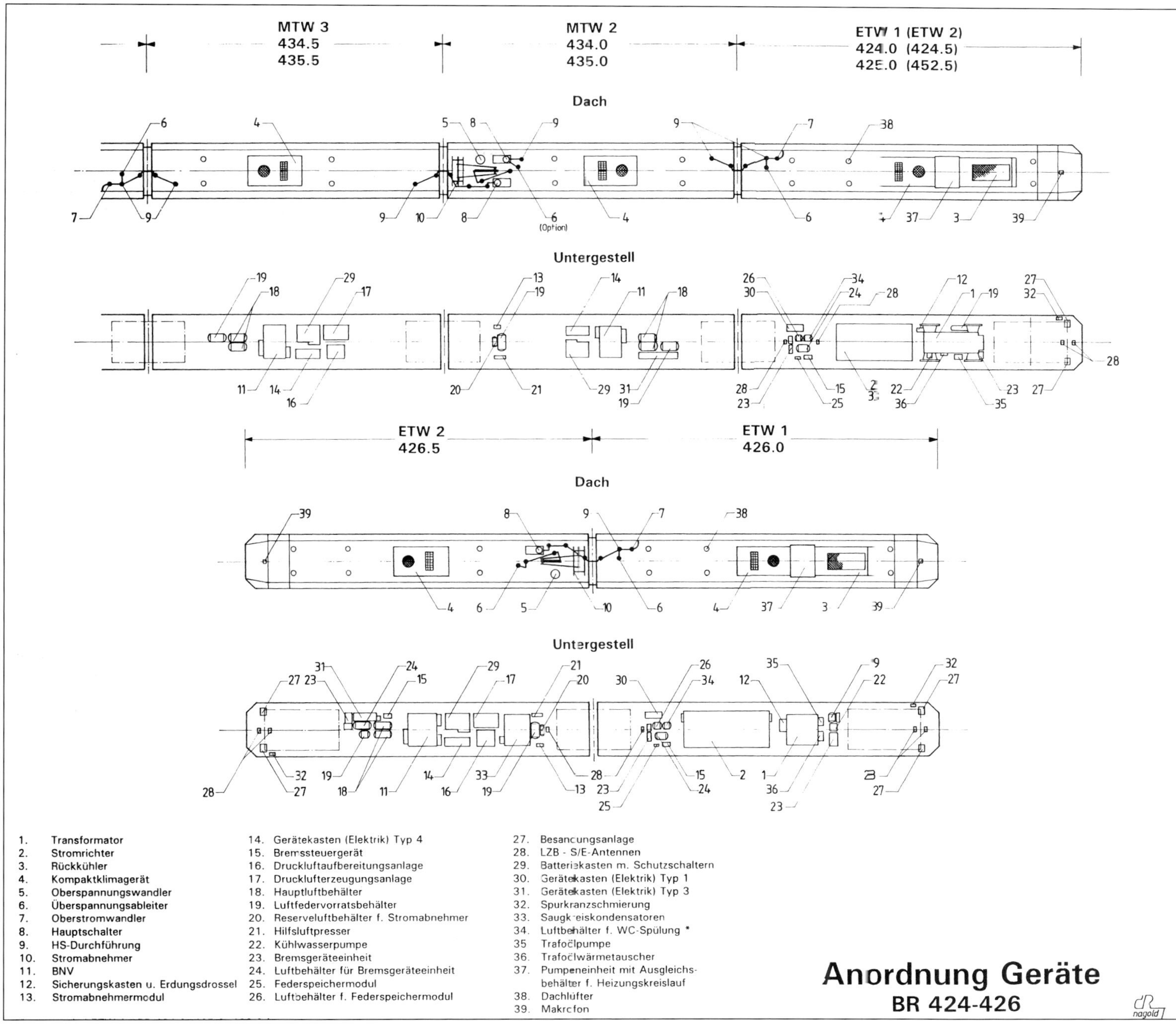

Linke Seite: Führerpult BR 424 - 426.
Zeichnung: Riechers

Führerstand

Das Führerpult weicht von dem der BR 423 konstruktiv ab. Die Bediengeräte und -Instrumente sind jedoch weitestgehend an der gleichen Stelle angeordnet. Aufgrund des niedrigeren Fußbodens und der damit verbundenen eingeschränkten Unterbringungsmöglichkeiten musste im Führerstand die Schrankkapazität erweitert werden. Die deshalb erforderliche Anordnung von Hochschränken ging jedoch auf Kosten der Trennwandfenster.

Die Frontscheibe aus Verbund-Sicherheitsglas ist beschusssicher; die Beschussgeschwindigkeit beträgt 360 km/h (bei einer Gegenzug- Geschwindigkeit von 200 km/h). Die Scheibe ist über eine Schnellabtaustufe und Normalstufe elektrisch beheizbar; für freie Sicht sorgt eine im Führertisch integrierte Defrosterdüse.

Oben: Anordnung der Geräte unter dem Untergestell und auf dem Dach.
Zeichnung: Riechers

Geräteanordnung

Nahezu alle zum Betrieb des Triebzuges erforderlichen Geräte sind entweder am Untergestell der ETW bzw. der MTW oder auf deren Dächern untergebracht (siehe hierzu auch die Abbildung) und von der Seite bzw. von oben zu warten. Bei

Der erste Triebzug der Baureihe 425 auf dem Siemens-Prüfgelände in Wegberg-Wildenrath.
Aufn: Riechers

der Anordnung der Geräte wurde auf eine möglichst gleichmäßige Achslastverteilung geachtet. Die schweren Komponenten wie Transformatorkessel und Stromrichter wurden deshalb möglichst nahe an den Enddrehgestellen angeordnet. Die Funktionseinheiten sind in selbsttragenden Containern untergebracht. Sämtliche Leistungsbauteile im elektrischen Kreis sind am gemeinsamen Kühlkreislauf des Fahrzeuges angeschlossen. Die Anordnung der Geräte bei ETW 1 und MTW 2 ist in Fahrtrichtung gesehen identisch mit der des ETW 4 und MTW 3.

Unterhalb des Untergestells von ETW 1 bzw. 4 sind untergebracht:

Wagenmitte
- Transformatorkessel
- Stromrichter
- Bremsgeräte-Einheit
- Luftbehälter für Bremsgeräteeinheit
- Luftbehälter für Federspeicher
- Luftbehälter für WC-Spülung (ETW 1)
- LZB-S/E-Antennen

Links (in Fahrtrichtung)
- E-Gerätekasten
- Luftfeder-Vorratsbehälter
- Ölpumpe
- Sandbehälter
- Sicherungskasten und Erdungsdrossel
- Spurkranzschmierung

Rechts (in Fahrtrichtung)
- Bremsgeräte-Einheit
- Bremssteuergerät
- Federspeichermodul
- Kühlmittel-Pumpe
- Sandbehälter
- Trafoöl-Wärmetauscher und -Pumpe

Unterhalb des Untergestells von MTW 2 bzw. 3 sind untergebracht:

Wagenmitte
- Bordnetzumrichter
- Hauptluftbehälter
- Luftfeder-Vorratsbehälter

Links (in Fahrtrichtung)
- Druckluft-Aufbereitung (MTW 3)
- E-Gerätekasten
- Stromabnehmermodul (MTW 2)

Rechts (in Fahrtrichtung)
- Batteriekasten
- Druckluft-Erzeugung (MTW 3)
- E-Gerätekasten (MTW 2)
- Hilfsluftpresser (MTW 2)

Die Dachausrüstung sieht wie folgt aus:
ETW 1 und 4:
- Rückkühler
- Pumpeneinheit mit Ausgleichsbehälter für Heizungskreislauf
- Kompaktklimagerät
- Oberstromwandler
- Überspannungsableiter
- HS-Durchführung
- Makrofon.

MTW 2 und 3:
- Kompaktklimagerät
- Hauptschalter (MTW 2)
- Stemman-Einholm-Stromabnehmer DSA 350 SEK (MTW 2)
- Oberspannungswandler (MTW 2)
- Überspannungsableiter (Option auf MTW 2)
- HS-Durchführung

Drehgestelle, Bremsen, Pneumatik

Drehgestelle

Die von Adtranz entwickelten und hergestellten End- und Jakobs-Drehgestelle der BR 424 sind abgesehen von wagenkastenbedingten Abweichungen ähnlich konzipiert wie die der BR 423. Auch die Bremsanlage ist identisch ausgeführt.

Bremsen und Pneumatik

Die Bremsen und die Pneumatik entsprechen in ihrer Konzeption denen der BR 423, so dass hier nicht noch einmal darauf eingegangen wird.

Antrieb

Die Triebzüge der BR 424 werden von acht vierpoligen, gekapselten und »wasser«-gekühlten Drehstrom-Asynchron-Fahrmotoren, Hersteller Siemens, Typ 1TB 1724-OGA 02 angetrieben. Ein Teil der Motoren wird allerdings bei Adtranz hergestellt. Die Motoren sind fest am Drehgestellrahmen befestigt und liegen somit im abgefederten Bereich des Drehgestells.
Die Kraftübertragung erfolgt über ein zweistufiges achsreitendes Stirnradgetriebe, Übersetzungsverhältnis 1 : 5,508. Eine Bogenzahn-Kupplung dient der Drehmomentübertragung zwischen Motor und Getrieberitzel und gleicht die betriebsbedingten Quer- und Schwenkbewegungen um die Hochachse zwischen Motor- und Ritzelwelle aus. Die Bogenzahn-Kupplung ist eine nicht-schaltbare, drehstarre und getriebebewegliche Kupplung mit selbstzentrierender Verzahnung und formschlüssiger Drehmomentübertragung.

Elektrische Anlage

Hauptstromkreis

Der Triebzug verfügt über zwei weitestgehend von einander unabhängige Traktionsanlagen, die über einen gemeinsamen Stromabnehmer mit Energie versorgt werden. Hierdurch ist auch bei Einfachtraktion bei einem 50 %-igen Leistungsabfall völlige Redundanz gegeben.
Vom Dachstromabnehmer auf MTW 2 (BR 434.0) wird die Energie über die jeweiligen Hauptschalter zu den beiden Traktionsanlagen geführt. Der Hauptschalter des MTW 2 oder 3 trennt im Falle einer Störung in (Milli-)Sekundenschnelle sowohl die Traktionsanlage als auch die Bordnetzversorgung der jeweiligen Triebzughälfte vom Netz. Die Einspeiseschaltung wird vervollständigt durch Oberspannungswandler, Oberstromwandler und Überspannungsschutz. Transformator und Saugkreisdrossel sind in einem sogenannten »Transformatorkessel« zusammengefasst. Gekühlt wird der Transformator mit Mineralöl. Die Ölumwälzpumpe und der Öl/Wasser-Wärmetauscher sind fest mit dem Kessel verbunden. Der Wasseranschluss des Wärmetauschers ist am Rückkühlkreislauf des Wagens angeschlossen. Die elektrischen Verbindungsleitungen mit dem Stromrichter sind möglichst kurz gehalten und mit einem Balg gegen Verschmutzung geschützt. Jeder Transformator verfügt über drei Sekundärwicklungen, eine für die Traktionsanlagen und je eine für die Versorgung der Hilfsbetriebe und der Heizung.
Die heruntertransformierte Einphasen-Wechselspannung mit 16,7 Hz wird je Antriebsanlage mit einem Vierquadrantensteller in Gleichspannung und im GTO-Wechselrichter in einen dreiphasigen Drehstrom umgeformt. Der Eingangsstrom des 4q-Stellers ist sinusförmig und wirkt auf das Netz wie ein ohmscher Verbraucher. Hierdurch sind entlang der Strecke keine Kompensationsanlagen erforderlich. Die pulsierende Leistung des 16,7 Hz-Netzes nimmt der Saugkreis auf.
Die drehstromseitigen Ausgänge des Wechselrichters speisen eine Drehstromsammelschiene mit max. 1870 V, von der aus die vier parallelgeschalteten Fahrmotoren einer Traktionsanlage mit Energie versorgt werden. Überwachungseinrichtungen kontrollieren ständig die wichtigsten Betriebsgrößen der Stromrichterschaltung. Abweichungen von den Sollwerten werden von der Fahrzeugdiagnose erfaßt; für die Leistungselektronik gefährliche Zustände werden hierdurch rechtzeitig erkannt und somit die Zerstörung von Komponenten der Ausrüstung durch Schutzabschaltung bzw. Impulssperre vermieden.

Hilfsbetriebeausrüstung und Bordnetz

Das Bordnetz wird von zwei identischen Bordnetz-Versorgungseinheiten (**BNV**) gespeist, die in den beiden MTW des Zuges untergebracht sind. Jede Versorgungseinheit besteht aus einem als Hochsetzsteller ausgeführten Eingangsstromrichter, einem als Pulswechselrichter ausgeführten Ausgangswechselrichter und einem hochtaktendem Batterieladegerät. Jede BNV erzeugt folgen-

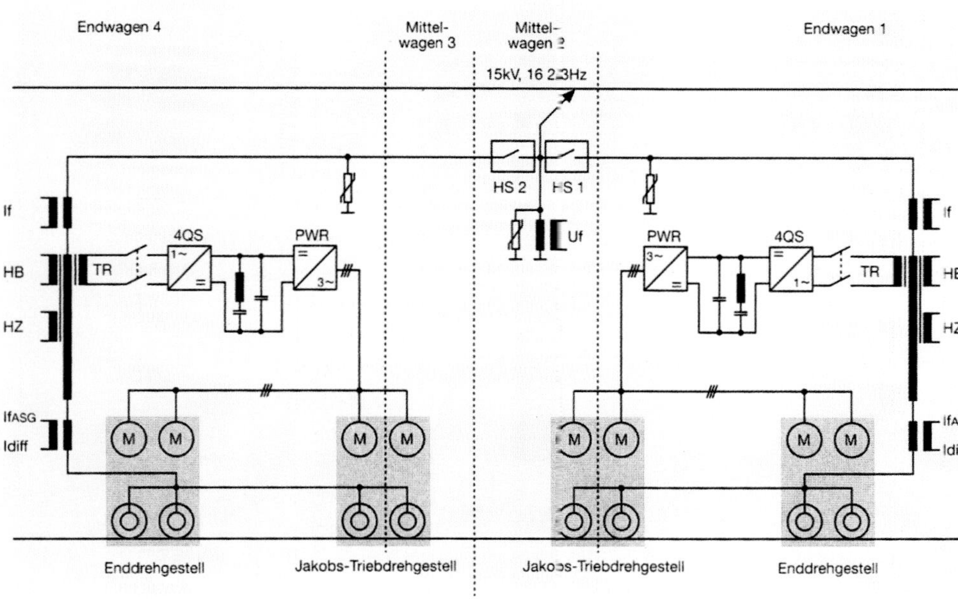

Der Hauptstromkreis der Baureihen 424/425. Abb: Adtranz

Ein Triebzug der Baureihe 426 noch ohne Betriebsnummern im Adtranz-Werk Hennigsdorf. Aufn: Riechers

de, für die Fahrzeug-Hilfsbetriebe erforderlichen Gleich- und Wechselspannungen:

- Eingang: 370 V 1-Ph. 16,7 Hz mit Eingangsfilter, sinusförmig
- Ausgang 1: 3~ 400 V AC 50 Hz, 86 kVA (Sammelschiene)
- Ausgang 2: 110 V DC, 15 kW, batteriegepuffert

Die Drehspannung einer BNV wird jeweils auf eine durch den jeweiligen MTW, in der sich die BNV befindet, und den benachbarten ETW geführte Drehstrom-Sammelschiene gespeist. Wenn eine der beiden Versorgungseinheiten ausfällt, werden die beiden Sammelschienen durchverbunden, so dass die volle Traktionsleistung aufrechterhalten bleibt; lediglich Komfortfunktionen werden abgeschaltet.

Die Verteilung der Drehstrom-Sammelschiene und des 110 V- Steuerstromnetzes erfolgt in einem separaten Schaltgerätekasten. Die Plusleitung der Batterie wird, anders als bei der BR 423, über die Betriebskupplung(en) durch den gesamten Zugverband geführt.

Leittechnik und Diagnosesystem

Leittechnik und Diagnosesystem entsprechen in ihrer Konzeption der BR 423 und sind auf S. XX beschrieben.

Triebzug BR 425

Allgemein

Wie eingangs bereits erwähnt, ist die BR 425 zwar von der BR 424 abgeleitet, jedoch für den schweren Regionalverkehr in Netzen mit unterschiedlichen Bahnsteighöhen konzipiert. Es handelt sich also bei dieser Baureihe wie auch bei der von ihr abgeleiteten BR 426 (s. nächster Abschnitt) **nicht** um S-Bahn-Triebzüge! Da jedoch Ausstattung und Antriebstechnik mit denen der S-Bahn-Triebzüge der BR 424 weitgehend identisch sind, liegt es nahe, sie in dieser Publikation mitzubehandeln.

Die Baureihenbezeichnungen der einzelnen Wagenkästen der BR 425 lehnen sich an die der BR 424 an; der ETW 1 trägt somit die Baureihenbezeichnung 425.0, der ETW 4 die Baureihenbezeichnung 425.5, die MTW 2 und 3 werden mit BR 435.0 bzw. 435.5 bezeichnet.

Wagenkasten

Rohbau

Die Wagenkästen entsprechen in ihrem Aufbau denen der BR 424.

Ausstattung Fahrgastraum

Der Triebzug der BR 425 hat wie die BR 424 pro Triebzugseite acht doppelflügelige elektrisch betätigte Schwenk-Schiebetüren mit einer lichten Weite von 1300 mm, die einen schnellen Fahrgastwechsel ermöglichen. Wegen der unterschiedlichen Bahnsteighöhen in den Einsatzgebieten der BR 425 ist je eine zusätzliche Trittstufe pro Einstieg angebracht; ferner sind in den jeweils vorderen Einstiegsräumen beidseitig Hubschwenklifte vorgesehen. Rohbauseitig entspricht die Trittstufe dem Kasten für den Klapptritt der BR 424. Während die Unterkante der Türblätter bei der BR 424 bis Oberkante Klapptritte begrenzt sind, sind sie bei der BR 425 bis Unterkante Trittschacht verlängert.

Die speziell für die Baureihen 425 und 426 entwickelten Nahverkehrssitze der Firma Grammer (vorm. Paulisch) unterscheiden sich von den ähnlich aussehenden Sitzen der BR 423 und 424 durch einen höheren Komfort; neben einem elastischen Sitz-Unterbau ist auch eine zusätzliche Schaumauflage vorgesehen. Die Sitzeinteilung entspricht der der BR 424.

Drehgestelle, Bremsen, Pneumatik

Wie die End- und Jakobs-Drehgestelle der Triebzüge BR 423 und 424 wurden auch die Drehgestelle der BR 425 von Adtranz, Werk Siegen entwickelt. Da die Triebzüge der BR 425 außer bei Adtranz auch bei Bombardier DWA und bei Siemens Duewag hergestellt werden, werden auch die erforderliche Drehgestelle in der Verantwortung beider Firmen gefertigt. Sowohl Drehgestelle als auch Bremsen und Pneumatik entsprechen der BR 424.

Antrieb

Der Antrieb ist mit dem der BR 424 identisch.

Elektrische Anlage

Die elektrische Anlage entspricht ebenfalls der der BR 424.

Leittechnik und Diagnosesystem

Auch die Leittechnik und das Diagnosesystem entsprechen der BR 424.

Triebzug BR 426

Allgemein

Das letzte Glied der neugebildeten Triebzug-Familie ist der zweiteilige Gliederzug BR 426. Dieser besteht aus zwei ETW, wobei der ETW 1 mit BR 426.0 und der ETW 2 mit BR 426.5 bezeichnet wird. Die beiden ETW sind mit denen der BR 425 mit Ausnahme einiger Ausstattungs- und Ausrüstungsdetails identisch.
Die Wagenkästen der BR 426 werden bei Bombardier, Werk Bautzen, die Drehgestelle im Werk Vetschau hergestellt. Endmontage und Inbetriebnahme erfolgen im Werk Ammendorf.
Die Leittechnik der BR 426 ist auf eine Mehrfachtraktion von bis zu sechs Triebzügen ausgelegt.

Wagenkasten

Rohbau

Die Wagenkasten-Rohbauten der ETW 1 (BR 426.0) und 2 (BR 426.5) sind mit denen der ETW 1 und 2 der BR 425 (BR 425.0 bzw. 425.5) identisch.

Ausstattung Fahrgastraum

Der Triebzug der BR 426 hat pro Triebzugseite vier doppelflügelige elektrisch betätigte Schwenk-Schiebetüren mit einer lichten Weite von 1300 mm, die einen schnellen Fahrgastwechsel ermöglichen. Wie bei der BR 425 decken die Türen die Trittkästen ab.
Die speziell für die Baureihen 425 und 426 entwickelten Nahverkehrssitze der Firma Grammer (vorm Paulisch) sind in der 2. Klasse in der Aufstellung 2 + 2 und vis-á-vis angeordnet. Die Einrichtung der beiden Wagen entspricht bis auf den Wegfall der 1. Klasse im ETW 2 (BR 426.5), der der Endwagen der BR 424 und 425. Hierzu gehört auch die Sanitärzelle mit Vakuum-Toilettensystem.
Heizung, Lüftung und Kühlung des Fahrzeugs entsprechen der BR 424/425.

Geräteanordnung

Nahezu alle zum Betrieb des Triebzuges erforderlichen Geräte sind entweder unterhalb des Untergestells der ETW 1 und 2 (426.0 und 426.5) oder auf deren Dächern untergebracht (siehe hierzu auch die Abbildung) und von der Seite bzw. von oben zu warten. Bei der Anordnung der Geräte wurde auf eine möglichst gleichmäßige Achslastverteilung geachtet. Die schweren Komponenten wie Transformatorkessel und Stromrichter wurden deshalb möglichst nahe an den Enddrehgestellen angeordnet. Die Funktionseinheiten sind in selbsttragenden Containern untergebracht. Sämtliche Leistungsbauteile im elektrischen Kreis sind am gemeinsamen Kühlkreislauf des Fahrzeuges angeschlossen.

Unterhalb des Untergestells von ETW 1 sind untergebracht:
Wagenmitte
- Transformatorkessel
- Stromrichter
- Bremsgeräte-Einheit
- Luftbehälter für Bremsgeräteeinheit
- Luftbehälter für Federspeicher
- Luftbehälter für WC-Spülung (ETW 1)
- LZB-S/E-Antennen

Links (in Fahrtrichtung)
- E-Gerätekasten
- Luftfeder-Vorratsbehälter
- Ölpumpe
- Sandbehälter
- Sicherungskasten und Erdungsdrossel
- Spurkranzschmierung

Rechts (in Fahrtrichtung)
- Bremsgeräte-Einheit
- Bremssteuergerät
- Federspeichermodul
- Kühlmittel-Pumpe
- Sandbehälter
- Trafoöl-Wärmetauscher und -Pumpe

Unterhalb des Untergestells von ETW 2 sind untergebracht:
Wagenmitte
- Bordnetzumrichter;
- Hauptluftbehälter;
- Luftfeder-Vorratsbehälter;
- Saugkreiskondensatoren.

Links (in Fahrtrichtung)
- Druckluft-Aufbereitung
- E-Gerätekasten
- Stromabnehmermodul

Rechts (in Fahrtrichtung)
- Batteriekasten
- Druckluft-Erzeugung
- E-Gerätekasten
- Hilfsluftpresser.

Die Dachausrüstung sieht wie folgt aus:
ETW 1:
- Rückkühler
- Pumpeneinheit mit Ausgleichsbehälter für Heizungskreislauf
- Kompaktklimagerät
- Oberstromwandler
- Überspannungsableiter
- HS-Durchführung
- Makrofon

ETW 2:
- Kompaktklimagerät
- Hauptschalter
- Stemman-Einholm-Stromabnehmer DSA 350 SEK
- Oberspannungswandler
- Überspannungsableiter (Option)

Drehgestelle, Bremsen

Drehgestelle

Die von Adtranz entwickelten End-Triebdrehgestelle sowie das Jakobs-Laufdrehgestell der BR 426 entsprechen weitestgehend denen der BR 424/425.

Bremsen

Abweichend von der BR 424 und 425 ist bei der BR 426 ein Radsatz im Jakobs-Laufdrehgestell (Radsatz 3 des Triebzuges) mit Radscheibenbremsen ausgerüstet.
Im Unterschied zu den BR 423-425 sind beide Radsätze (1 und 2) des Enddrehgestells beim ETW 1 sowie der gebremste Radsatz des Laufdrehgestells (3) mit je einem aufgesattelten Federspeicher ausgerüstet.

Antrieb

Die Triebzüge der BR 426 werden wie die der BR 424/425 von vier vierpoligen, gekapselten und »wasser«-gekühlten Drehstrom- Asynchron-Fahrmotoren, Hersteller Siemens, Typ 1TB 1724-OGA

Mit Graffiti verschmierter Triebzug 423 539 am 17. Oktober 1999 in Vaihingen/Enz – Kommentar überflüssig.
Aufn: O. Blaschke

02 angetrieben. Die Anordnung der Motoren sowie die Kraftübertragung entspricht der BR 424/425.

Elektrische Anlage

Hauptstromkreis

Auch bei der BR 426 ist wie bei den BR 423-425 eine Zweiteilung der Traktions- und Hilfsbetriebeausrüstung und damit weitestgehende Redundanz gegeben.
Vom Dachstromabnehmer auf dem ETW 2 (BR 426.5) wird die Energie über den Hauptschalter zum Transformator geführt. Der Transformator als schwerstes Bauteil befindet sich in unmittelbarer Nähe des Enddrehgestells von ETW 1 (BR 426.0); die Ausführung des Transformators entspricht dem der BR 424 und 425. Die heruntertransformierte Einphasen-Wechselspannung mit 16,7 Hz wird je Antriebsanlage mit einem Vierquadrantensteller in Gleichspannung und im GTO-Wechselrichter in einen dreiphasigen Drehstrom umgeformt. Die zwei drehstromseitigen Ausgänge des Wechselrichters speisen je eine Drehstromsammelschiene, an der jeweils zwei der vier parallelgeschalteten Fahrmotoren der Traktionsanlage mit Energie versorgt werden.

Hilfsbetriebeausrüstung und Bordnetz

Das Bordnetz wird von einer im ETW 2 (BR 426.5) angeordneten Bordnetz-Versorgungseinheit (**BNV**) gespeist. Die Versorgungseinheit besteht aus zwei als Hochsetzsteller ausgeführten Eingangsstromrichtern, zwei als Pulswechselrichtern ausgeführten Ausgangswechselrichtern und einem hochtaktenden Batterieladegerät. Jede BNV erzeugt folgende, für die Fahrzeug-Hilfsbetriebe erforderlichen Gleich- und Wechselspannungen:

> Eingang 370 V 1-Ph. 16,7 Hz mit Eingangsfilter, sinusförmig
> Ausgang 1 3ˇ400 V AC 50 Hz, 86 kVA (Sammelschiene)
> Ausgang 2 3ˇ400 V AC 50 Hz, 86 kVA (Sammelschiene)
> Ausgang 3 110 V DC, 15 kW, batteriegepuffert

Jeder Drehstromausgang der BNV versorgt jeweils eine durch den gesamten Zug verlaufende Drehstrom-Sammelschiene. Im Normalfall sind beide Sammelschienen galvanisch getrennt. Wenn einer der beiden Drehstromausgänge ausfällt, werden die beiden Sammelschienen über ein Kuppelschütz in der BNV durchverbunden, so dass die volle Traktionsleistung aufrechterhalten bleibt; lediglich Komfortfunktionen werden abgeschaltet.

Leittechnik und Diagnosesystem

Leittechnik und Diagnosesystem entsprechen in ihrer Konzeption der BR 423-425.

Zusammenfassung

Die Vorstellung der beiden Grundtypen erfolgte zeitlich versetzt. Während der Erste von 40 S-Bahn-Triebzügen der Baureihe 424 am 27. Februar 1998 in Hennigsdorf im Rahmen eines feierlichen »Roll-Out« der Öffentlichkeit vorgestellt wurde, vollzog sich die Präsentation der BR 423 völlig unspektakulär während der »INNOTRANS 98« in Berlin.
Die Triebzüge markieren den Beginn einer neuen Ära, sowohl im S- Bahn-Betrieb als auch im Regionalverkehr. Sie verkörpern den neuesten Stand der Technik im Schienenfahrzeugbau.
Erstmals wurde im Nahverkehr neben Komfortverbesserungen auch dem Sicherheitsdenken zugunsten der Fahrgäste breitester Raum eingeräumt: Endlich können die Züge durchgehend begangen werden, eine Eigenschaft, die bereits bei mehreren U-Bahnsystemen zum Stand der Entwicklung gehört und zur Transparenz sowie einer besseren Fahrgastverteilung in den Fahrzeugen beiträgt.
Die Ausstattung der Fahrzeuge ist geschmackvoll. Zu kritisieren wäre allenfalls die relativ harte Polsterung in den S-Bahn-Fahrzeugen. Da jedoch die Aufenthaltszeit in diesen Zügen beschränkt ist,

dürfte das den Gesamteindruck kaum trüben. Es wurden gewaltige Anstrengungen unternommen, um auch dem eingefleischtesten Autofahrer den Komfort zu bieten, den er von seinem eigenen Fahrzeug gewöhnt ist.

Die neuen Fahrzeuge werden mit Sicherheit zu einer weiteren Steigerung der Attraktivität und damit zur Akzeptanz des SPNV beitragen, so dass also nur noch der Wunsch nach einem entsprechenden Fahrplanangebot bleibt.

So begrüßenswert die Einrichtung einer Toilette in den S-Bahn-Fahrzeugen auch sein mag, der Blickkontakt des Fahrers mit den dahinterliegenden Fahrgasträumen ist durch den weit über die Wagenmitte hinausragenden Raum in erheblichem Maße gestört, der Bereich ist vom Tfz-Führer nicht einsehbar, was zu allerhand Unfug einlädt. Hier wäre Video-Überwachung kein überflüssiger Luxus; sie könnte sich bald bezahlt machen.

Durch neue Fahrzeugbaumethoden und Antriebssysteme konnten im Vergleich zur BR 420 annähernd 24 % Gewicht eingespart werden, was zusammen mit der regenerativen Drehstromtechnik zu einer Senkung der Energie- und damit der Betriebskosten führen wird.

Die vorgesehenen Inbetriebnahme-Termine der neuen Fahrzeuge kamen erheblich unter die Räder. Pannen durch unausgereifte Konstruktionen sind inzwischen in der Schienenfahrzeug-Industrie nicht nur in Deutschland zu einer Seuche geworden, von der auch die neue Triebzug-Generation nicht verschont geblieben ist.

Bis Mitte Dez. 99 standen die bereits abgelieferten Triebzüge der BR 423 tatenlos auf mehreren Bahnhofsanlagen im Raum Stuttgart herum, dem asozialen Treiben einiger Zeitgenossen ausgesetzt, die sich an diesen Fahrzeugen nahezu ungestört austoben konnten und sie mit Graffiti beschmierten.

Ursache dafür, dass die DB AG die Fahrzeuge zu diesem Zeitpunkt noch nicht abgenommen hatte, waren Mängel in der Software, die sich dadurch bemerkbar machten, dass das Diagnose-Display dort Störungen anzeigte, wo keine waren. Seit dem 17. Dezember 1999 werden die Triebzüge Zug um Zug auf der Linie S1 Herrenberg–Plochingen eingesetzt, störungsfrei.

Bei den BR 424 bis 426 waren die Reklamationen gravierender. Neben einer erforderlichen Verstärkung des Untergestells, die einige Zeit in Anspruch nahm, stellte sich bei den BR 424 und 425 als zusätzliches Manko heraus, dass der Transformator durch Streuströme Störungen bei den Sicherungsanlagen (insbesondere bei den Achszählern) verursachte. Die niedrigflurige Bauweise dieser Baureihen einerseits, die starken Einfluß auf die Bauhöhe des Transformators hatte, und der hohe Kostendruck adererseits, veranlasste den Hersteller zu einer vereinfachten Schaltung mit nur einem Vierquadranten-Steller je Traktionsanlage (im Gegensatz zu der BR 423; siehe hierzu die entsprechenden Abschnitte »elektrische Anlage«). Die Folge waren starke Streuströme außerhalb des Transformators, die nur durch entsprechende Maßnahmen abgeschirmt werden können.

Stichwort Graffiti

Graffiti gilt als gemeinschädliche Sachbeschädigung und kann mit einer Geldstrafe und ggf. mit bis zu drei Jahren Haft geahndet werden. Die Täter sind in der Regel 15 bis 20 Jahre alt und entstammen allen Bevölkerungsschichten. Für die Bahn ist das Graffiti-Unwesen alles andere als ein Kavaliersdelikt, die Reinigung eines Triebzuges kostet rund 15.000,- DM. Nach dreimaliger Reinigung ist der Lack des Fahrzeuges durch die Lösungsmittel derart angegriffen, dass eine Neulackierung erforderlich ist: diese kostet rund 500.000,- DM.

Zunächst galt es jedoch die Sekundärwicklungen der Transformatoren auf die Verwendung eines einzigen Vierquadrantenstellers abzustimmen. Die Nachrüstung mit Abschirmblechen ist jedoch nicht unproblematisch, so dass es zum Redaktionsschluss nicht sicher war, ob die BR 424, wie beabsichtigt, zur EXPO 2000 zum Einsatz kommt. In diesem Fall müssten S-Bahn-Triebzüge der BR 423 eingesetzt werden, auf Kosten des Betriebs in Stuttgart und München. Da diese Fahrzeuge nicht auf die Bahnsteighöhen des Hannoveraner S-Bahnnetzes abgestimmt sind, wäre das ein schwerer Rückschlag für die deutsche Bahnindustrie und die Deutsche Bahn AG!

Die BR 426 ist von dieser Störung nicht betroffen, da bei dieser Baureihe die zwei Traktionsgruppen über nur je zwei Fahrmotoren verfügen, womit das Verhältnis Transformator zum Vierquadrantensteller wieder stimmt.

Technische Daten:

Baureihenbezeichnung: **Baujahr:**		**423** **1998/99**	**424/425** **1998/99**	**426** **1999**	**420/421 (Vergleich)** **1969-97**
I. Mechanteil					
1. Aufbau					
Länge ü.K.	(mm):	67.400	67.500	36.490	67.400
Länge Wagenkasten 1 + 4	(mm):	17.840	17.870	17.870 1)	23.300 2)
Länge Wagenkasten 2 + 3	(mm):	15.060	15.105	–	20.800 3)
Breite	(mm):	3.020	2.840	2.840	3.080
Höhe ü. Wagenkasten	(mm):	3.785	3.750	3.750	3.760
Gesamthöhe 4)	(mm):	4.295	4.210	4.210	4.336
Fußbodenhöhe	(mm):	1.025	798	798	1.030
Einstiegshöhe	(mm):	995	798	798	1.030
Türen pro Fahrzeugseite	:	12	8	4	12
Lichte Öffnung	(mm):	1.300	1.300	1.300	1.000
Sitzteiler 1. Kl.	(mm):	1.650/1.825	1.725/1.565	1.725/1.565	1.850
Sitzteiler 2. Kl.	(mm):	1.650	1.645	1.645	1.650
2. Drehgestelle/Fahrwerke					
Achsfolge	:	Bo'(Bo')(2')(Bo')Bo'	Bo'(Bo')(2')(Bo')Bo'	Bo'(2')Bo'	Bo'Bo'+Bo'Bo'+Bo'Bo'

Baureihenbezeichnung:	423	424/425	426	420/421 (Vergleich)	
Baujahr:	1998	1998	1999	1969-97	
Achsabstand					
– Trieb-(End) Drehgest.	(mm):	2.200	2.200	2.200	2.500 5)
– Trieb-Jakobsdrehgest.	(mm):	2.700	2.700	–	–
– Lauf-Jakobsdrehgest.	(mm):	2.700	2.700	2.700	–
Drehzapfenabstand					
– Endwagen	(mm):	–	–		16.500
– Mittelwagen	(mm):	–	–		14.000
– Drehg. 1-2/4-5	(mm):	15.140	15.370	–	–
– Drehg. 1-2-3	(mm):	–		15.370	–
– Drehg. 2-3-4	(mm):	15.460	15.505	–	–
Treibrad ∅, neu/abg.	(mm):	850/780	850/780	850/780	850/780
Laufrad ∅, neu/abg.	(mm):	850/780	850/780	850/780	–
Getriebe-Übersetzung	:	6,33	6,2	6,2	3,875
II. Antrieb					
Stromsystem	:	15 kV 16,7 Hz	15 kV 16,7 Hz	15 kV 16,7 Hz	15 kV 16,7 Hz
Fahrmotoren					
– Hersteller	:	Adtranz	Siemens	Siemens	Siemens
– Typ	:	4 WIA 3558 G	1TB 1724-OGA 02	1TB 1724-OGA 02	–
– Bauart	:	Drehstrom-Asynchron	Drehstrom-Asynchron	Drehstrom-Asynchron	Mischstrom
– Anzahl	:	8	8	4	12
– Gesamtleistung (kW)	:	2.350	2.350	1.175	2.400
– b. max. U/min	:	6.000	6.000	6.000	3.030
– Kühlung	:	Wasser	Wasser	Wasser	Eigenbelüftg.
Steuerung					
– Hersteller	:	Adtranz	Siemens	Siemens	AEG
– System	:	GTO-Wechselrichter mit Vierquadrantensteller	GTO-Wechselrichter mit Vierquadrantensteller	GTO-Wechselrichter mit Vierquadrantensteller	stufenl. Thyristor-Anschnittsteuerung mit zwei unsymmetrisch-halbgesteuerten Gleichrichter-brücken in Folgeschaltung
Transformator					
Hersteller	:	ABB	Siemens	Nieke	BBC
Nennleistung (MVA)	:	1,2	1,2	1,2	1,13
III. Elektrische Ausrüstung/Bordnetz					
Wagenbus	:	ja	ja	ja	nein
Zugbus	:	ja	ja	ja	nein
Elektronik	:	Micas-S®	Micas-S®	Micas-S®	–
Mehrfachsteuerung (Fzg)	:	drei	vier	vier	drei
IV. Gesamtfahrzeug					
Fahrgastzahl	:	544	452/434 7)	212	448
Sitzplätze 1. Kl.	:	16/0 5) 6)	24	12	17
Sitzplätze 2. Kl.	:	176/192 6)	182	88	177
Stehplätze (4/m²)	:	352	246/228 7)	112	254
Eigengewicht 8)	(t):	105	114	63,2	139,8 9)
Besetztgewicht 8)	(t):	119,4	129,5	71,0	154
max. Radsatzlast	(t):	18	18	18	–
Beschleunigung 10)	(m/s²):	1,0	1,0	0,88	1,0
max. Bremsverzögerung	(m/s²):	0,9	0,9	0,9	0,9
V_{max}	(km/h):	140	140/160 7)	160	120

1) Endwagen 1 und 2
2) Endwagen 1 und 3
3) Mittelwagen BR 421
4) über abgerüstetem Stromabnehmer gemessen
5) betr. alle sechs Trieb-Drehgestelle
6) die jeweils letzte Zahl bezieht sich auf die BR 423 in reiner 2. Klasse-Ausführung
7) die jeweils letzte Zahl bezieht sich auf die BR 425
8) entspricht nicht DIN 25008
9) Mittelwagen in Leichtmetall-, Endwagen in Stahlausführung
10) bis 55 km/h

Der Gleichstrom-Triebzug BR 474 der S-Bahn-Hamburg GmbH

Als die DB zwischen 1974 und 1984 insgesamt 62 S-Bahn-Triebzüge der BR 472/473 beschaffte, geschah dies vor allem im Blick auf die 1975 in Betrieb genommene City-Linie, an den Ersatz der älteren Triebzüge der BR 471/871 und 470/870 war damals weniger gedacht. Wegen der starken Steigungen von bis zu 40 Promille waren auf der City-Linie stärkere und allachs-getriebene Triebzüge erforderlich, gleichzeitig sollte die Höchstgeschwindigkeit von bis dahin 80 km/h auf 100 km/h angehoben werden.

Ende der achtziger Jahre betrug das Alter der BR 471/871 bereits rund fünfzig Jahre, womit ihre Lebensdauer weit überschritten war. Da auch die BR 470/870 (Baujahr ab 1959) in die Jahre gekommen war, war Ersatz also dringend geboten. Hinzu kommen geplante Erweiterungen im S-Bahnnetz, wobei die Verbindung Ohlsdorf–Flughafen Fuhlsbüttel der Realisierung am nächsten ist: Sie soll vorraussichtlich im Jahr 2004 in Betrieb genommen werden.

Nach langen Überlegungen, bei denen naturgemäß Finanzierungsprobleme im Vordergrund standen, wurde 1993 ein Konsortium aus den Firmen Linke-Hofmann-Busch (heute ALSTOM LHB GmbH) und ABB Henschel (heute Adtranz) mit der Entwicklung eines neuen Triebzuges beauftragt. Im April 1994 erfolgte der Vertragsabschluss über die Lieferung von zunächst 45 Triebzügen der neuen BR 474/874 mit einer Option auf weitere 58 Einheiten. Bereits Anfang 1996 wurde diese Option in eine Bestellung umgewandelt, so dass der gesamte Auftrag heute zwei Bauserien mit insgesamt 103 Triebzügen umfasst. Wenn im Jahr 2001 das letzte Fahrzeug abgeliefert sein wird, dürften die BR 470 und 471, von denen Mitte 1999 noch 29 bzw. 37 Einheiten im Bestand waren, vollständig aus dem Verkehr gezogen sein.

Der Triebzug der BR 474/874 ist wie seine Vorgänger ein als Kurzzug konzipierter dreiteiliger Triebzug, bei dem im Gegensatz zur BR 472/473 der Mittelwagen weder angetrieben noch gebremst ist. Auch dieser Triebzug kann in Dreifach-Traktion als Langzug eingesetzt werden.

Die Designverantwortung wurde der selben LHB-Designergruppe unter der Führung von Horst-Dieter Katterwe übertragen, die die U-Bahnzüge vom Typ DT4 der Hamburger Hochbahn AG (HHA) gestaltet hatten. Damit wurde die Absicht unterstrichen, neben einem zeitgemäßen Design die Zugehörigkeit zum Hamburger Schnellbahnnetz erkennbar zu machen. Nach der Entwurfsphase wurde aus drei Modellen im Maßstab 1:10 unter Beteiligung des DB-Vorstandes die favorisierte Ausführung ausgewählt. Im Anschluss daran wurden anhand von 1:1-Modellen sowohl stilistische Details als auch die Einrichtung von Fahrgastraum und Führerstand festgelegt. Auch konnte mit dem 1:1 Innenraummodell die Wirkung von Heizung und Lüftung untersucht werden.

Zielvorstellung der Designer war es, dem Fahrzeug ein »Hamburger Image« zu verleihen. Dazu gehörte insbesondere auch die farbliche Gestaltung des Triebzuges. Leider konnte sich die DB AG nicht dazu durchringen, das Fahrzeug im gleichen Farbschema zu lackieren wie die DT4-Triebzüge der HHA, wie es u.a. der damalige Hamburger Bürgermeister Henning Voscherau gewünscht hatte (lichtgrau lackierter Wagenkasten mit einem verkehrsroten Streifen, der seitlich unterhalb der Formtrennung zum Dach und im Kopfbereich unterhalb der Frontsignale verläuft). Nur die ersten acht Fahrzeuge erhielten diese Farbgebung. Während des Lackiervorgangs des neunten Fahrzeugs fiel die Entscheidung zugunsten der Lackierung in DB-Verkehrsrot. Damit war ein wichtiges Element der Schnellverkehrs-Identifikation in der Hansestadt zunichte gemacht worden. Die bereits lackierten Fahrzeuge wurden im Werk umlackiert, so dass schließlich alle Fahrzeuge in rot ausgeliefert wurden.

Es sollte an dieser Stelle daran erinnert werden, dass ein vom übrigen Regionalverkehr abweichendes Farbschema der Gleichstrom-S-Bahnen durchaus geschichtlich begründet ist. Die älteren BR 470 und 471 waren seit ihrer Inbetriebnahme bis in die achtziger Jahre in einem eigenen Farbschema lackiert und auch die BR 472/473 hatte ein eigenes, allerdings von den Vorgänger-Baureihen abweichendes Farbschema. Und auch die Verantwortlichen der Berliner S-Bahn erinnerten sich nach einigen fehlgeschlagenen Versuchen wieder an die historischen S-Bahn-Farben bordeauxrot/ocker, wenn auch nur mit Hilfe der öffentlichen Meinung.

Die Antriebsanlage der BR 474 entspricht weitestgehend der der U-Bahn-Triebzüge vom Typ DT4 der HHA und stellt gegenüber den vorhergehenden S-Bahn-Baureihen einen starken Modernisierungsschub dar. Die Entwicklung der BR 474/874 erfolgte in enger Zusammenarbeit mit den zuständigen Abteilungen der DB AG.

Am 21. November 1996 wurde der erste Triebzug an die S-Bahn GmbH in Hamburg übergeben und am 24. August 1997 nahm die erste S-Bahn-Garnitur, bestehend aus den zwei ersten vom EBA abgenommenen Triebzügen 474/874 006-474 506 und 474/874 007-474 507, von Poppenbüttel aus den Fahrgastbetrieb auf. Seit Mitte 1999 befinden sich alle bis dahin gelieferten Triebzüge im Einsatz.

Triebzug BR 474/874

Allgemein

Der Triebzug BR 474 besteht aus zwei End- und einem Mittelwagen, die betrieblich nicht getrennt werden können. Endwagen 1 wird mit BR 474.0, Endwagen 3 mit BR 474.5 und Mittelwagen 2 mit BR 874.0 bezeichnet. Der Gesamtlieferumfang von 103 Fahrzeugen teilt sich in zwei Bauserien auf: die Fahrzeugnummern 474/874 001-045 sowie 474 501-545 gehören der 1. Bauserie an, die Fahrzeuge mit den Nummern 474/874 046-103 sowie 474 546-603 der 2. Bauserie. Die Abweichungen der 2. Bauserie gegenüber der 1. Bauserie re-

Oben: Nicht nur gestalterisch sondern auch farblich sollte der neue S-Bahn-Triebzug der BR 474/874 seine Zugehörigkeit zum Hamburger Schnellbahnnetz unterstreichen.
Leider konnte sich die DB AG mit diesem Farbschema nicht damit anfreunden.
Aufn: ALSTOM LHB

Links: Letztlich erhielten die Fahrzeuge das DB-Nahverkehrsrot – doch auch im endgültigen DB-Outfit macht der Triebzug eine gute Figur.
Aufn: S-Bahn Hamburg/Pischek

sultieren sowohl aus den Erfahrungen, die mit den erstgelieferten Fahrzeugen gemacht wurden als auch der Berücksichtigung der Ausnutzung von Kostensenkungspotentialen. Sie werden in den relevanten Abschnitten detailliert erläutert.

Innerhalb des Konsortiums BR 474 liefert Konsortialführer ALSTOM LHB den Mechanteil, während Adtranz für die E-Ausrüstung verantwortlich zeichnet. Endmontage und E-Prüfung erfolgen bei ALSTOM LHB in Salzgitter, die Inbetriebnahme erfolgt unter der Federführung von Adtranz in der Betriebswerkstätte Ohlsdorf der S-Bahn Hamburg.

Konzeptionell fällt auf, dass auch die BR 474 **nicht** durchgehend begehbar gestaltet wurde. Diese Konzeption entspricht den Vorgänger-Baureihen. Da eine durchgehende Begehbarkeit nicht nur der Verbesserung der Fahrgastverteilung innerhalb des gesamten Zuges dient, sondern zudem das subjektive Sicherheitsgefühl der Fahrgäste hebt ist es bedauerlich, dass auf dieses bereits in

Die verschiedenen Varianten des S-Bahn-Logos an den Stirnfronten. Letzten Endes machte die Variante »weißes S auf rotem Grund« das Rennen.
Aufn: ALSTOM LHB

mehreren Ländern und bei diversen Verkehrsunternehmen erfolgreich eingeführte Detail wegen des traditionell in Zugmitte eingereihten 1. Klasse-Wagens verzichtet wurde. Auch die großen Fenster in den Stirnwänden der Kurzkuppelenden vermögen an diesem Missstand nichts zu ändern. Erinnert sei in dieser Beziehung an die neuesten Metrofahrzeuge von Barcelona, Berlin und Paris sowie die Viertelzüge BR 481 der S-Bahn in Berlin. Vielleicht hätten sich die 1. Klasse Fahrgäste an eine veränderte Einteilung wie z.B. bei den BR 423-425 gewöhnen können.

Besonderes Augenmerk wurde auf Vandalismus-Resistenz und Brandprävention gelegt: die Werkstoffauswahl für die Innenausstattung erfolgte unter Beachtung der Brandschutzstufe 3 nach DIN 5510. Der Innenraum konnte so gestaltet werden, dass Verschraubungen oder sonstige Befestigungselemente im weitesten Sinne nicht sichtbar sind.

Durch den Verzicht auf einen sog. »Haltestangen-Wald« werden »Turnübungen« im Fahrzeug vermieden. Die fehlenden Haltestangen bei den Führerstandstüren verhindern das »S-Bahn-Surfen«. Aus dem selben Grund wurde auch auf Schutzborde, wie bis zur BR 472/473 üblich, verzichtet und dafür die Wagenkastenbreite mit Übermaß versehen; zudem sind während der Fahrt die Wagentüren verriegelt.

Die Leittechnik der BR 474 erlaubt die Mehrfachtraktion von bis zu drei Triebzügen.

Wagenkasten

Rohbau und Lackierung

Die Baugruppen der Trieb- und Mittelwagenrohbauten, insbesondere die Kopfstücke der Kurzkuppelenden, Hauptquerträger, Seitenwände und Dach sind weitestgehend identisch, weshalb erstmals alle Wagen eines Triebzuges einheitlich mit je drei Einstiegen pro Wagenseite ausgerüstet wurden. Der Hintergrund für diese Maßnahme sind Kostenreduzierungen bei der Vorhaltung von Baugruppen für den Reparaturfall durch den Betreiber. Im Untergestell des Triebwagens ist abweichend zum Mittelwagen eine Gerätewanne

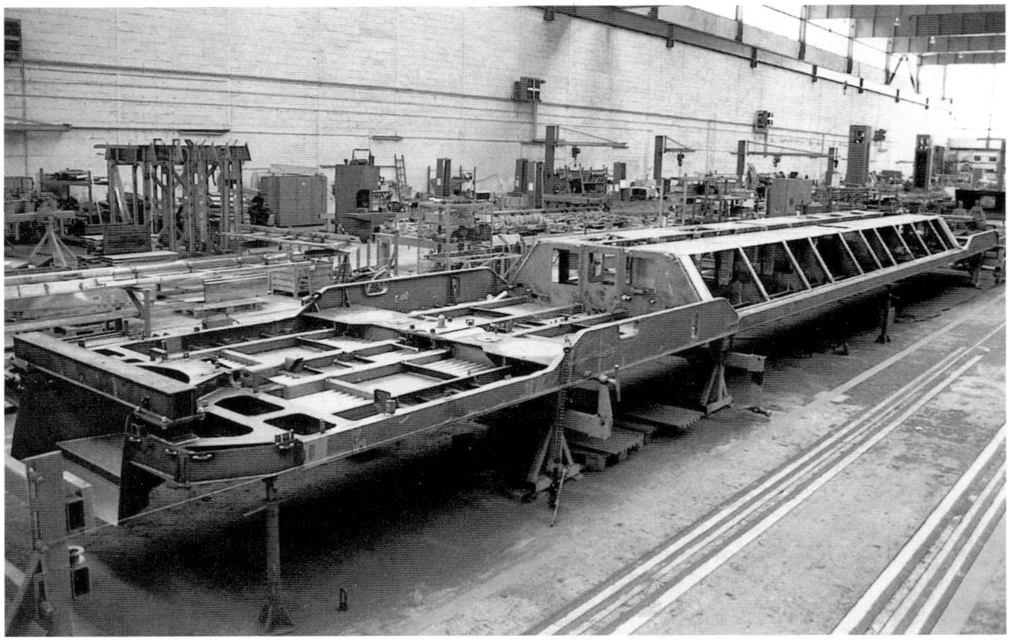

Das Untergestell eines Endwagens in gedrehtem Zustand.
Aufn: Riechers

Der Kasten des Mittelwagens im Rohbau.
Aufn: ALSTOM LHB

Innenansicht des Rohbaukastens eines Endwagens.
Aufn: ALSTOM LHB

als tragende Baugruppe integriert. Diese Wanne dient zur Aufnahme der für den Betrieb des Triebzuges erforderlichen Geräte. Die Belegung der Gerätewanne wird im letzten Abschnitt der Wagenkasten-Beschreibung erläutert. Im Gegensatz zur Vorgängerserie BR 472/473 wurde insbesondere im Hinblick auf die zu erwartenden LCC (life cycle costs) der Einsatz von Stahlblech der Verwendung von Aluminium-Strangpressprofilen vorgezogen. Das Untergestell besteht aus lasergeschnittenen Kantprofilen aus St 52-3 und ist mit einem Wellblech aus nichtrostendem Stahl X5 CrNi 18 10 (1.4301) abgedeckt. Seitenwände und Dach bestehen ebenfalls aus lasergeschnittenen Kantprofilen. Auch hier wie auch für die Beplankung beider Baugruppen wird nichtrostender Stahl X2 Cr 11 (1.4003) eingesetzt. Die Struktur der Wagenkästen wurde im Hinblick auf die gewichtsorientierte Gestaltung und wegen der Sicherstellung der geforderten Ldk von 1500 kN in Kupplungsebene und 300 kN auf Höhe der Frontfensterbrüstung nach der FEM-Methode ermittelt. Die Seitenwand der Endwagen wird bis zum Führerstand weitergeführt und stirnseitig durch entsprechende Blechfelder und -Strukturen geschlossen. Die Kopfverkleidung besteht aus vier GFK-Formteilen. Die Fahrzeugbegrenzung der BR 474 entspricht einem spezifischen Profil der Hamburger S-Bahn.

Die Kopfpartie noch ohne Kunststoff-Verkleidungsteile.
Aufn: Riechers

Der Oberflächenschutz der Wagenkästen erfolgt nach den »Technischen Lieferbedingungen für die Beschichtung von Schienenfahrzeugen – BR 474« – TL 918.301. Sie sieht einen Korrosions-Grundanstrich in Epoxidharz-Metallgrund, beigerot (RAL 3012), und einen Zwischenanstrich in PUR-Grundfarbe, sandgelb (RAL 1002) vor. Die Decklackierung der Fahrzeuge erfolgt in PUR-Lackfarbe im Farbschema von DB-Regio:

- Wagenkasten verkehrsrot (RAL 3020), unterhalb der Formtrennung zum Dach sowie an der Unterkante des Wagenkastens mit je einem Streifen lichtgrau (RAL 7035) abgesetzt.
- Türen lichtgrau (RAL 7035)
- Dach und Schürzen (Rahmenverkleidung) graubraun (RAL 8019).

Die Farbgebung der Fahrzeuge war auch ausschlaggebend für die farbliche Gestaltung des S-Bahn-Logos an der Fahrzeugfront. Nachdem das original-weiße »S« auf grünem Grund und umgekehrt nicht gefiel – grün »beißt« sich bekanntlich mit rot – und auch die große weiße Fläche nicht überzeugte, entschied sich die DB AG für ein weißes »S« auf rotem Grund, das von einem weißen Ring eingerahmt wird. Das ursprüngliche grüne Symbol bleibt jedoch den Bahnhöfen erhalten, auch wenn die S-Bahn GmbH auf ihren Briefköpfen das weiße »S« auf **rotem** Grund als »corporate identity« eingeführt hat.

Kupplungen

Die Triebzüge sind mit automatischen, beheizten Scharfenberg-Mittelpufferkupplungen vom Typ 10 ausgerüstet.
Der große Greifbereich des Kupplungskopfes Typ 10 erlaubt auch bei größeren horizontalen und vertikalen Versätzen, z.B. bei Kuppen und Gleisbögen einen sicheren Kuppelvorgang. Die Zug- und Druckkräfte werden vom Kupplungskopf über eine Kupplungsstange mit einem integrier-

Die Hilfskupplung ist unterhalb der automatischen Scharfenbergkupplung in einem Kasten hinter einer Klappe in der Schürze untergebracht.
Aufn: Riechers

Zwecks leichterer Handhabung ist die Hilfskupplung als Alu-Gussteil hergestellt. Sie wird am oberen Kupplungsrand eingehängt und mit der Kupplungsmechanik verriegelt. Die Öffnungen oben und unten in Kupplungsmitte sind die Durchführungen der Hauptluftbehälter- und der Hauptluftleitung. Auf diesem Bild ist die Hilfskupplung noch nicht eingerastet.
Aufn: Riechers

ten, auf Zug und Druck wirkenden Stoßverzehrelement in Form einer »Ringfeder«-Reibungsfeder auf den Wagenkasten übertragen. Diese Kupplungsstange ist über ein Gelenk mit einem verschleiß- und wartungsfreien Sphärolager mit dem Wagenkasten verbunden. Beim Kuppelvorgang werden gleichzeitig die Verbindungen der Hauptluft- und Hauptluftbehälter-Leitung sowie die Leitungen für Elektrik und Steuerelektronik hergestellt. Letztere Verbindungen werden hierbei über zwei seitlich angeordnete, nach vorne schiebbare Kontaktkupplungen übertragen, die über die Mechanik des Kuppelkopfes angetrieben werden und keinen eigenen Antrieb benötigen. In Ruhestellung werden die Kontaktkupplungen mit einer automatisch wegklappbaren Abdeckung geschützt. Die Trennung der Kupplung kann pneumatisch oder manuell erfolgen.

Aufgrund der abweichenden elektrischen Steuerung sowie der fehlenden Leittechnik können die Triebzüge der BR 474 nur mechanisch mit den Vorgänger-Baureihen 470, 471 und 472 gekuppelt werden. Hierzu befindet sich an beiden Triebzugseiten in einem Kasten unterhalb der Kupplungsebene ein aus Aluminium hergestellter Adapter, der mit wenigen Griffen dem Kupplungskopf vorgesetzt werden kann; die Verbindungen der Hauptluft- und Hauptluftbehälter-Leitung werden durch den Adapter durchgeführt. Die drei Wagenkästen werden über Kurzkupplungen mit einander verbunden, deren Baugruppen wie Stoßverzehreinrichtung und Sphärolager baugleich mit den Frontkupplungen sind. Die Kupplungshälften werden über eine verschraubte Muffe miteinander verbunden, die nur in der Werkstatt gelöst werden kann. Die Hauptluft- und Hauptluftbehälter-Leitung sowie die Leitungen für die Heizung sind an der Kurzkupplung befestigt. Die Leitungen für Elektrik und Steuerelektronik sind unterhalb der Wagenkasten-Kopfenden separat aufgehängt und geführt.

Ausstattung Fahrgastraum

Doppelverglaste Fahrgastraum-Fenster mit einer wärme-absorbierenden Auresinbedampfung sollen sowohl Kältebrücken verhindern als auch

Die Kurzkupplungen bestehen aus einer Hülse und...

(Abb. unten)... einem konischen Zapfen, die mittels einer Muffe fest verbunden werden. Aufn: Riechers

Schutz vor starker Sonneneinstrahlung bieten. Die in einem Alu-Rahmen gefassten Fenster sind wie folgt aufgebaut: außen 4 mm Einscheiben-Sicherheitsglas, 8 mm Luft, innen 5 mm Verbund-Sicherheitsglas. Die Fenster sind bündig mit der Außenwand und austrittssicher eingeklebt. Pro Wagenkastenseite sind vier Fenster mit klappbaren Oberlichtern versehen.

Der Fahrzeugboden besteht aus 16 mm dicken mehrschichtigen Sperrholzplatten, die »schwimmend« auf dem Rohbau gelagert sind. Dadurch werden Übertragungen störender Körperschalanteile über den Fußboden vermieden. Der Fußboden ist mit einem 2 mm dicken Elastomer-Bodenbelag ausgelegt. Die Fußbodenhöhe beträgt durchgehend 1035 mm; im Bereich der Einstiege ist sie auf 1020 mm abgesenkt. Für besondere Fälle befinden sich im Führerstand Einstieghilfen zur Spaltüberbrückung für Rollstuhlfahrer.

Die Decke setzt sich aus seitlich angeordneten und am Dach angebrachten »Multifunktionskanälen« zusammen. Diese sind aus Aluminium-Strangpressprofilen aufgebaut und dienen neben ihrer Funktion als Luft -und Kabelkanal zur Aufnahme des Leuchtenbandes und der Lautsprecher. Zwischen den Kanälen sind Verkleidungsplatten aus Alucobond angebracht. Die Deckenhöhe beträgt in den Sitzbereichen 2.300 mm. In den Einstiegsbereichen werden die Deckenverkleidungen auf einer Höhe von 2.500 mm schräg verzogen; auf diese schrägen Flächen werden die Netzpläne der HVV-Schnellbahnen angebracht, die dadurch ohne große Verrenkungen gelesen werden können. Die Seitenwand- und Stirnwandverkleidungen haben angeformte Fensterschlüssel und bestehen aus GFK-Formteilen mit lackierten Oberflächen. Die Einstiegsverkleidungen sowie die Deckenvouten bestehen aus Alucobond und sind klappbar ausgeführt, so dass die dahinter befindlichen Geräte bequem gewartet werden können. Die Ecken der Einstiegsverkleidungen sind mit einem rot-lackierten Aluminium-Strangpressprofil abgedeckt. Ursprünglich sollte bei der 2. Bauserie aus Kostengründen auf diese Elemente verzichtet werden. Da die Teile jedoch bereits hergestellt sind, werden sie weiterhin eingebaut. Zudem markieren sie für sehbehinderte

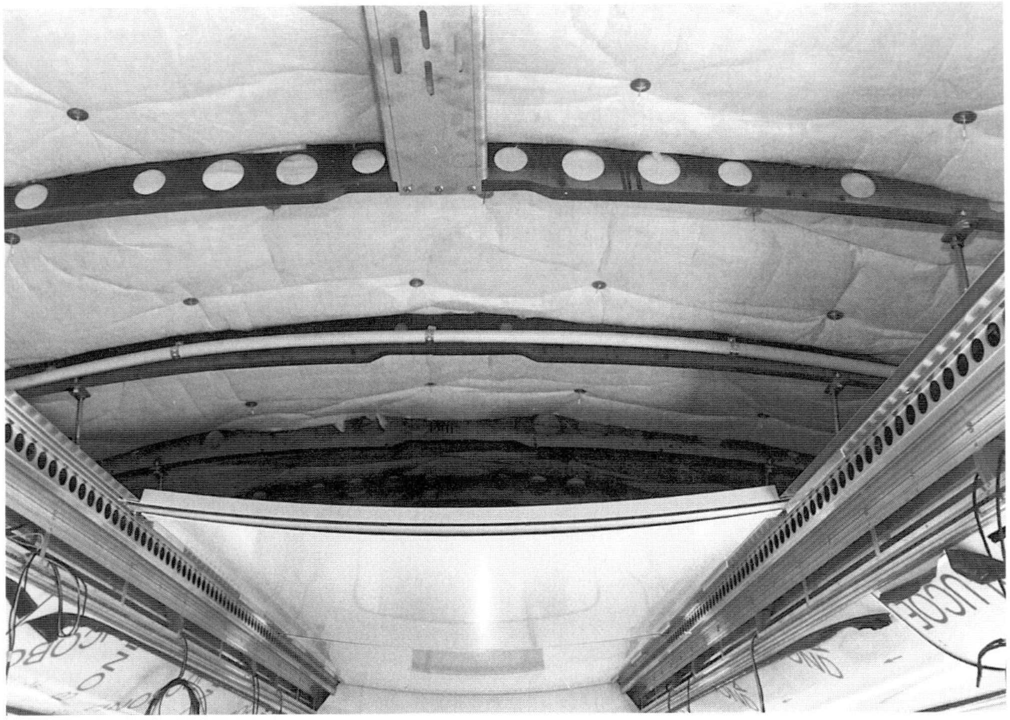

Die Isolierung des Dachbereiches. Links und rechts sind die Multifunktionsprofile angebracht. Deutlich sichtbar ist die nach innen durchgewölbte Deckenverkleidung.
Aufn: ALSTOM LHB

Blick in den 1. Kl.-Großraum der ersten Bauserie. Auf diesem Bild sind deutlich die mittleren Armlehnen der an der Trennwand angeordneten Sitzreihe sowie andeutungsweise die »Hutablagen« an den Einstiegstrennwänden erkennbar.
Die Sitzkästen haben bei dieser Serie noch eine konkave Form. Oberhalb des Rückwandfensters befindet sich das Haltestellen- Display. Unterhalb des Mittelsitzes ist der Feuerlöscher angeordnet.
Aufn: Riechers

Fahrgäste die Ausstiege und bilden ein belebendes Element im Interieur. Auf den Vouten oberhalb der Einstiege ist wechselweise Platz für einen Streckenplan oder die Tarifübersicht.
Die Wagenkästen werden ab Brüstungsbereich mit rieselgesicherter Mineralwolle, unterhalb der Fensterbrüstung mit Resonaflex isoliert. Im Bereich der Decke und oberhalb der Fenster ist Mineralwolle angebracht. Bei den Fahrzeugen der 1. Bauserie war unterhalb des Fußbodens noch eine Spritzisolierung vorgesehen. Durch die vorstehend beschriebenen Maßnahmen konnten die im Lastenheft geforderten Komfortwerte nicht nur gehalten sondern sogar unterschritten werden. So wurden in der Klimakammer Wärmedurchgangswerte von ca. 1,9 W/m^{2}K gemessen (Sollwert 2,9 W/m^{2}K); der Schallpegel im Innenraum beträgt 69 dB (A) in den Triebwagen und 67 dB (A) im Mittelwagen (Sollwert 70 dB(A)).
Die Triebzüge der BR 474 verfügen je Seite über neun doppelflügelige Schwenk-Schiebetüren mit einer lichten Öffnung von 1300 mm. Bei der 1. Bauserie werden die Türen pneumatisch betätigt, bei der 2. Bauserie elektrisch. Die Türen sind nach Freigabe durch den Tfz-Führer mittels Leuchttaster von außen und innen zu öffnen. Nach einer Mindestöffnungszeit von zwei Sekunden können sie sowohl mit einem innen angebrachten Schließtaster als auch über einen zentralen Schließbefehl geschlossen werden. Vor dem Schließen und während des Schließvorgangs ertönt ein Warnton, zusätzlich blinkt außerhalb des Fahrzeugs eine Schließwarnleuchte auf Augenhöhe auf dem jeweils rechten Türblatt. In den Einstiegsräumen befinden sich neben den Notbremsgriffen Notsprechstellen, die eine direkte Verbindung zum Führerstand herstellen. Sie werden sowohl durch manuelle Betätigung als auch durch eine ausgelöste Notbrems-Anforderung hergestellt.
Die mit eigens für die S-Bahn-Hamburg entworfenen Veloursbezügen gepolsterten Einzelsitze der Firma Grammer sind in der 1. Bauserie auf Federkerne aufgebaut, während die Sitze der 2. Bauserie aus GFK- Schalen mit Stoffkaschierung

Darstellung der Luftführung für Heizung und Lüftung
Quelle: ALSTOM LHB

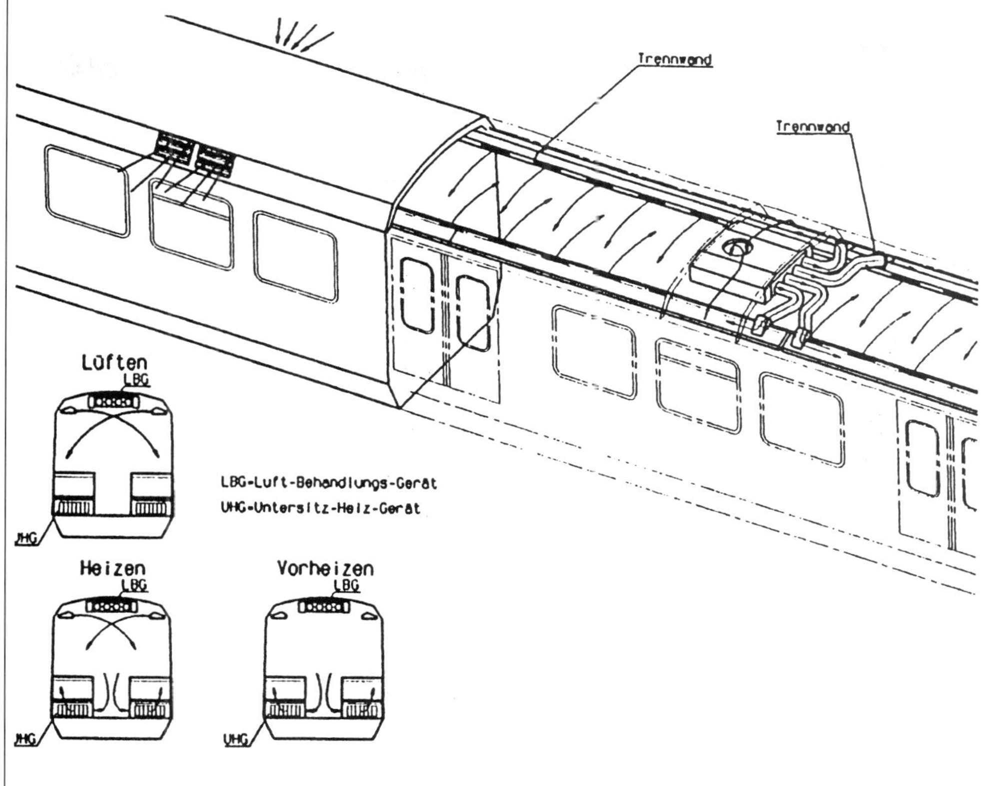

Quelle: ALSTOM LHB

bestehen. Die Sitze der 1. und 2. Klasse unterscheiden sich ausschließlich durch die Farbe: während in der 1. Klasse die Sitze mit einem blaugrau melierten Bezug gepolstert sind, sind die Sitze der 2. Klasse mit rotgrau melierten Bezügen versehen. Die ursprünglich in der 1. Klasse vorgesehenen Armlehnen sind bereits zu einem frühen Zeitpunkt entfallen. Eine Ausnahme bilden die beiden Armlehnen des Mittelsitzes an den Trennwänden aller drei Wagen. Sie sollen verhindern, dass diese Sitzreihen von gewissen Bevölkerungsgruppen als Schlafplatz missbraucht werden. Die Sitze sind auf Sitzkästen montiert, in denen die Heizanlagen untergebracht sind. Bei der 1. Bauserie waren diese Sitzkästen mit konkav geformten GFK-Teilen verkleidet, bei der 2. Bauserie wurden Blechkästen mit geraden Flächen verwendet. Jeder Endwagen verfügt im Raum hinter dem Führerstand über einen Mehrzweckraum mit je sechs Klappsitzen. Die Mehrzweckräume ermöglichen die Mitnahme von sperrigem Gepäck, Rollstühlen, Kinderwagen und Fahrrädern.
Die Einstiegsbereiche sind von den Fahrgasträumen durch halbhohe Wände mit aufgesetzten Windfangscheiben getrennt. In den 1. Klasse-Mittelwagen wurden anfangs an den Trennwänden bei den Einstiegen Hutablagen in geschweißter Aluminium-Ausführung angebracht. Da diese sich jedoch als wenig sinnvoll herausstellten, wurde ab Fahrzeug 031 auf einen weiteren Einbau verzichtet; die bereits gelieferten Fahrzeuge werden zurückgebaut.

Heizung/Lüftung

Der Fahrgastraum wird über eine Heizungs-Lüftungsanlage unter konsequenter Ausnutzung der Verlustwärme der elektrischen Ausrüstung (Fahrmotoren, Leistungselektronik und Bremswiderstände) bei minimalem Energiebezug aus der Stromschiene ausreichend beheizt.
Im Lüftungsbetrieb wird durch die Zufuhr großer Mengen von Außenluft selbst bei starker Sonneneinstrahlung der unvermeidlichen Erwärmung des Innenraumes entgegengewirkt. Die Heizungs-Lüftungsanlage besteht aus zwei Funktionsgruppen: die beiden in allen drei Wagen vorhandenen Dach-Luftbehandlungsgeräte (**LBG**) sowie je zwei nur im Untergestell der beiden Endwagen vorhandene Heizungs-/Lüftungsgeräte (**HLG**). Hierbei wurde der Einsatz einer möglichst geringen Anzahl von Komponenten angestrebt. Die im Dachbereich angesaugte Frischluft wird in den LBG gefiltert und im Heizbetrieb über Wärmetauscher vorgewärmt. Aus jedem LBG wird die Luft über Schläuche den im Dachbereich angebrachten seitlichen »Multifunktionskanälen« zugeführt; über schmale Längsschlitze tritt die Luft waagerecht aus.
Das Kernstück der Heizungs-Lüftungsanlage bilden die auf den Endwagen konzentrierten Heizungs-/Lüftungsgeräte (HLG). Jedes HLG enthält folgende Komponenten:

- ein zentraler Lüfter, zum Absaugen der Luft aus dem Fahrgastraum;
- Wasser-Luft-Wärmetauscher für die Wärmeabgabe aus den Kühlkreisläufen der Fahrmotoren, Stromrichtern und Filterdrosseln;
- ein Bremswiderstand;
- eine pneumatisch angetriebene Stellklappe.

Die Verteilung des Wassers auf Kühl- und Heizkreisläufe erfolgt für jeden Endwagen in einem Verteiler, bestehend aus:

- ein Wasserverteiler;
- Wasserpumpen für alle Kreisläufe;
- ein Ausgleichsbehälter
- Befüll- und Entlüftungsventile

Die über je vier Sitzkästen in das Untergestell der Endwagen abgesaugte Frischluft dient zur Kühlung der Traktionsanlage und der Bremswiderstände. Ferner werden im unterflur angeordneten HLG die Bremswiderstände und die zur Traktionskühlung vorhandenen Wärmetauscher zum Vor- und Zuheizen bei größerem Wärmebedarf mitgenutzt. Untersitzheizgeräte (UHG) in den Sitzkästen gewährleisten eine gezielte Erwärmung im Fußbereich.
Die Heizungssteuerung erfaßt Außen-, Raum-, Kanal- und Wassertemperaturen und setzt diese in entsprechende Steuerbefehle an den einzelnen Aggregaten um. Die Beheizung des Mittelwagens erfolgt von beiden Endwagen aus, indem die erforderliche Wärme über Schläuche an den Kurzkuppelenden zugeführt wird. Die Fahrgastraumbelüftung kann zur Eindämmung eines Brandes oder der Verteilung von Rauchgasen abgeschaltet werden.

Blick in den Führerstand.
Aufn: ALSTOM LHB

Fahrgast-Informationssystem

Das Fahrgast-Informationssystem (**FIS**) besteht aus je einer stirnseitigen Zugzielanzeige in Rollbandausführung mit Liniennummer und Endbestimmung sowie Innenanzeigen in LCD-Ausführung an jeder Stirnwand.
Die Haltestellenansagen erfolgen über eine elektro-akustische Anlage (**ELA**) sowie einen digitalen Sprachspeicher. Neben der digitalen Ansage können Mitteilungen an die Fahrgäste auch per Mikrofon oder als direkte Funkdurchsage der Leitstelle über ELA gemacht werden. Die Lautsprecher sind im Leuchtenband des Fahrgastraumes untergebracht. Für Mitteilungen an außerhalb des Fahrzeugs wartende Fahrgäste sind je Wagenseitenwand zwei Druckkammer-Lautsprecher angebracht.

Führerstand

Dem Führerraum wurde besondere Aufmerksamkeit gewidmet. Aufgrund der Platzverhältnisse war der Einbau eines Einheits-Führerpults nicht möglich. Anhand eines 1:1-Modells wurde die ergonomisch notwendige Einteilung der Bedieninstrumente festgelegt; beteiligt an dieser Festlegung waren Fahrervertreter sowie der Betriebsrat der S-Bahn GmbH. Zur Verbesserung der Übersichtlichkeit konnte eine Blockbildung hinsichtlich der Funktion realisiert werden.
Damit neben den Bedieneinrichtungen auch die notwendigen Ausrüstungskomponenten wie ZBF, Indusi und Sifa auf dem Führerpult untergebracht werden konnten, wurden seitlich des Frontfensters zwei Oberschränke vorgesehen. Im rechten Schrank ist das Display mit Bedienfeld zur Eingabe und Anzeige der Kommandos und Meldungen für die Informationseinrichtungen und die Subsysteme untergebracht. Im linken Schrank befinden sich drei Monitore der sog. »Fahrer-Selbstabfertigung (**FSA**)«. Diese erhalten ihre Bilder über einen Infrarotsender von drei, an jeder Bahnsteigseite angebrachten Kameras. Der entsprechende Infrarot-Empfänger ist in den Fenstern der stirnseitigen Zugzielanzeigen (in Fahrrichtung rechts) angebracht. Diese Anlage wird werksseitig ab Fahrzeug-Nr. 54 eingebaut. Da die Einführung der FSA auf allen Strecken vorgesehen ist, werden gegenwärtig die Fahrzeuge der 1. Bauserie entsprechend nachgerüstet.
Der luftgefederte und beheizbare Führersitz entspricht den heutigen Ansprüchen an einen modernen Arbeitsplatz. Er ist mit Armlehnen und Kopfstütze ausgerüstet und in Längsrichtung, Höhe und Neigung verstellbar. Zur Verbesserung des Klimas wurde im Führerstand eine zusätzliche, von der Fahrgastraum-Klimatisierung unabhängige und leistungsfähige Heizungs- und Lüf-

Der rechte Oberschrank mit Display und Bedienfeld. Unterhalb des Bedienfeldes befindet sich die ZBF-Anlage.
Aufn: Riechers

Der linke Oberschrank mit den Bildschirmen der FSA-Anlage.
Aufn: Riechers

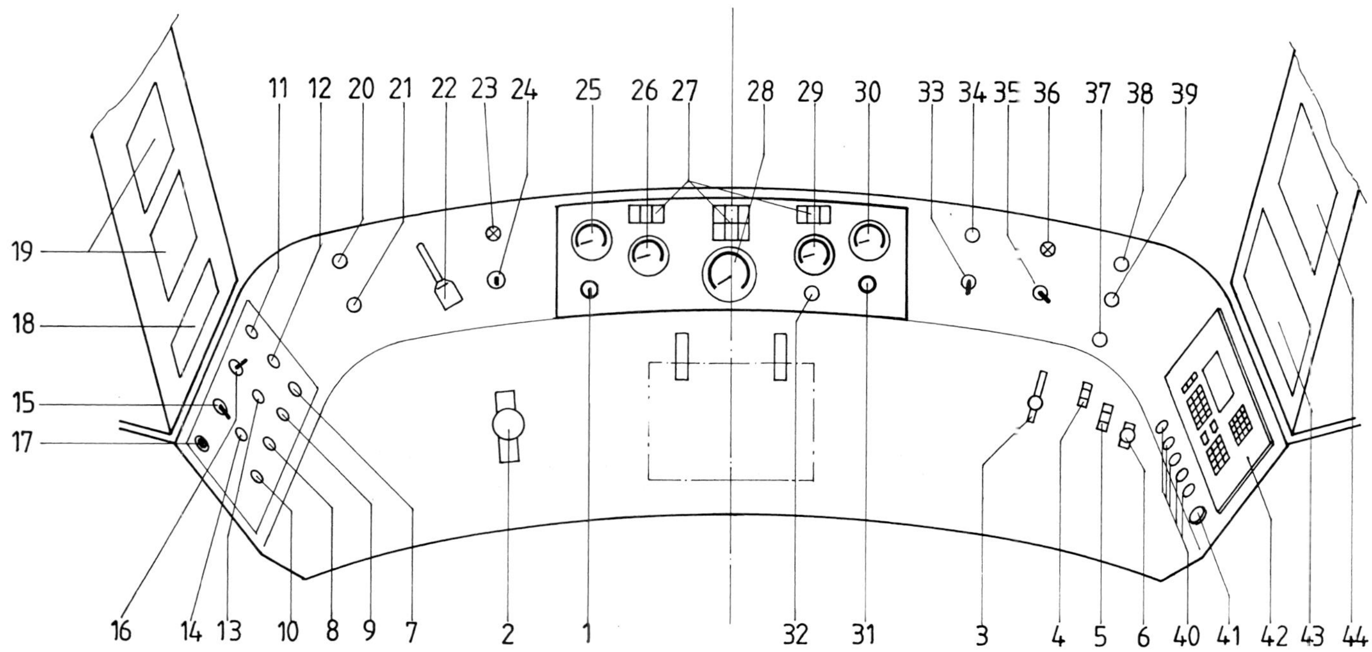

1. Führerstand aufrüsten (S)
2. Fahr-Bremshebel
3. pneumatische Notsteuerung
4. PZB (Indusi) Befehl
5. PZB frei
6. PZB wachsam
7. Mg-Bremse (LT)
8. Türen schließen (LT)
9. Türfreigabe rechts (LT)
10. Türfreigabe links (LT)
11. Federspeicherbremse anlegen (LT)
12. Federspeicherbremse lösen (LT)
13. ELA: Außenlautsprecher rechts (LT)
14. ELA: Außenlautsprecher links (LT)
15. Führerstand Lüftung
16. Führerstand Umluft/Frischluft
17. Führerstand Heizung
18. FSA-Bedienteil
19. FSA-Monitor
20. Fahrtrichtung vorwärts
21. Fahrtrichtung rückwärts
22. Mikrofon
23. Leuchtmelder Entkuppeln
24. Entkuppeln (S)
25. Stromschienenspannung
26. Batteriespannung
27. Leuchtmelderblock
28. Geschwindigkeitsmesser
29. Manometer Bremszylinder
30. Manometer HLL/HBL
31. Not-Aus
32. Dimmer Instrumentenbeleuchtung
33. Scheibenwischer
34. Scheibenwaschanlage
35. Notbremsüberbrückung
36. Leuchtmelder Notbremsüberbrückung
37 Signalhorn
38. Notsprechstellen: Sprechanforderung (LT)
39. Notsprechstellen: Wechselsprechen (LT)
40. ELA-Innenlautsprecher (LT)
41. SIFA
42. Zugbahnfunk-Gerät
43. Funktionstastenfeld Display
44. Display

LT: Leuchttaster
S : Schlüsselschalter

Anordnung der Bedienelemente auf dem Führerpult. Zeichnung: Riechers

tungsanlage angebracht. Die aus wärmedämmenden Verbund-Sicherheitsglas hergestellte, bis 260 km/h beschussichere Frontscheibe ist elektrisch beheizbar.
Beifahrersitz, Verbandskasten und Werkzeuge sowie Halter für Flaschen und Trinkbecher runden die Einrichtung des Führerraumes ab.
Beidseitig neben den Führerstandstüren sind Abfertigungsmikrofone angebracht, die mit Tastern für Durchsagen über Außenlautsprecher, Türfreigabe sowie für zentrale Türschließung versehen sind. Die seitlichen Führerstandstüren sind mit senkrecht schiebbaren Fenstern ausgestattet, die in geschlossenem Zustand verriegelt werden können. Durch die Anordnung der Griffstangen im Innenraum wird das sog. »S- Bahn-Surfen« unterbunden.
Eine großzügig mit getönten Scheiben verglaste Trennwand mit Drehtür trennt den Führerraum vom Fahrgastbereich. Hierdurch kann der Triebzugführer mit den Fahrgästen Blickkontakt aufnehmen, wodurch ein zusätzliches Sicherheitsgefühl entsteht. In der Praxis wurde festgestellt, dass durch die Trennwandverglasung, insbesondere im Bereich der Führerstandstür, störende Reflexe der Fahrgastraumbeleuchtung auf der Frontscheibe entstehen. Abhilfe schuf ein ca. 20 cm breiter Streifen in schwarzer Farbe im oberen Bereich der Führerstandstür. Bei den Fahrzeugen der 2. Bauserie wurde daraufhin die grau-lackierte Fensterumrahmung in diesem Sinne erweitert; die bereits gelieferten Fahrzeuge sollen entsprechend nachgerüstet werden.

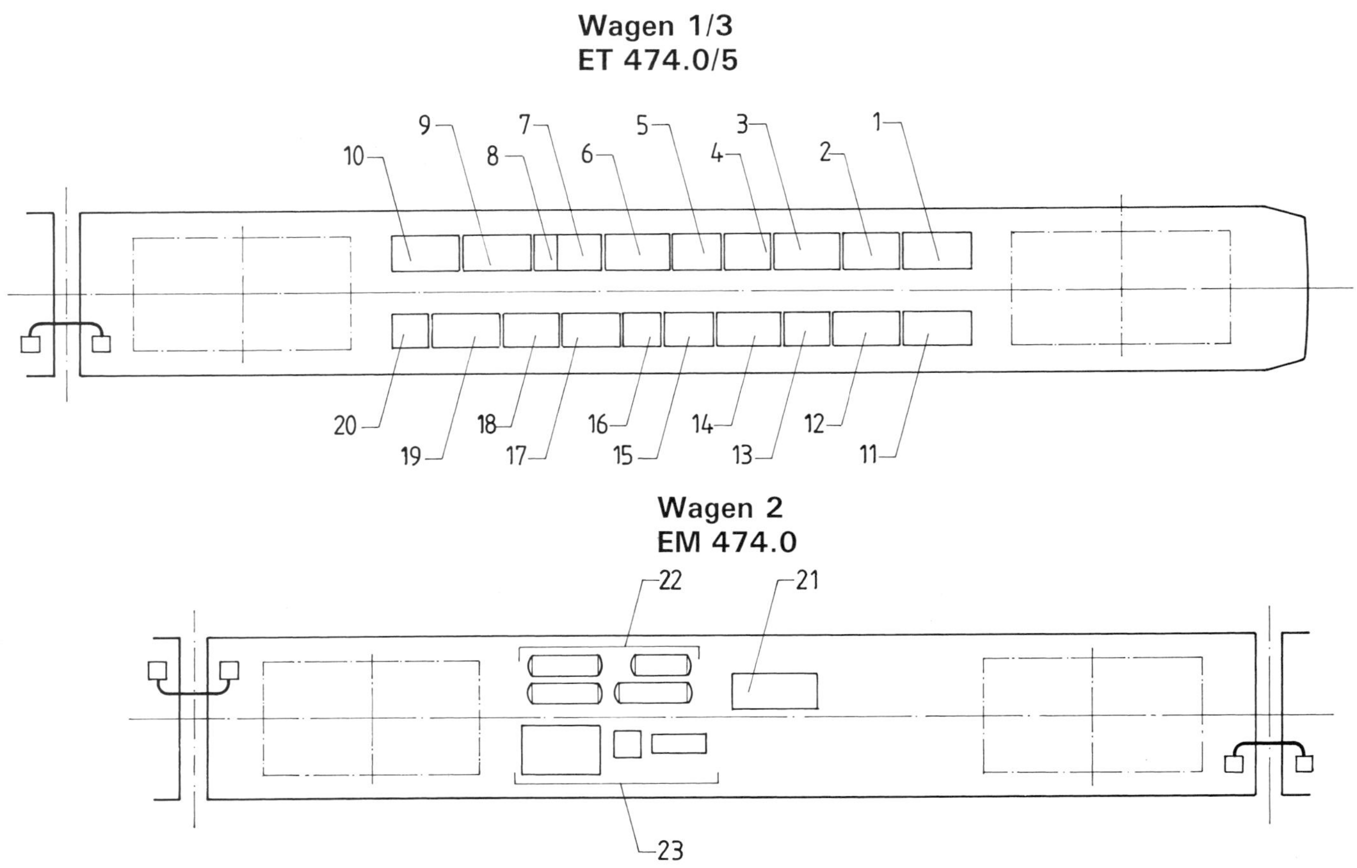

1. Hauptschalter
   Schütze
   1200 V-Geräte (R)
2. Filterdrossel (R)
3. Wechselrichter (R)
4. Wechselrichter-Zusatzgerät
5. Bremswiderstand
6. Lüfter Rückkühler
7. Verteilung Heizung und Kühlung
8. Druckluftanlage
9. Druckluftanlage
10. Druckluftanlage
11. Elektronik (S)
12. Elektronik (S)
13. DC 100 V-Geräte (S)
14. Lüfter Rückkühler
15. Bremswiderstand
16. AC 230/400 V-Geräte
17. Batterie (A)
18. BNU-Geräte
19. BNU
20. Druckluftanlage
21. Gerätekasten (Elektrik)
22. Luftbehälter
23. Druckluftanlage

Montageart:
A = Auszug
R = Rollenrahmen
S = Schwenkrahmen

Anordnung der Geräte in der Gerätewanne. Zeichnung: Riechers

Belegung der Gerätewanne

Nahezu alle zum Betrieb des Triebzuges erforderlichen Geräte sind in den Bodenwannen der Endwagen 474.0 und 474.5 untergebracht. Die Anordnung ist bei jedem Endwagen identisch. Je nach Erfordernis sind die Geräte fest (F) oder auf einem Auszug(A), Schwenk(S)- oder Rollen(R)-Rahmen beweglich montiert. In der jeweiligen Fahrtrichtung links befinden sich

- Hauptschalter (R)
- Filterdrossel (R)
- Wechselrichter (R)
- Wechselrichter-Zusatzgeräte (F)
- Bremswiderstand (F)
- Lüfter-Rückkühler (F)
- Verteilung Heizung-Kühlung (F)
- Druckluftanlage (F)

In Fahrtrichtung rechts sind untergebracht

- Elektronik (S)
- 110 V DC-Geräte (S)
- Lüfter-Rückkühler (F)
- Bremswiderstand (F)

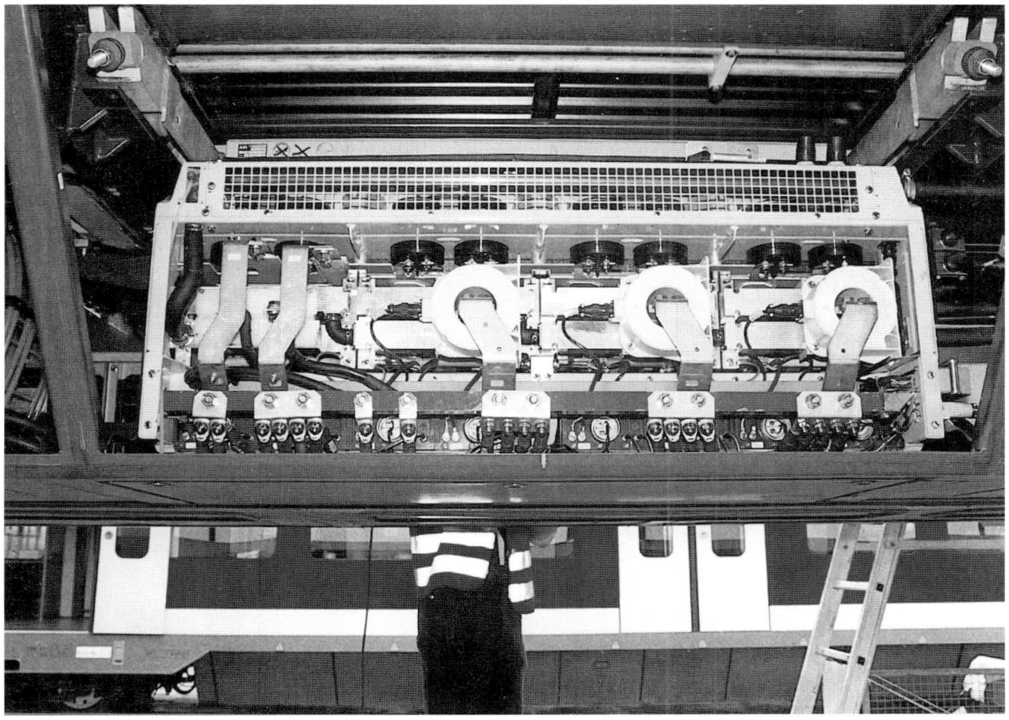

Anordnung des Wechselrichters in der Gerätewanne. Links und rechts oberhalb des PWR sind die beiden Schienen des Rollenrahmens zu sehen.
Aufn: Riechers

Das Laufdrehgestell
Aufn: ALSTOM LHB

- E-Geräte 230-400 V AC (S)
- Batterie (A)
- Bordnetzumrichter (BNU) (R)
- BNU-Geräte (R)
- Druckluftanlage (F)

Unterhalb des Mittelwagens befinden sich die Geräte zur Drucklufterzeugung. Siehe hierzu den Abschnitt Pneumatik.

Drehgestelle, Bremsen, Pneumatik

Drehgestelle

Die Drehgestelle der BR 474 sind speziell für bogenreiche Strecken mit engen Kurven konzipiert. Speziell die Anwendung von Gummirollfedern in der Primärstufe erlaubt eine bogenradiale Radsatzeinstellung für kleinste Bogenradien. Die zugrundeliegende Laufwerkskonzeption wird bereits seit 20 Jahren erfolgreich eingesetzt, wobei Geschwindigkeiten bis 120 km/h erzielt werden können. Bei der BR 474 werden die beiden Endwagen mit je zwei Triebdrehgestellen, der Mittelwagen mit zwei Laufdrehgestellen ausgerüstet; die Achsfolge ist somit Bo'-Bo'+2'2'+Bo'Bo'.

Trieb- und Laufdrehgestelle sind trotz unterschiedlicher Abmessungen in gleicher Weise aufgebaut. Sie bestehen jeweils aus einem aus Kastenprofilen zusammengeschweißten umlaufenden Rahmen und einem Doppel-Querträger aus dem Werkstoff St 52.3. Der Achsabstand der **Triebdrehgestelle** beträgt 2.300 mm, der Durchmesser der Räder 855/780 mm (neu/abgen.).

Während die Fahrzeuge der 1. Bauserie mit gummigefederten Rädern ausgerüstet sind, wurden diese bei der 2. Bauserie durch Monobloc-Räder ersetzt.

Die **Laufdrehgestelle** haben einen Achsabstand von 1.800 mm, der Durchmesser der von Beginn an eingebauten Monobloc-Räder beträgt 680/610 mm (neu/abgen.).

Primärfederung und Radsatzführung erfolgen über Gummi-Rollfedern mit vertikal angeordneten Schwingungsdämpfern. Gelagert sind die Radsätze in Zylinderrollenlagern, die Achslagergehäuse bestehen aus Sphäroguß. In der Sekundärstufe stützen sich die Wagenkästen auf Luftfedern mit Gummischichtzusatzfedern ab, wobei sich die oberen Balg-Befestigungsplatten über je einen vertikal geführten Schwingungsdämpfer am Drehgestellrahmen abstützen.

Trieb-Enddrehgestell mit Stromabnehmer und Aufnahme der Spurkranzschmierung am vorderen Kopfträger.
Aufn: ALSTOM LHB

Anordnung des Drehzapfens im Triebdrehgestell.
Zeichnung: Riechers
Quelle ALSTOM LHB

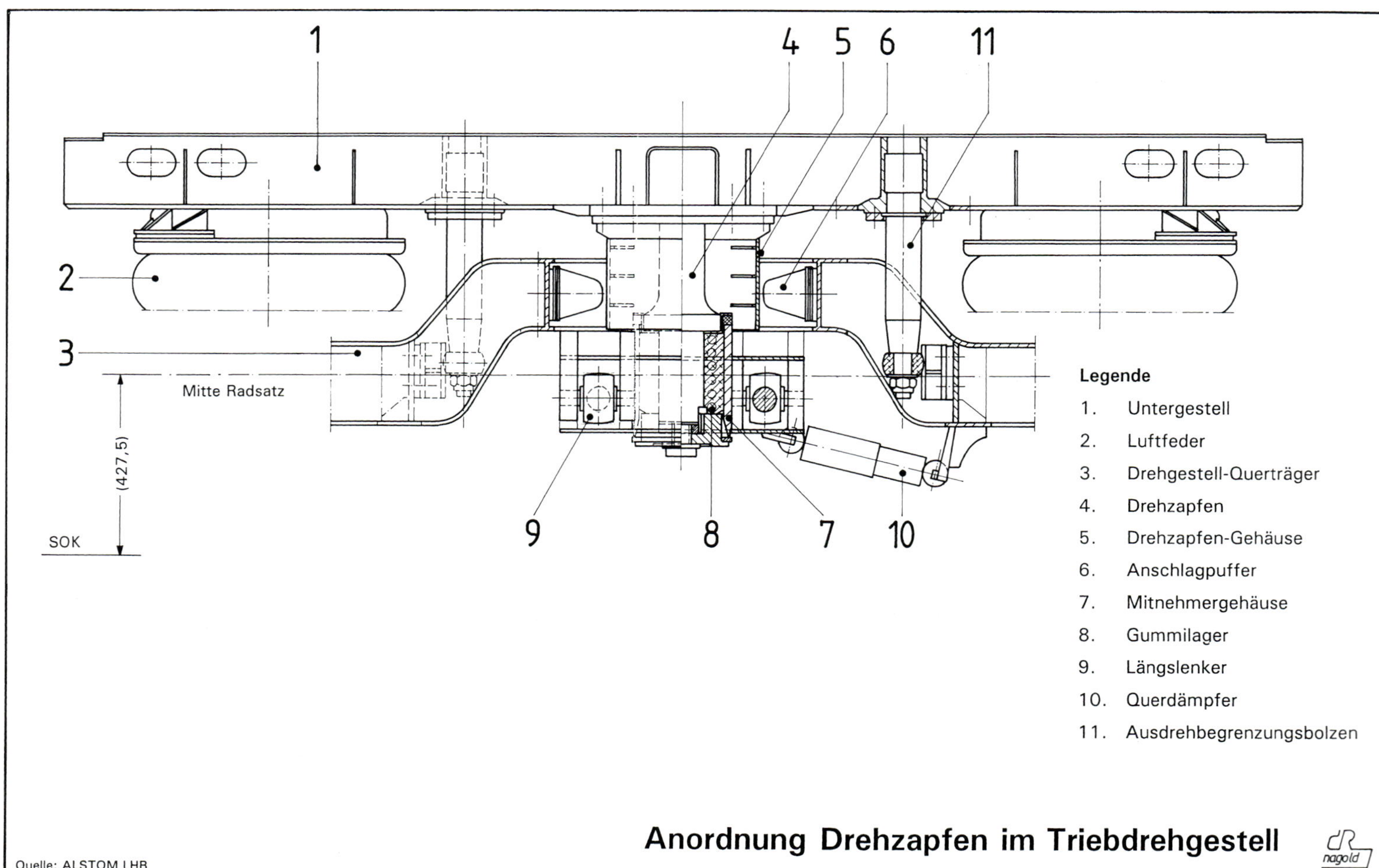

Blick auf die Motor-Getriebe-Anordnung.
Aufn: ALSTOM LHB

Die Übertragung der Zug- und Bremskräfte von den wiegenlosen Drehgestellen zum Wagenkasten erfolgt über Drehzapfen. Der drehgestellseitige Drehzapfenmitnehmer ist über zwei Längslenker und einen Querdämpfer am Drehgestellrahmen befestigt. Der Drehzapfen wird im Mitnehmergehäuse von einem vorgespannten Gummi-Element elastisch aufgenommen. Die Wagenkästen drehen über die Luftfedern aus. Beidseitig des Drehzapfens sind zwei Bolzen vorgesehen, die über am Bolzenende angebrachte Gummilager und rahmenseitige Auflaufkeile den Ausdrehwinkel »abbremsen« und begrenzen.
Die End-Triebdrehgestelle sind auf Höhe des ersten und letzten Radsatzes mit dem PZB-Magneten sowie mit einer auf die jeweils vorlaufende Achse wirkende bogenabhängige Spurkranzschmierung (»Railjet«) versehen.

Bremsen

Die Bremsanlage besteht aus einer elektrodynamischen und rekuperationsfähigen Widerstandsbremse sowie pneumatischen Radscheibenbremsen und Magnetschienenbremsen an den Triebdrehgestellen; die Laufdrehgestelle sind ungebremst.
Bei einer normalen Betriebsbremsung wird bis 5 km/h elektrodynamisch gebremst, danach wirkt die pneumatische Bremse. Die pneumatische Bremse ist so konzipiert, dass das ganze Bremsprogramm damit abgewickelt werden kann. Für beide Bremssysteme ist ein integrierter Gleitschutz installiert, der die elektrischen Signale direkt in Bremskraft umwandelt. Während bei der 1. Bauserie die Triebdrehgestelle über je zwei Radscheibenbremsen pro Radsatz verfügen, deren Zylinder an den Kopfträgern befestigt und je Radsatz mit einer aufgesattelten und ebenfalls an den Kopfträgern befestigten Federspeicher-Feststellbremse ausgerüstet sind, wurde bei der 2. Bauserie (ab Fzg. 046) die Anzahl der Bremszangeneinheiten dadurch halbiert, dass jeder Radsatz nunmehr über eine Bremsscheibe verfügt. Das wurde möglich durch die Verwendung von ISOBAR-Sinterbremsbelägen. Ferner wurden größere Bremszylinder verwendet und die Übersetzung der Bremszangen sowie der Durchmesser der Radbremsscheiben erhöht. Die höhere Übersetzung der Bremszangen ermöglichte zudem den Wegfall der Federspeicherbremsen im Wagen 3, - BR 474 546 ff. Die Federspeicher können erforderlichenfalls mechanisch gelöst werden. Die Magnetschienenbremse der 1. Bauserie in wahlweiser Hoch-/Tiefaufhängung wurde bei der 2. Bauserie in eine reine Tiefaufhängung geändert. Bei einer vom Fahrgast über den Notbremsgriff angeforderten Notbremsung entscheidet der Tfz-Führer über die Auslösung. Die Entscheidung kann abhängig von der Geschwindigkeit sein (v = > 12 km/h) oder davon, ob sich der Zug gerade im Tunnel zwischen zwei Bahnhöfen befindet.

Pneumatik

Neben der pneumatischen Bremsanlage ist die Luftfederung der zweite wichtige Verbraucher an der Hauptluftbehälterleitung. Über den Luftfederdruck wird auch die lastabhängige Bremsverzögerung gesteuert. Weitere Verbraucher der pneumatischen Anlage sind Stromabnehmer, Spurkranzschmierung, Makrofon und Mittelpufferkupplung. Die pneumatische Anlage ist im Mittelwagen untergebracht und besteht aus einem Schraubenkompressor, einem Lufttrockner mit Kondensat-Sammelbehälter sowie den Luftbehältern mit insgesamt 500 l Volumen. Durch die erwähnten Änderungen bei der 2. Bauserie an der Türbetätigung sowie bei der Bremsanlage musste die Pneumatik-Anlage entsprechend modifiziert werden.

Antrieb

Angetrieben wird der Triebzug von acht vierpoligen, wassergekühlten und gekapselten Drehstrom-Asynchron-Fahrmotoren vom Typ 1TB 1713 mit einer Gesamtleistung von 920 kW, max. Drehzahl 5900/min. Hersteller der Motoren ist Siemens. Die Motoren sind am gemeinsamen Kühlkreislauf des Fahrzeuges angeschlossen. Das Kühlmedium, ein Gemisch aus Wasser und Antifrogen, läuft im Außengehäuse spiralförmig um den Stator herum, die Verlustleistung des Rotors wird wie bei jedem gekapselten Drehstrommotor über den Luftspalt an den Stator abgegeben.
Die Kraftübertragung erfolgt über ein zweistufiges Stirnradgetriebe, Übersetzungs-Verhältnis i = 8,8, mit einer kardanisch wirkenden Lenkerkupplung, bestehend aus zwei Lenkersätzen mit dazwischen angeordneter Kardantrommel. Getriebe und Motorgehäuse sind fest miteinander verschraubt und an drei Punkten in Gummigelenken am Drehgestellrahmen befestigt. Die Lagerung am Kopfträger erfolgt über eine verstellbare Pendelstütze, um die gegenseitige Lage von Hohlwelle und Radsatzwelle justieren zu können. Mit Hilfe einer Vorrichtung kann die Motor-Getriebe-Einheit zusammen mit dem Radsatz nach unten ausgebaut werden, ohne das Drehgestell vom Wagenkasten zu trennen.

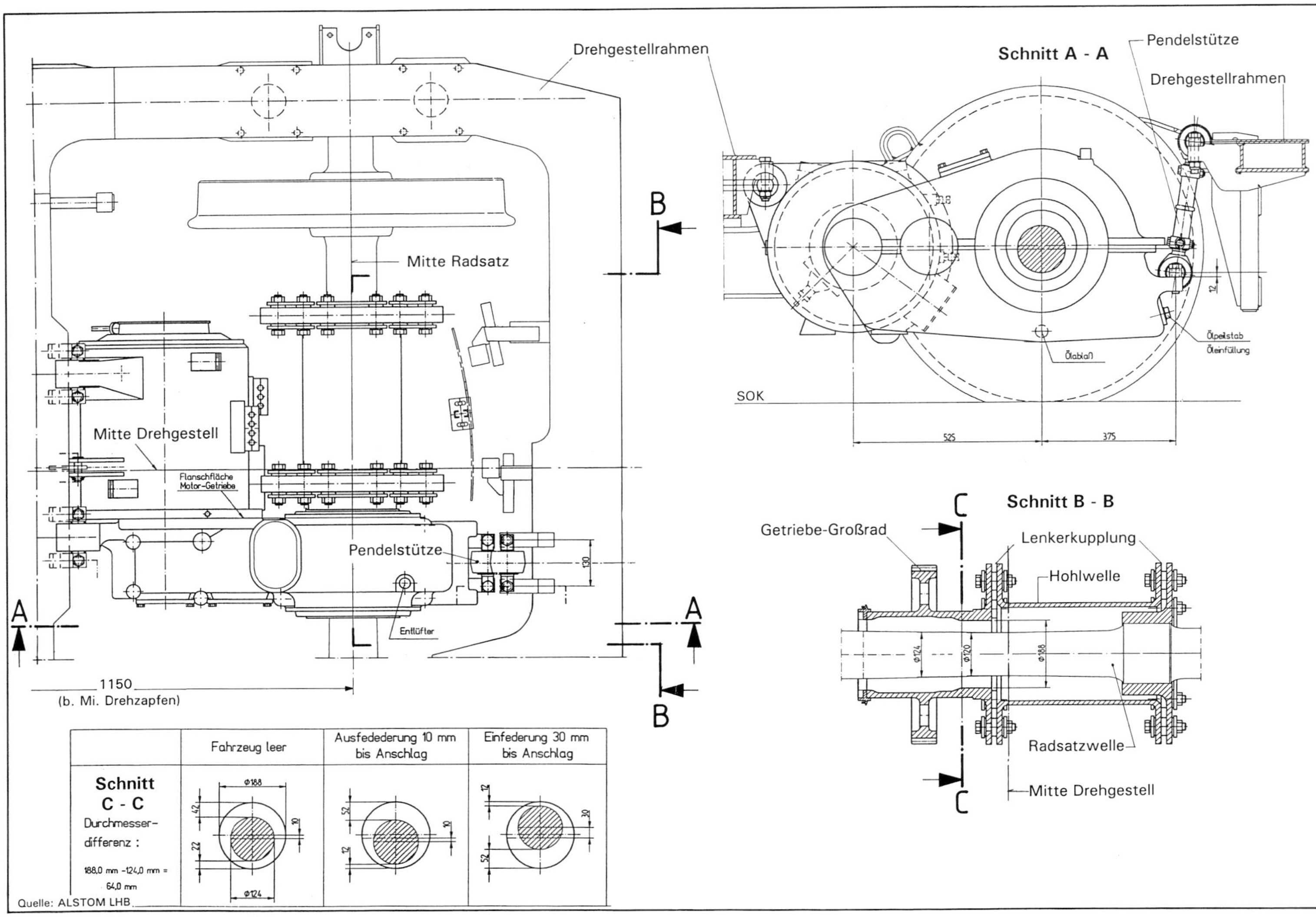

Elektrische Anlage

Allgemein

Die Energieversorgung erfolgt über seitlich an den Enddrehgestellen angeordnete Stromabnehmer und einer neben dem Gleis angebrachten und mit 1200 V DC gespeisten Stromschiene (»dritte Schiene«). Die Stromschiene wird seitlich bestrichen. Das An- und Ablegen der Stromabnehmer erfolgt elektropneumatisch vom Führerstand aus. Bei Störungen in der elektropneumatischen Anlage kann der Stromabnehmer mit einem im Führerstand untergebrachten isolierten Werkzeug manuell an- bzw. abgelegt werden. Die Stromabnehmer sind mit einem Dorn mit kugeliger Spitze für die Stromzuführung im Werkstattbereich versehen. Hierzu wird über diesen Dorn eine Muffe geschoben, die mit einem an der Werkstattdecke beweglich befestigten Kabel verbunden ist. Eine Ringleitung verbindet die Stromabnehmer miteinander, um Lücken im Stromschienennetz überbrücken zu können. Beide Enddrehgestelle sind mit je einem sog. »Kurzschließer« versehen. Hiermit kann die Stromschiene vom Tfz-Führer über einen an der Decke des Führerstandes angebrachten Hebel elektropneumatisch gegen Betriebserde kurzgeschlossen werden. Im Beschädigungsfalle kann auch im Regelbetrieb der Triebzug mit nur einem Stromabnehmerpaar betrieben werden. Traktionsanlage und Bordnetzversorgung können im Störungsfall durch einen in jedem Endwagen vorhandenen Schnellschalter in (Milli)-Sekundenschnelle vom Netz getrennt werden.

Das Antriebsprinzip mit Lenkerkupplung. Quelle: ALSTOM LHB

Hauptstromkreis

Der Triebzug der BR 474/874 verfügt je Endwagen über eine Traktionsanlage für vier Fahrmotoren, deren Leistungsteil aus dem Pulswechselrichter (**PWR**) und dem Bremssteller mit Bremswiderstand für die elektrodynamische Widerstandsbremse besteht. Der mit eingeprägter Zwischenkreisspannung versehene PWR erzeugt aus der 1200 V Gleichspannung der Stromschiene ein dreiphasiges Drehfeld, welches die stufenlose Einstellung von Drehzahl und Zugkraft für jeden Betriebspunkt ermöglicht. Zur Entkopplung vom Stromschienennetz ist jedem PWR einer Trakti-

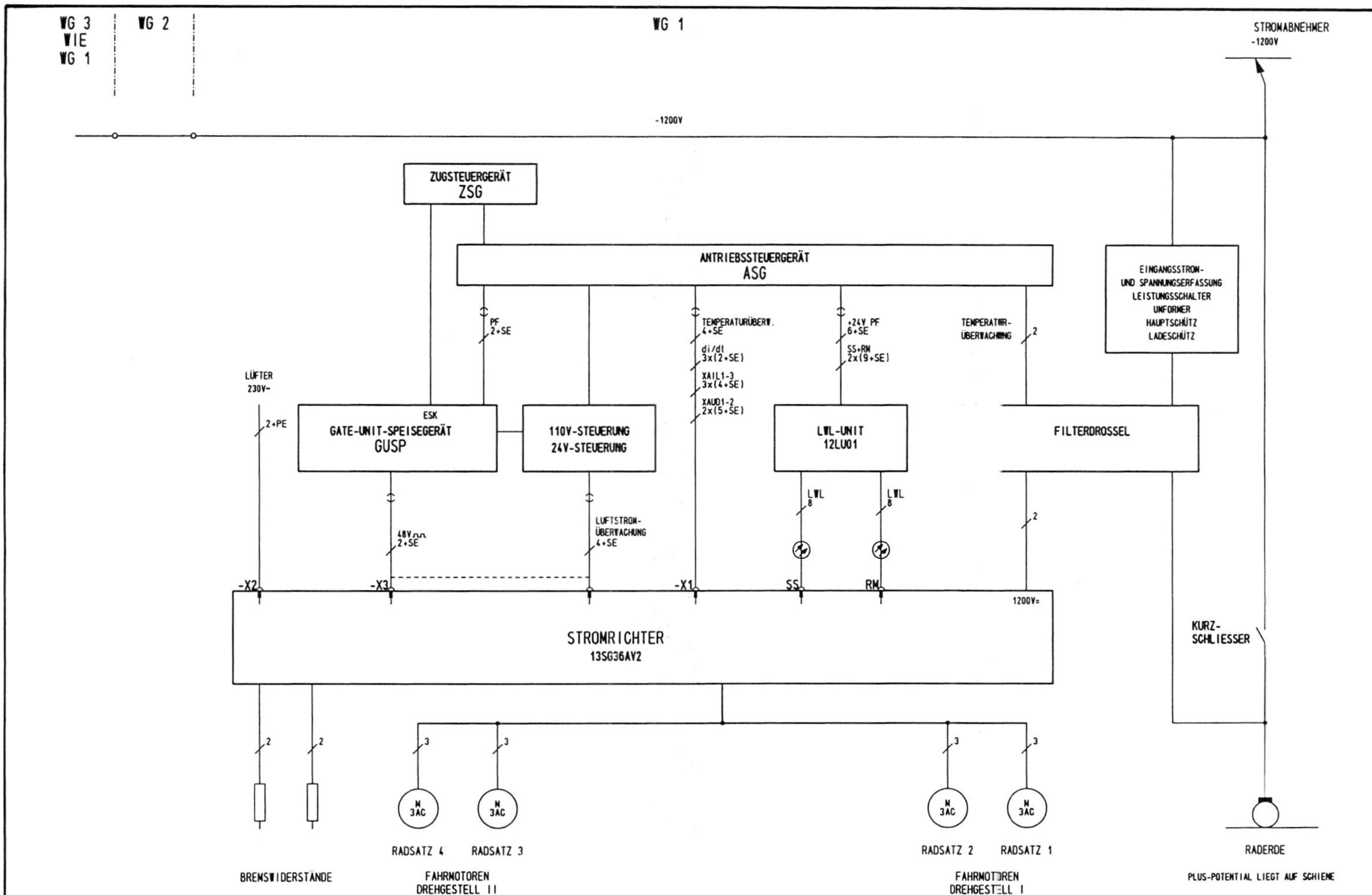

Quelle: Adtranz

Übersicht des Hauptstromkreises der BR 474/874. Quelle: Adtranz

onsanlage eine eigene Filterdrossel mit separatem Hauptschütz und Ladekreis zugeordnet. Die Zuschaltung der Antriebsanlagen erfolgt zunächst über einen Ladeschütz, welcher über einen Widerstand die Kapazitäten im Zwischenkreis auflädt. Nach einer Verzögerung wird das Hauptschütz zugeschaltet und der Eingangskreis direkt an die Stromschienenspannung gelegt.

Die drehstromseitigen Ausgänge des PWR speisen eine Drehstromsammelschiene, die die vier parallelgeschalteten Fahrmotoren mit Strom versorgen. Die wichtigsten Betriebsgrößen der Stromrichterschaltung werden von der Fahrzeugdiagnose ständig überwacht. Abweichungen von den Sollwerten, Überschreitungen von Grenzwerten sowie für die Leistungselektronik gefährliche Zustände können so rechtzeitig erkannt werden, wodurch die Zerstörung von Ausrüstungs-Komponenten durch Schutzabschaltung bzw. Impulssperre vermieden wird.

Beim Drehstrom-Antrieb übernimmt die Motorregelung die Aufgabe einer schnellen und genauen Einstellung des Motordrehmoments mit nur geringen Rückwirkungen auf das Netz. Das bei der BR 474 angewandte hochdynamische Regelverfahren zur Ansteuerung von umrichtergespeisten Asynchronmotoren, die »Direkte Selbstregelung (**DSR**)«, ermittelt aus den Eingangsgrößen Maschinenstrom, Rotordrehzahl, Statortemperatur und Zwischenkreisspannung u.a. das jeweils erforderliche Drehmoment.

Der Bremssteller aktiviert den Bremswiderstand nur dann, wenn das Stromnetz kapazitätsmäßig »gesättigt« ist und die beim Bremsen freiwerdende Energie nicht mehr in das Stromschienennetz rekuperiert werden kann. In diesem Fall wird die Energie in den Bremswiderständen in Wärme umgewandelt und bei Bedarf dem Heizkreislauf zugeführt.

Hilfsbetriebeausrüstung und Bordnetz

Jeder End(Trieb)-Wagen ist mit einer eigenen Umformeranlage versehen, die jeweils aus einem DC/AC-Umformer (**HBU**) und einer getrennt untergebrachten Bordnetzversorgung (**BNV**) besteht. Jede Anlage erzeugt folgende, für die Fahrzeughilfsbetriebe erforderlichen Spannungen aus der zwischen 800 V und 1440 V schwankenden Stromschienenspannung:

- > Eingang 1200 V DC + 20%/-33,3%
- > Ausgang 1 3~ 580 V - 50 Hz, 15 kVA (Sammelschiene, Versorgung u.a. des Kompressor-Transformators);
- > Ausgang 2 3~ 230/400 V - 50 Hz, 18 kVA, potentialfrei;
- > Ausgang 3 110 V DC, 10 kW zur Batterieladung;
- > Ausgang 4 24 V DC, 2 kW, mit Ausgang 3 potentialverknüpft.

Der Kompressor-Transformator ist aus Gewichtsgründen im Mittelwagen untergebracht, wo er aus Redundanz-Gründen von beiden Umformern aus betrieben werden kann.

Bei Ausfall einer Anlage läßt sich der gesamte Zug von einem Endwagen aus versorgen, wodurch Redundanz sichergestellt ist. Für diese Fälle lassen sich die normalerweise getrennten Sammelschienen über Koppelschütze zusammenschalten. Die-

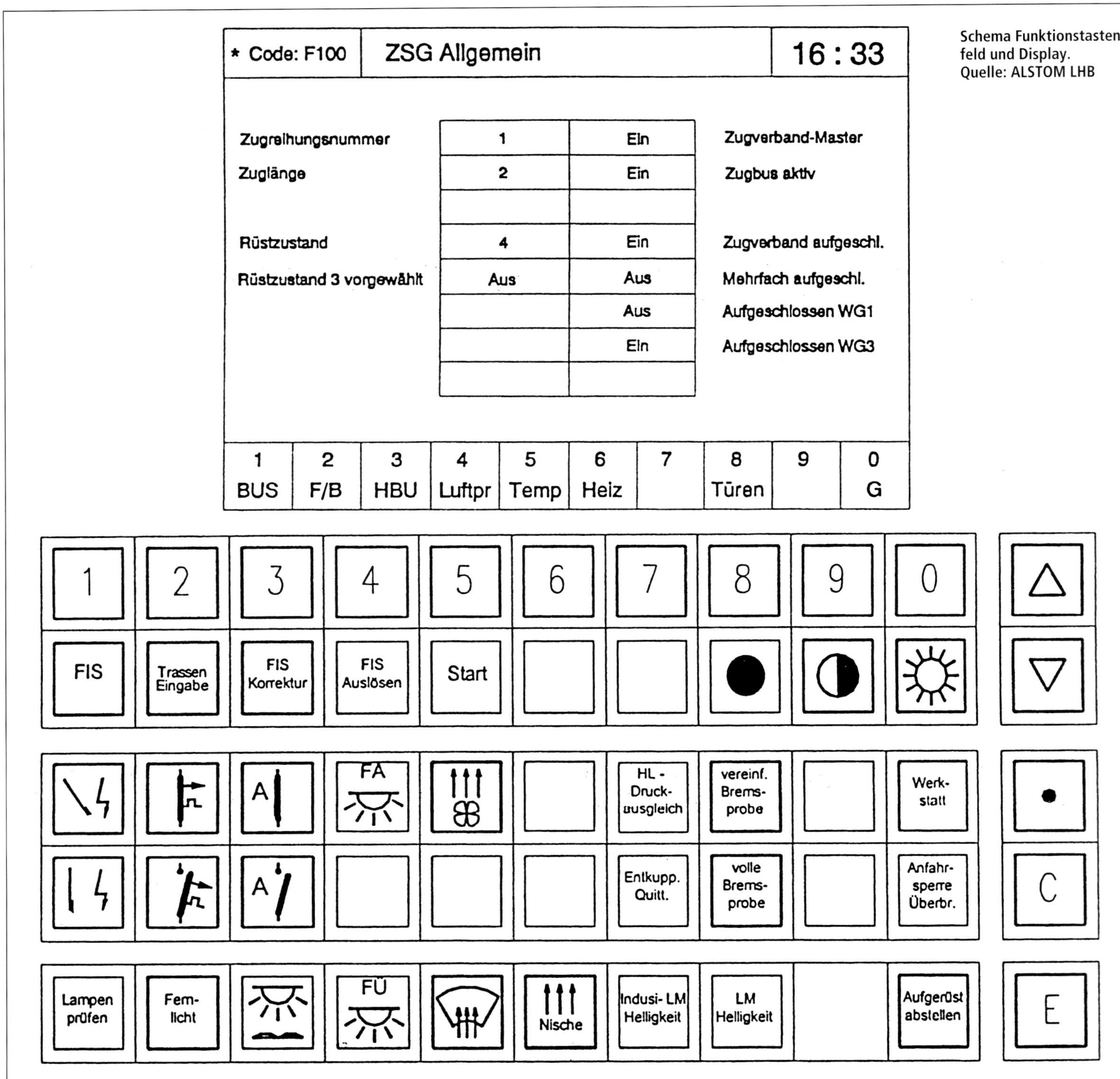

Schema Funktionstastenfeld und Display.
Quelle: ALSTOM LHB

Triebzug der Reihe 474 in Poppenbüttel vor der Fahrt als S 11 nach Blankenese. Gut zu sehen ist der links im ZZA-Feld angeordnete FSA-Infrarot-Empfänger. Aufn: Riechers

se Schaltung erfolgt bedarfsweise vollautomatisch aus der Steuerung. Ebenfalls in jedem Endwagen befindet sich eine PZ-Bleibatterie mit einer Kapazität von 100 Ah. Die Kapazität reicht aus, um für zwei Stunden alle für die Fahrgastsicherheit notwendigen Verbraucher wie z.B. Notbeleuchtung, ZBF und Lautsprecheranlage funktionsfähig zu halten.

Leittechnik und Diagnose

Zur Steuerung aller Fahrzeugfunktionen wird das Traktions-Leitsystem MICAS-S® eingesetzt. MICAS-S® ist ein Mehrrechnersystem für die Funktionen der Zug- und Fahrzeugleitebene, das über spezielle, für stromrichternahe Aufgaben entwickelte Microcomputer mit sehr hohen Verarbeitungsgeschwindigkeiten verfügt. Der Informationsaustausch zwischen den einzelnen Komponenten und dem Leitsystem erfolgt über verschiedene für die jeweiligen Aufgaben optimierte Bus-Systeme.

Der Zugbus beispielsweise versorgt bei Mehrfachtraktion den Datenaustausch zwischen maximal drei Triebzügen. Der Dialog zwischen Fahrzeug- und Antriebsleitebene sowie anderen Fremdsystemen erfolgt über den Integrierten Fahrzeug-Bus (**IFZ-Bus**), der wiederum die Verbindung der Fahrzeugsteuerung zur 110 V-Ebene erstellt. Dezentral an diesem Zweidrahtbus angeschlossene Ein- und Ausgabemodule tauschen auf dieser Leitung Informationen aus.

Die zentrale Fahrzeugsteuerung im Zentralen Steuergerät (**ZSG**) besteht aus nachstehenden Software-Modulen:

- Fahrzeug- und Zugsteuerung für Fahren und Bremsen
- Displaysteuerung und Steuerung der Tastatureingabe
- Diagnoseaufbereitung
- Steuerung der Subsysteme, wie Luftpresser, Umformer, Beleuchtung über den IFZ-Bus.

Jeder Endwagen verfügt über ein eigenes ZSG, wovon jeweils eines die gesamte Steuerung des Triebzuges übernimmt (Master). Das zweite Gerät steht bei Ausfall zur Verfügung (Slave). Die Geräte überwachen sich selbst und laufen nach Störungen selbsttätig definiert wieder an. Ausgaben erfolgen zeit- oder ereignisabhängig, z.B. als Reaktion auf eine Eingabe. Das Führerpult mit Fahr-/Bremshebel, Fahrtrichtungs-Wahltaster, dem Funktionstastenfeld sowie dem Bedienfeld des Terminals mit Display ist der zentrale Ein- und Ausgabeort für Kommandos und Meldungen an Subsysteme und Informations-Einrichtungen. Das ZSG steuert den Datenverkehr auf allen angeschlossenen Kanälen, verarbeitet empfangene Daten und erstellt für den Tfz-Führer Informationen über Betriebszustände, Fehlermeldungen und Abhilfemaßnahmen auf dem Display. Fehler in den einzelnen Systemen eines jeden Fahrzeuges werden vom Diagnosesystem erfasst, mit Datum, Uhrzeit und Umfelddaten abgespeichert

Ein Triebzug auf der S 1 verlässt den Haltepunkt Kornweg.
Aufn: S-Bahn Hamburg/Pischek

und zusätzlich der führenden Zugsteuerung gemeldet. Diese nimmt eine Bewertung des Fehlers vor und erzeugt die Anzeigen am Display des Führerterminals. Führen Fehler zu einer Beeinträchtigung des Fahr- und Bremsverhaltens, werden die erforderlichen Maßnahmen automatisch eingeleitet, wie z.B. Verringerung der Antriebsleistung. In einer separaten Karte, der »Mailbox«, bleiben die Störungsdaten auch bei Ausfall der Bordnetzversorgung gespeichert. Die Störungsdaten können mit einem Laptop ausgelesen werden.

Die Drehstrom-Asynchron-Fahrmotoren werden beim Fahren und Bremsen über ein Antriebssteuergerät (**ASG**) mit stufenlosen Sollwertvorgaben gesteuert. Das ASG verarbeitet die vom ZSG über den Fahrzeugbus vorgegebenen Sollwerte, setzt diese in Ansteuersignale für die Leistungselektronik des jeweiligen Triebzugteils um und überwacht ihre ordnungsgemäße Funktion. Die pneumatische Bremse wird durch das Pneumatische Bremsgerät (**PBG**) gesteuert, welches seine Informationen ebenfalls über den Fahrzeugbus sowie über zusätzliche Steuerleitungen erhält. Beim Bremsen über die elektrodynamische Widerstandsbremse werden die Bremsventile der pneumatischen Bremse parallel mitgesteuert und können so bei Ausfall der elektrodynamischen Bremse sofort die geforderte Bremsleistung übernehmen. Bei einem über den vollen Bremssollwert hinausgehenden Bremsbefehl wird die geforderte Schnellbremsung ausschließlich mit der pneumatischen Bremse ausgeführt.

Die Bedienung des Fahrzeugs ist erst nach der Betätigung eines Schlüsselschalters möglich. In den anderen Führerständen ist dann eine gleichzeitige Bedienung blockiert. Die Fahrzeugbedienung erfolgt über zwei Gruppen von Bedienelementen. Alle für das Fahren und Bremsen notwendigen Funktionen werden über konventionelle Taster bedient, weitere Funktionen sind über das Terminal zugänglich. Bei Ausfall des Terminals ist eine Weiterfahrt grundsätzlich möglich. Über den Fahr- und Bremshebel mit Sollwertgeber lassen sich Zug- und Bremskraft stufenlos vorgeben. Je nach Beladungszustand des Fahrzeugs ergeben sich daraus die resultierenden Beschleunigungen und Verzögerungen.

Die Steuerung der pneumatisch bzw. elektrisch angetriebenen Schwenk-Schiebetüren erfolgt über je ein lokales Türsteuergerät (**LTG**) pro Einstiegsbereich (je zwei Türen). Die LTG kommunizieren über entsprechende Schnittstellen und über den Fahrzeugbus mit der übergeordneten Türsteuerung im ZSG.

Das Herzstück des Fahrgast-Informationssystems (**FIS**) ist ein Kombigerät, bestehend aus einem digitalen Ansagenspeicher, einem **IBIS** (Integriertes Bord-Informationssystem)-Steuergerät und einem Funkuhrempfänger. Es ist mit der Fahrzeugleittechnik über den Fahrzeugbus gekoppelt. Das Kombigerät steuert die Zugziel- und Innenanzeigen sowie die Ansagen. Die Ausgabe von Texten und Ansagen erfolgt automatisch, der Tfz-Führer kann jedoch manuell eingreifen. Die für die Steuerung erforderlichen Streckennetzdaten sind im FIS-Speicher abgelegt. Bei Fahrtantritt gibt der Tfz-Führer die Strecke mit Start und Ziel ein. Aus den Daten »gefahrene Strecke« und »Stillstand mit Türfreigabe« ermittelt das FIS-Steuergerät den Zeitpunkt für die nächste Ansage bzw. Anzeige und löst diese aus. Das Ansagegerät kommuniziert mit der Steuerung der Elektroakustischen Anlage (ELA) als Teil des FIS, die die Ausgabe der Ansagentexte für die Innenlautsprecher freischaltet.

Technische Daten:

Baureihenbezeichnung: **Baujahr:**		**474/874** **1996**	**472/473 (Vergleich)** **1974**
I. Mechanteil			
1. Aufbau			
Länge ü.K.	(mm):	66.000	65.820
Länge Wagenkasten 1 + 3	(mm):	22.670	22.790
Länge Wagenkasten 2	(mm):	19.320	19.040
Breite	(mm):	3.008	2.900
Breite ü. Schutzbord	(mm):	–	3.020
Höhe ü. Wagenkasten	(mm):	3.720	3.800
Gesamthöhe	(mm):	3.720	3.800
Fußbodenhöhe	(mm):	1.035	1.120
Einstiegshöhe	(mm):	1.020	1.020
Türen p. Fahrzeugseite	:	9	11
Lichte Öffnung	(mm):	1.300	1.300
Sitzteiler 1. Kl.	(mm):	1.700	1.710
Sitzteiler 2. Kl.	(mm):	1.700	1.594 1)
2. Drehgestelle/Fahrwerke			
Achsfolge	:	Bo'Bo'+2'2'+Bo'Bo'	Bo'Bo'+Bo'Bo'+Bo'Bo'
Achsabstand			
– Triebdrehgest.	(mm):	2.300	2.500
– Laufdrehgest.	(mm):	1.800	–
Drehzapfenabstand			
– Endwagen 1 + 3	(mm):	16.190	16.190
– Mittelwagen 2	(mm):	13.280	12.590
Treibrad ∅, neu/abg.	(mm):	855/780	850/780
Laufrad ∅, neu/abg.	(mm):	680/610	–
Getriebe-Übersetzung	:	8,8	4,591
II. Antrieb			
Stromsystem	:	1.200 V DC	1.200 V DC
Fahrmotoren			
– Hersteller	:	Siemens	ABB Henschel
– Bauart	:	Drehstrom-Asynchron	Gleichstrom
– Anzahl	:	8	12
– Gesamtleistung (kW)	:	920	1.500
– b. max. U/min	:	5.900	3.000
– Kühlung	:	Wasser	Eigenbelüftung
Steuerung			
– Hersteller	:	Adtranz	ABB Henschel
– System	:	GTO-Wechselrichter	elektron. Schaltwerk
– Kühlung	:	Wasser	–
III Elektrische Ausrüstung/Bordnetz			
Wagenbus	:	ja	nein
Zugbus	:	ja	nein
Elektronik	:	MICAS®-S	nein
Mehrfachsteuerung (Fzg)	:	3	3
IV. Gesamtfahrzeug			
Fahrgastzahl	:	514	500
Sitzplätze 1. Kl.	:	66	66
Sitzplätze 2. Kl.	:	142	130
Stehplätze (4/m^2)	:	306	304
Eigengewicht (t)	:	102	114,4
Besetztgewicht (t)	:	155,5	166
Beschleunigung (m/s^2)	:	1,0	1,15
max. Bremsverzögerung (m/s^2)	:	1,0	0,9
V_{max} (km/h)	:	100	100

1) an den Kopfwänden 1585,5 mm

Typisch Hamburg: Auf der Lombardsbrücke überquert
ein S-Bahn-Zug der Reihe 474 die Alster.
Aufn: S-Bahn Hamburg/Pischek

Der Gleichstrom-Triebzug BR 481 der S-Bahn-Berlin GmbH

Mehr noch als bei der Hamburger S-Bahn war die Erneuerung des Fahrzeugparks der Berliner S-Bahn ein äußerst dringendes Anliegen. Immerhin stammten die ältesten Exemplare der erst am 21. Dezember 1997 mit einer Sternfahrt »verabschiedeten« Triebzüge der BR 475 (Bauart »Stadtbahn«, ab 1941 BR 165, ab 1970 BR 275) aus dem Jahre 1928!
Es kam also nicht von ungefähr, dass der damalige VEB Waggonbau Ammendorf (heute Bombardier Transportation, Werk Ammendorf) und der VEB Lokomotivbau Elektrotechnische Werke »Hans Beimler« (LEW) in Hennigsdorf (heute Adtranz) bereits 1959 von der Deutschen Reichsbahn (DR) den Auftrag zum Bau der beiden Prototyp-Halbzüge ET 170 001a/2b und 003a/004b erhielten. Da sich die Triebzüge nicht bewährten, kam es jedoch nicht zu einer Serienproduktion; 1969 und 1972 wurden die beiden Halbzüge ausgemustert und 1974 fiel das letzte Exemplar den Schneidbrennern zum Opfer. Erst 1980 wurde vom damaligen Kombinat LEW wieder ein Prototyp-Triebzug der Öffentlichkeit vorgestellt. Diesmal war es ein traditionell aus zwei getrennten Viertelzügen bestehender Halbzug der BR 270.0. Erst 1987 folgte eine aus acht Triebzügen bestehende Nullserie und erst im Januar 1990 konnte schließlich mit der Serienfertigung begonnen werden. 1992 wurden die Fahrzeuge im Rahmen der Vereinheitlichung der Baureihen-Bezeichnungen bei DR und DB in BR 485 umbezeichnet.
Zusammen mit dem S-Bahn-»Westnetz« übernahm die BVG am 9. Januar 1984 insgesamt 115 Viertelzüge der Bauart »Stadtbahn« (damalige BR 275). Angesichts des schon damals hohen Alters der Fahrzeuge wurde umgehend die Entwicklung eines neuen S-Bahnfahrzeugs eingeleitet. Bereits am 22. Oktober 1986 konnten die zwei ersten Viertelzüge der neuen Baureihe 480.0/480.5 im Rahmen eines »Roll-out« der Öffentlichkeit präsentiert werden. Die Ablieferung der ersten Serie mit weiteren 41 Viertelzügen begann im Oktober 1990; eine zweite, 40 Viertelzüge umfassende Serie, folgte ab Oktober 1993.

Am 1. April 1994 sah der S-Bahn-Fahrzeugpark wie folgt aus:

Baureihe	erstes Baujahr	Anzahl
I. Altbaufahrzeuge		
475	1928	135
476	1979 (Umbau aus BR 275)	210
477	1936	204
II. Neubaufahrzeuge		
480	1990	76 1)
485	1987	166

1) Ablieferung der 2. Serie war zu diesem Zeitpunkt nicht vollständig abgeschlossen

Das neue Gesicht der Berliner S-Bahn: Die Baureihe 481. Am 22. Februar 1996 wurde das erste Fahrzeug im Rahmen eines feierlichen »Rol-Out« der Öffentlichkeit vorgestellt. Am Führerpult sitzt der Regierende Bürgermeister Eberhard Diepgen. Aufn: Bombardier

Eine recht bunte Mischung aus nicht-kompatiblen Fahrzeugen also und in der bestehenden Form kein Wechsel auf die Zukunft. Da die beiden S-Bahnnetze wieder zu einem geschlossenen Netz vereinigt werden sollten, galt es, die weitere Beschaffung der grundsätzlich unterschiedlichen Fahrzeug-Baureihen 480 und 485 neu zu überlegen. Das war um so wichtiger, da der Austausch von rund 500 Viertelzügen mit einem Alter von teilweise über 60 Jahren der hohen Unterhaltungskosten und nicht zuletzt der schwindenden Attraktivität wegen dringend geboten war. Eine 1990 gebildete Arbeitsgruppe von BVG und DR untersuchte, in wie weit eine der beiden Baureihen weiter entwickelt und beschafft werden könnte. Hierzu wurden folgende signifikanten Unterschiede zwischen den beiden Fahrzeugtypen festgestellt:

I. BR 480

- Fahrzeugkonfiguration Viertelzug; als Doppeltriebwagen mit zwei Führerständen die kleinste Betriebseinheit.
- Länge ü.K. beim Achtwagenzug (Vollzug): 147.200 mm
- Stahlleichtbau mit Energieverzehrelementen sowohl in den Kupplungen als auch in den »Knautschzonen«.
- sechs Doppel-Schwenkschiebetüren je Viertelzugseite mit einer lichten Öffnung von 1300 mm
- Führerraum mit zwei Außentüren und einer Tür zum Fahrgastraum; mehrere Möglichkeiten der Selbstabfertigung
- Luft-Sekundärfederung.
- Antrieb mit Drehstrom-Asynchronmotoren; Allachsantrieb, Achsfolge Bo'Bo'+Bo'Bo'.
- Steuerung über Gleichstromsteller in GTO-Technik und Phasenfolge-Wechselrichter zur Frequenz-Verstellung.
- Fahr- und Bremssteuerung einschließlich Diagnose über 16-Bit-Mikroprozessoren (SIBAS 16®); Mehrfachsteuerung für vier Viertelzüge.
- Bordnetzversorgung über statischen Umrichter.
- Schrauben-Luftverdichter.
- Stromaufnahme vier Viertelzüge: 5 kA.

II. BR 485

- Fahrzeugkonfiguration Viertelzug; als Triebwagen mit Beiwagen und einem Führerstand bilden zwei Viertelzüge als Halbzug die kleinste Betriebseinheit.
- Länge ü.K. beim Achtwagenzug (Vollzug) 144.800 mm
- vier Doppel-Außenschiebetüren je Wagenseite mit einer lichten Öffnung von 1200 mm.
- Führerraum mit lediglich einer Tür zum Fahrgastraum; eingeschränkte Möglichkeiten der Selbstabfertigung
- Sekundärfederung: Schraubenfedern
- Antrieb mit Mischstrommotoren; Achsfolge Bo'Bo'+2'2'.
- Steuerung über Gleichstromsteller und elektropneumatische Schütze.
- Fahr- und Bremssteuerung über Geschwindigkeits-Bremskraftwähler; Mehrfachsteuerung für vier Viertelzüge.
- Bordnetzversorgung über rotierenden Umformer
- Kolben-Luftverdichter
- Stromaufnahme vier Viertelzüge: 3 kA

Nach eingehender Prüfung, bei der sowohl die Zugbildungs- und Antriebs- als auch die Energiekonzepte einem kritischen Vergleich unterzogen wurden, kam die Arbeitsgruppe zunächst zu dem Schluss, dass ein Weiterbau der BR 485 nicht zu empfehlen war. Ein weiteres Kriterium war die Forderung des Verkehrsministeriums, den Fahrzeug-Fußboden auf die Regel-Bahnsteighöhe von 960 mm abzusenken. Die seit 1928 bei den vorangegangenen Baureihen gebräuchlichen Fußbodenhöhen von bis zu 1100 mm ü.SO. ergaben sich aus der erwähnten Bahnsteighöhe von 960 mm plus dem Maß der Radabnutzung sowie den Federtoleranzen, so dass im ungünstigsten Fall ein ebener Einstieg gewährleistet werden konnte. Durch die Ausrüstung der Neubaufahrzeuge mit Luftfederung und die damit verbundene Möglichkeit der Niveauregulierung war es jedoch mittlerweile möglich, die Höhe des Fußbodens konstant zu halten. Der Höhengewinn konnte dem Innenraum zugute kommen. Da die maßliche Ausbildung der unterhalb des Untergestells der BR 480 angebrachten Aggregate daher neu überdacht werden musste, konnte eine Modifikation dieser Baureihe ebenfalls nicht in Frage kommen. Statt dessen wurde empfohlen, ein neues und besser an die veränderten Verhältnisse angepasstes Einheitsfahrzeug unter Verwendung der neuesten Antriebs- und Steuerungstechniken zu entwickeln. Hierzu wurde von der Arbeitsgruppe ein »Lastenheft für das Einheitsfahrzeug der Berliner S-Bahn« erarbeitet, in dem auch die nachstehenden Forderungen der DR/DB[1] als kundenorientiertem Verkehrsunternehmen ihren Niederschlag fanden:

- Komfort und Sicherheit für die Fahrgäste;
- Kostenreduzierung bei Beschaffung, Betrieb, Instandhaltung und Ausmusterung des Fahrzeugs unter Beachtung von dessen Lebensdauer;
- Flexibilität in der Fahrgastraumgestaltung, um veränderte Kundenwünsche schneller befriedigen zu können.

Dieses Lastenheft bildete die Grundlage für die anschließende Ausschreibung.

Bereits 1992 wurden im Werk Görlitz der damaligen Deutschen Waggonbau AG-Holding (DWA) – auf eigenes Risiko – in Zusammenarbeit mit dem Institut für Schienenfahrzeuge GmbH (IfS) die Entwicklungsarbeiten für einen neuen Triebzug aufgenommen. Als dann im November 1992 die neue Fahrzeugflotte ausgeschrieben wurde, nahm die DWA mit diesem Fahrzeug daran teil. Als E-Partner war damals noch der niederländische Elektrokonzern HOLEC (heute TRAXIS) im Gespräch. Im September 1993 erhielt schließlich ein Konsortium aus den damaligen Firmen Deutsche Waggonbau AG-Holding (DWA) als Konsortialführer und AEG[2] den Zuschlag zur Entwicklung und Lieferung von insgesamt 500 Viertelzügen der neuen BR 481/482. Der Gesamtkomplex wurde terminlich wie folgt aufgeteilt:

- 100 Viertelzüge ab 1996 bis Ende 1997
- 400 Viertelzüge ab 1998 bis spätestens 2004

Das der Ausschreibung zugrundegelegte Lastenheft wurde von DWA/AEG zusammen mit der DR/DB, der späteren DB AG, überarbeitet und im Januar 1994 als »Lastenheft für den elektrischen Triebzug BR 481/482 der Berliner S-Bahn« als Entwicklungsvorlage erneut vorgelegt. Die Entwicklungsaufgaben wurden innerhalb des Konsortiums folgendermaßen aufgeteilt:

DWA:

- Design für Exterieur und Interieur: Institut für Schienenfahrzeuge (IfS), Berlin
- Wagenkästen und Interieur: Waggonbau Ammendorf.

1 Am 1. Januar 1994 wurden DR und DB zur Deutschen Bahn AG (DB AG) vereinigt und das von der BVG betriebene »Westnetz« wieder in das gesamte S-Bahnnetz integriert; am 1. Januar 1995 wurde die S-Bahn schließlich aus der DB AG ausgegliedert und in eine neue Gesellschaft, die S-Bahn Berlin GmbH, überführt.

2 DWA ging am 2. Februar 1998 im Konzern Bombardier Transportation auf. Am 1. Januar 1996 fusionierten die beiden Firmen AEG und ABB Henschel zu ABB Daimler Benz Transportation - Adtranz; nach der 100%-igen Übernahme durch Daimler-Chrysler Anfang 1999 wurde die Firma schließlich in DaimlerChrysler Railsystems – Adtranz umbenannt.

- Hilfsbetriebesystem einschließlich Steuerung, Klimatisierung und Beleuchtung: Fahrzeugausrüstung GmbH, Berlin.

AEG:

- Führerraumgestaltung, Traktionsausrüstung, Unterflur-Geräteanordnung, Fahrzeugsteuerung, elektrische Installation und Pneumatik: Werk Hennigsdorf.

Die Drehgestelle wurden unter Federführung der AEG gemeinsam mit der DWA entwickelt.

Mit der Entwicklung und Lieferung der Traktionsmotoren wurde die VEM Elektroantriebe GmbH in Dresden beauftragt. Die Fertigung und Endmontage kompletter Triebzüge erfolgt in Ammendorf und Hennigsdorf, die Abnahmeprüfung aller Fahrzeuge in Hennigsdorf.

Triebzug BR 481/482

Allgemein

Aus den anschließenden Beratungen des Konsortiums DWA/AEG mit der DB AG wurde ein Konzept erarbeitet, das u.a. folgenden Kriterien enthielt:

- ein eigenständiges, von den anderen BR sich abhebendes Erscheinungsbild;
- Aufprall eines leeren Zuges auf einen gebremst stehenden Zug bis zu einer v = 15 km/h ohne irgendeine Beschädigung, und mit einer v = 15 - 25 km/h mit Beschädigung zusätzlicher Knautschzonen im Vorbaubereich des Wagenkastens (auf dieses Kriterium wird im weiteren Verlauf dieses Kapitels noch näher eingegangen);
- Auf Grund der langjährigen Erfahrungen bei der Berliner S-Bahn, dass mit dem Prinzip der Viertel-, Halb-, Dreiviertel- und Vollzüge *(»Berliner Zugbildung«)* flexibel auf die jeweils erforderliche Kapazität reagiert werden kann, wird auch die BR 481/482 als Viertelzug ausgebildet. Dieser setzt sich zusammen aus zwei kurzgekuppelten Triebwagen (ETA-BR 481 und ETB-BR 482), die betrieblich nicht getrennt werden können; hiervon ist nur die ETA-Ausführung mit einem Führerstand ausgerüstet;
- Fußbodenhöhe abgestimmt auf Bahnsteighöhe 960 mm ü.SO;
- verbesserter Zugang für Rollstuhlfahrer;
- Antrieb auf sechs Achsen;
- leicht austauschbare Komponenten mit kurzen Werkstattzeiten;
- hohe Verfügbarkeit.

Konzeptionell fällt auf, dass die Viertelzüge der BR 481/482 durchgehend begehbar sind, wodurch die Fahrgastverteilung innerhalb des gesamten Viertelzuges und das subjektive Sicherheitsgefühl der Fahrgäste verbessert werden. Die »Berliner Zugbildung« verhindert allerdings die durchgehende Begehbarkeit eines gesamten Halb-, Dreiviertel- oder Vollzuges. Statt dessen sind in den Kopfwänden an den Kurzkuppelenden beider Wagen große Fenster angebracht. Durch den Wegfall eines Führerstandes konnte der Fahrgastraum im Vergleich zur BR 480 vergrößert werden.

Besonderes Augenmerk wurde auf Vandalismus-Resistenz und Brandprävention gelegt: die Werkstoffauswahl für die Innenausstattung erfolgte unter Beachtung der Brandschutzstufe 3 nach DIN 5510, der Brandschutzrichtlinie BOStrab DB DS 899-35 und Merkbuch B.

Die Leittechnik der BR 481/482 erlaubt die Mehrfachtraktion von bis zu vier Viertelzügen (Vollzug).

Eine Sonderbetrachtung verdient die Gestaltung des Fahrzeugs. Mit dem vorgestellten Design sollte der Triebzug ein eigenständiges, sich von den anderen Baureihen abhebendes Erscheinungsbild erhalten. Weitere Zielvorgaben bei der Gestaltung waren:

- keine vorstehenden Kanten und Vorsprünge zwecks Vermeidung des »S-Bahn-Surfens« – diese Vorgabe wurde jedoch nur unvollständig erfüllt, da bei den Fahrertüren außenliegende Griffstangen angebracht und beidseitig des Wagenkastens Schutzborde vorhanden sind;
- erhöhte Sicherheit gegen Rowdytum und Vandalismus – Transparenz im Zug;
- erhöhte Attraktivität als Argument für den SPNV.

Durch die optische Trennung von Seitenwand, Fahrzeugkopf, Dach und Türen durch Anwendung sogenannter »offener Fugen« wurde eine klare Gliederung des Fahrzeug-Aufbaus erreicht. Die dank entsprechender Gestaltung der Fensterflächen erreichte Transparenz unterstreicht diese Gliederung. Die Frontscheibe befindet sich in einer »Brille« aus Kunststoff; die Seitenfenster sind optisch zu einem »Zwillings«-Fenster zusammengefügt und die Türfenster zeigen auch sehbehinderten Fahrgästen durch ihre abweichende Gürtellinie deutlich an, wo sich die Einstiege befinden.

Zur Festlegung der Wagenkasten-Abmessungen wurden folgende Zielvorgaben untersucht:

- Berücksichtigung des eingeschränkten Lichtraumprofils im alten Nord-Süd-Tunnel;
- optimale Einstiegsverhältnisse auch an Bahnsteigen in Gleisbögen mit kleinen Radien;
- optimaler Fahrgastfluss;
- optimaler Komfort für die Fahrgäste.

Am 12. Mai 1995 konnte die endgültige Ausführung des neuen Triebzugs mit der Baureihen-Bezeichnung 481/482 als Mock-up in Berlin-Bohnsdorf besichtigt werden und am 22. Februar 1996 erfolgte das festliche Roll-out des ersten Viertelzuges in der Hauptwerkstätte Schöneweide der »S- Bahn Berlin GmbH«.

Wagenkasten

Rohbau und Lackierung

Bereits bei der Entwicklung der BR 480 hatten eingehende Untersuchungen ergeben, dass es möglich war, mit einer Leichtbau-Konstruktion aus nichtrostendem Stahl annährend gleiche Gewichtsverhältnisse zu erreichen wie mit einer Aluminium-Konstruktion mit Groß-Strangpressprofilen. Die dennoch erzielbaren Gewichtseinsparungen bei einer Aluminium-Konstruktion und die im Betrieb zu erzielenden geringfügigen Energie-Einsparungen wurden wegen der unterschiedlichen Beschaffungspreise für Wagenkästen aus nichtrostendem Stahl oder Aluminium eliminiert. So gewannen die Vorteile von Stahl, wie Dauerfestigkeit, Energieaufnahmevermögen und Reparaturaufwand, so sehr an Bedeutung, dass – erstmals im Schienenfahrzeugbau – der Wagenkasten der BR 480 in nichtrostendem Stahl ausgeführt wurde.

Weitere Vorteile, insbesondere bei der Instandhaltung von Fahrzeugen mit einem Wagenkasten aus nichtrostendem Stahl, sind:

- geringere Korrosion auch bei nicht-optimal gestalteten Konstruktionsdetails,
- geringere Auswirkungen eines möglichen Feuers aufgrund des höheren Schmelzpunktes,
- geringere Auswirkungen eines Auffahrunfalls aufgrund der höheren Energieaufnahme,
- einfachere Reparatur eines deformierten Wagenkastens,
- Entfall der Lagerhaltung von Spezialprofilen für Reparaturzwecke,

Dies führte schließlich zur Entscheidung, auch die Wagenkästen der BR 481/482 in nichtrostendem Stahl auszuführen.

Der Wagenkasten besteht aus einer Schweißkonstruktion in herkömmlicher Gerippebauweise.

Die verschiedenen Design-Vorschläge des IfS für einen neuen Berliner S-Bahn-Triebzug. Abb: Bombardier

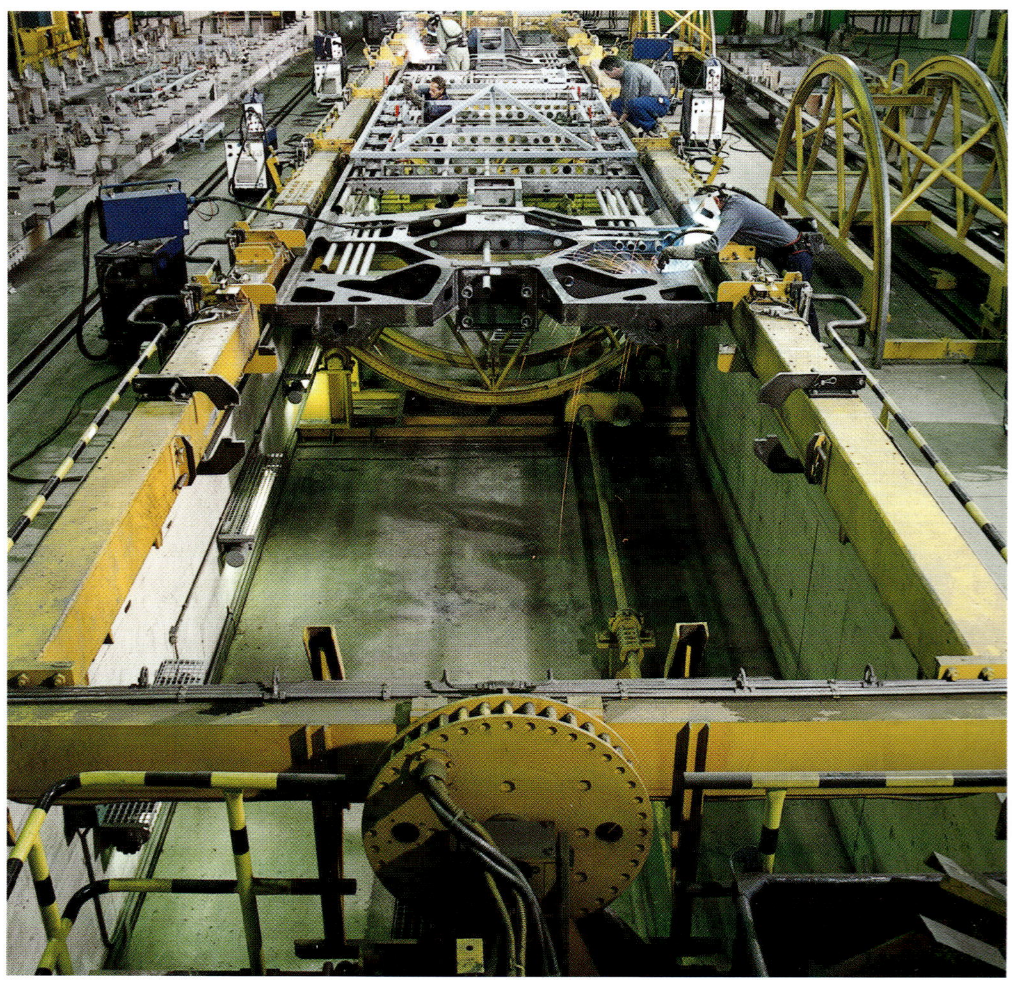

Das Untergestell des ETA-Wagens in gedrehtem Zustand. Aufn: Bombardier

Rohbau-Kasten des ETB-Wagens mit Blick auf das Kurzkuppelende mit Portal für den Übergang. Aufn: Bombardier

Innenansicht des ETB-Wagens im Rohbauzustand. Aufn: Bombardier

Während das mit einem versickten Blech abgedeckte Untergestell einschließlich Stegen und Gurten im Vorbau aufgrund der erhöhten Festigkeits-Anforderungen aus StE 460 hergestellt wird, sind Seitenwand, Dach und Stirnwände aus nichtrostendem Stahl 5 CrNiMoTi 142 (Werkstoff Nr.1.4589) nach DIN 5512. Die Struktur der Wagenkästen wurde wegen der gewichtsorientierten Gestaltung und der Sicherstellung der geforderten LDK von 800 kN mittig in Kupplungsebene und 2 × 400 kN als äußere Längsprüfkraft nach der FEM-Methode ermittelt.

Die Fahrzeugbegrenzung der BR 481/482 entspricht G2 der EBO, Anl. 8.

Das Untergestell ist mit einer Steinschlagschutz-Beschichtung versehen.

Der Untergrund des Wagenkastens wird durch Strahlen gemäß Merkblatt zur DB TL 918301 »Vorbehandlung von Flächen aus nichtrostenden Stählen vor dem Beschichten von Schienenfahrzeugen« vorbehandelt. Die Außenbeschichtung des Wagenkastens setzt sich wie folgt zusammen: Grundanstrich, Spachteln, Zwischenanstrich, Deckanstrich mit Anti-Graffitibeschichtung.

Die Farbgebung der Fahrzeuge ist nach einigen Experimenten zu den »Ursprüngen« der Berliner S-Bahn zurück gekehrt. Bereits bei den Prototy-

**Blick auf das Betriebskuppelende des ETB-Wagens 482 034 mit 1. Klasse-Abteil.
Aufn: Riechers**

pen der BR 480 wurde auf Vorschlag des Designers Prof. Lindinger der Versuch gemacht, ein neues Farbschema auf der Basis »kristallblau« (Wiederhold 200/6721) einzuführen. Nachdem die Berliner sich jedoch mehrheitlich für die traditionelle S-Bahn-Farbgebung ausgesprochen hatten, waren die weiteren Fahrzeuge wieder unterhalb der Fensterbrüstung einschließlich der Schutzborde in bordeauxrot, Dach und Fensterflächen ocker und Farbtrennungs-Streifen verkehrsschwarz lackiert worden. Das ebenfalls aus dem Traditionsrahmen fallende Farbschema der BR 485 (karminrot mit anthrazitfarbigen Fensterflächen) wird, da augenblicklich keine Pläne zur Umlackierung bekannt sind, auf diese Baureihe beschränkt bleiben.

Bei der BR 481/482 wurde erneut ein Anlauf gemacht, der Berliner S-Bahn ein neues »Corporate Identity« zu verleihen. Da der Vorschlag des DWA-Designers für ein Farbschema mit blauen Elementen jedoch keine Gegenliebe fand, wurde das traditionelle Farbschema zumindest variiert: der Wagenkasten wurde *ocker,* Dach, Frontscheiben-«Brille« und Schutzborde *rubinrot* lackiert. Aber auch diese Kombination stieß auf wenig Gegenliebe und so erschienen schließlich die ab der Fahrzeug-Nummer 225 neu-ausgelieferten Fahrzeuge der BR 481/482 wieder in der altbekannten und beliebten Ursprungs-Farbkombination.

Der Übersichtlichkeit wegen hier noch einmal das aktuelle Farbschema:

- Wagenkasten unterhalb der Fensterbrüstung rubinrot (RAL 3003);
- Dach und Fensterflächen ocker-farbig (RAL 1024);
- Farbtrennungs-Streifen und Schutzborde verkehrsschwarz (RAL 9017).

Die bis dahin ausgelieferten Fahrzeuge werden in der Hauptwerkstätte (Hw) Schöneweide der »S-Bahn Berlin GmbH« entsprechend umlackiert.

Kupplungen und Energieverzehr-Konzept, Übergang

Die Triebzüge sind an den Betriebskuppelenden mit automatischen, beheizten Mittelpufferkupplungen vom Fabrikat Scharfenberg Typ 10 ausgerüstet. Beim Kupplungsvorgang werden gleichzeitig die Verbindungen der Hauptluft- und Hauptluftbehälter-Leitung sowie die Leitungen für Elektrik und Steuerelektronik hergestellt; letztere Verbindungen werden hierbei über zwei seitlich angeordnete Kontaktkupplungen übertragen. Die Trennung der Kupplung kann sowohl pneumatisch als auch manuell erfolgen.

Blick auf die Kurzkupplung des ETA-Wagens.
Aufn: Bombardier

Aufgrund der abweichenden fahrdynamischen Werte können die Triebzüge der BR 481/482 nur mechanisch mit der BR 485 gekuppelt werden. Der Wunsch einer betrieblichen Kupplung mit der BR 480 konnte aufgrund der abweichenden Leittechnik leider nicht realisiert werden.

Der große Greifbereich des Kupplungskopfes erlaubt auch bei größeren horizontalen und vertikalen Versätzen (horizontal ± 10°, vertikal ± 6°), z.B. bei Kuppen und Gleisbögen, einen sicheren Kupplungsvorgang. Zwischen den beiden Wagen eines Viertelzuges befindet sich eine Kurzkupplung vom Fabrikat Scharfenberg Typ 40-2022/23, deren Hälften mechanisch mittels einer Schalenmuffe miteinander verbunden werden. Die Verbindung der pneumatischen und elektrischen Leitungen erfolgt selbsttätig während des Kuppelvorgangs.

Das von der damaligen Waggon-Union in Zusammenarbeit mit Prof. Bugarcic – TU Berlin – für die BR 480 entwickelte Energieverzehr-Konzept (s. auch Einleitung), welches eine verminderte Längsdruckkraft von 800 kN in Verbindung mit einer Reduzierung des Fahrzeuggewichts ermöglichte, konnte auch bei der BR 481/482 verwirklicht werden. Die Kupplungen sind Teil des Energieverzehr-Konzeptes. Wie bereits bei der Auflistung der Konzept-Kriterien der BR 481/482 erwähnt, bestanden bezüglich der Energieaufnahme die folgenden, hier näher zu erläuternden Vorschriften:

1. Aufprall eines leeren Vollzugs auf geradem Gleis auf einen anderen, ebenfalls leeren, jedoch gebremst stehenden Vollzug mit einer vmax = 15 km/h. Bei diesem Aufprall dürfen an keinem der Wagenkästen irgendwelche Beschädigungen auftreten. Die eingesetzten Energieverzehr-Elemente müssen hierbei noch selbstregenerierend sein.
2. Aufprall der gleichen Zugformation wie unter Pkt. 1 im Bereich von v = 15 - 25 km/h. In diesem Fall dürfen zusätzlich im Vorbaubereich vorgesehene Knautschzonen gezielt deformiert werden.
3. Aufprall der gleichen Zugformation wie unter Pkt. 1 auf einen festen Prellbock mit v_{max} 8 km/h ohne irgendeine Beschädigung der Wagenkästen

Die Druckkräfte werden vom Kupplungskopf über einen im Kupplungsarm angebrachte Jarret-Pralldämpfer und einem elastischen Federgelenk auf den Wagenkasten übertragen. Als zusätzlicher Schutz bei starken Stößen dienen Energieverzehr-Elemente, die hinter den Seitenpuffern

DWA-Vorschlag für ein künftiges neues Farbschema der Beliner S-Bahn.
Aufn: Bombardier

Ein Triebzug der BR 481/482 in den ursprünglichen Farben.
Aufn: Bombardier

Schließlich setzte sich die klassische Farbgebung doch wieder durch: Halbzug, bestehend aus einem Viertelzug in der gültigen Farbgebung (vorne) und einem Viertelzug in der ursprünglich vorgesehenen Lackierung (hinten) im Betriebswerk Friedrichsfelde.
Aufn: Riechers

an den Betriebskuppelenden angebracht sind. Ferner befinden sich an dem elastischen Federgelenk des ETA-Betriebskuppelendes zusätzliche Abreißelemente. Kletterschutzplatten an den beiden Betriebskuppelenden sowie Anschläge an den Kurzkuppelenden sollen ein Aufklettern der Wagen beim Aufprall verhindern.

Der nahezu konturgleiche Übergang zwischen den beiden Wagenkästen eines Viertelzuges wird von der Firma Hübner geliefert. Er besteht aus einem umlaufenden Einfach-Wellenbalg mit aufgedoppeltem Boden, einer Gliederbrücke und zwei Brückenabdeckungen im Bodenbereich. Im Innenbereich wird der Übergang durch flexible seitliche Innenwände und eine Gliederdecke verkleidet. Der Wellenbalg besteht aus nach außen offenen und aus speziellen Wellenbalgstoffen zusammengenähten flexiblen Stoffwellen mit aufgesickten Balgrahmen; die Begrenzungen des Wellenbalges werden durch je einen, aus Aluminium-Profilen zusammengeschweißten und pulverbeschichteten Anschraub- und Kuppelrahmen gebildet. Während der Anschraubrahmen mit der Stirnwand des ETB-Wagenkastens verschraubt wird, wird der Kuppelrahmen über ein Verriegelungssystem mit der Stirnwand des ETA-Wagenkastens verbunden und dient der schnellen Trennung beider Wagenteile. Die Gliederbrücke besteht aus einem gelenkigen Rahmen aus Edelstahl sowie den dazwischen angebrachten Tritt- und Gleitgliedern. Die Trittglieder bestehen aus eloxierten und mit Anti-Rutschbelag versehenen Alu-Profilen, die Gleitglieder aus Polyethylen (PE)-Profilen. Aus der Gliederbrücke lässt sich ein separates Mittelteil herausnehmen um einen Zugang zur Kurzkupplung zu erhalten. Die Gliederbrücke ist über brücken- und fahrzeugseitige Rollen lose mit den Wagenkästen verbunden. Ein federbelastetes Hebelarmsystem dient der Zentrierung der Gliederbrücke. Die Übergänge von der Gliederbrücke zu den Wagenkästen werden von je einer zweiteiligen, scharnierenden und mit einem Anti-Rutsch-belag versehenen Leichtmetall-Bodenplatte abgedeckt, diese »Brückenabdeckungen« sind mit den Wagenkästen verschraubt.

Die Innenverkleidungsteile bestehen aus je einem vorgespannten GFK- Seitenteil mit elastomeren Spaltabdeckungen zur Gliederbrücke bzw. Gliederdecke. Die Gliederdecke besteht aus einer mittig angeordneten und geschlitzten Lamellenplat-

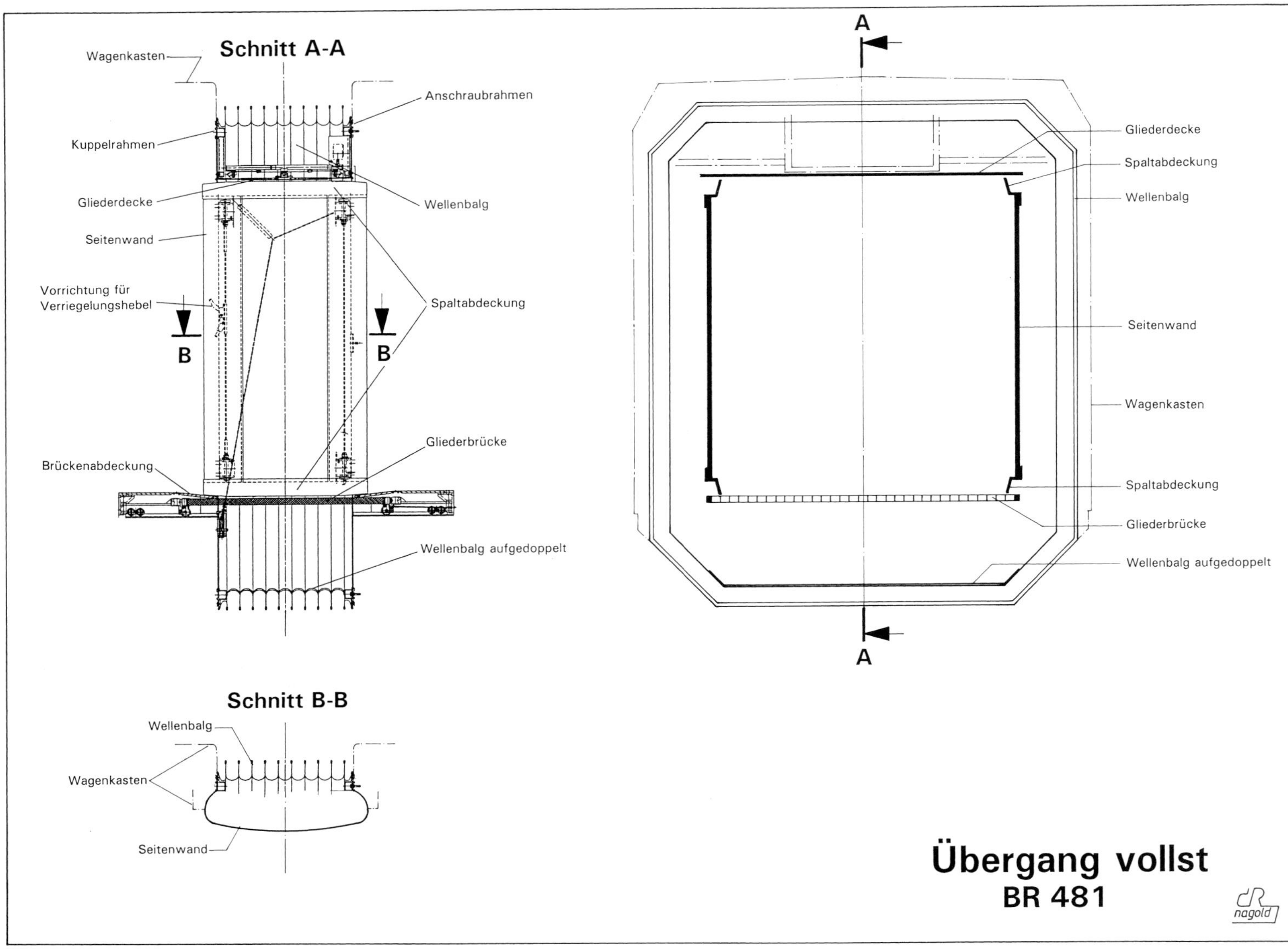

Prinzipskizze des Übergangs.
Zeichnung: Riechers

te aus lackiertem Leichtmetall und zwei wagenkastenseitigen einfachen Lamellenplatten aus lackiertem Nirosta-Stahlblech. Die gesamte Gliederdecke wird über zwei an beiden Wagenkästen angebrachte und am Mittelteil der Gliederdecke befestigte Teleskop-Scherenaufhängung geführt. Der Einfach-Wellenbalg mit Innenverkleidung läßt eine optimale Luftschalldämmung von 27 dB (A) erwarten (vgl. Einfach-Wellenbalg ohne Innenverkleidung = 23 dB (A)).

Ausstattung Fahrgastraum

Doppelverglaste Fenster aus Einscheiben-Sicherheitsglas sollen Kältebrücken verhindern; die in einem Rahmen vormontierten Fenster sind austrittssicher mit Gummiprofilen eingesetzt. Versetzt angeordnete klappbare Oberlichter sorgen für eine zusätzliche Belüftung des Fahrgastraumes. Die Stirnwand am Betriebskuppelende des ETB-Wagens ist mit einem 1.700 mm breiten Fenster versehen, wodurch eine zusätzliche Transparenz sowie ein verbessertes Sicherheitsgefühl erreicht wird.
Der Fahrzeugboden besteht aus Polyvan 31-Platten, einem Sandwich von Sperrholz und Schaum, die mit Gummi-Elementen auf dem versickten Fahrzeugboden »schwimmend« gelagert sind. Hierdurch können keine störenden Körperschallanteile über den Fußboden übertragen werden. Die Fußbodenhöhe beträgt durchgehend 1000 mm.
In der Deckenmitte befindet sich eine in Wagenkastenlänge durchgehende Nirosta-Lochblende mit gebürsteter Oberfläche, hinter der sich der Mittelkanal der Heizungs-Lüftungsanlage sowie die Lautsprecher der Beschallungsanlage befinden. Seitlich der Nirostablenden sind lackierte GFK-Platten angebracht. Auch die Seitenwand-, Einstiegs- und Übergangsverkleidungen sowie die Deckenvouten bestehen aus GFK-Formteilen mit lackierten Oberflächen. Die Deckenvouten sowie die Einstiegsverkleidungen sind klappbar gestaltet, so dass die dahinter befindlichen Geräte bequem gewartet werden können.

Innenansicht des Übergangs mit »2. Klasse«-Großraum. Nachdem das 1. Klasse-Abteil lediglich pro forma existiert, haben die Gänsefüßchen durchaus ihre Berechtigung. Über dem Übergang ist das Haltestellen-Display zu erkennen.
Aufn: Riechers

Die Isolierung im Bereich der Seitenwände und Stirnwände besteht überwiegend aus Dämm-Filzplatten. Unterhalb der Fenster besteht die Isolierung aus Resonaflex. Die Dachisolierung besteht aus mit Gewebe kaschierten Dämm-Filzplatten.
Die Viertelzüge der BR 481/482 verfügen je Seite über sechs doppelflügelige und elektropneumatisch angetriebene Schwenk-Schiebetüren mit einer lichten Öffnung von 1300 mm, Hersteller ist die Firma Bode. Die Türen sind neben ihrer zentralen Ansteuerung nach Freigabe durch den Tfz-Führer mittels Taster von außen und innen zu öffnen und zu schließen. Vor dem Schließen und während des Schließvorgangs ertönt ein Warnton, zusätzlich blinkt eine von außen und innen sichtbare Schließwarnleuchte in der Einstiegs-Dachvoute. Im Störungsfall können die Türen mittels Bowdenzug geöffnet werden. Während der Fahrt sind die Türen verriegelt. Der linke und rechte Einstieg hinter dem Führerraum ist mit einem im Schutzbord integrierten und pneumatisch angetriebenen Klapptritt versehen, um für Rollstulfahrer den Spalt zwischen Fahrzeug und Bahnsteigkante zu überbrücken, ähnlich der Ausführung bei der BR 480. In jedem Einstiegsraum ist ein in der Einstiegsverkleidung eingelassener Notbremsgriff vorhanden. Notsprechstellen befinden sich auf beiden Fahrzeugseiten in den Einstiegsräumen; sie werden sowohl durch manuelle Betätigung als auch durch eine ausgelöste Notbremsung hergestellt. Nach der Ablieferung werden diese Sprechstellen zunächst abgeklemmt. Wenn die im Aufbau befindliche Leitstelle bei der S-Bahn in Betrieb genommen ist, sollen sie wieder angeschlossen werden.
Die mit Dekorstoff in grüner Farbe gepolsterten Schaumsitze sind mit verdeckten Verriegelungselementen auf Metallschalen montiert, wodurch sie im Falle von Beschädigungen leicht und schnell ausgetauscht werden können. Sie sind mit Ausnahme der Sitzgruppen im Übergangsbereich in der Aufstellung 2 + 2 sowie weitestgehend vis à vis angeordnet. Der Sitzteiler beträgt 1.678 mm in der 2. Klasse.
Nachdem die Berliner S-Bahn-Fahrzeuge seit 1946 nicht mehr über ein 1. Klasse-Abteil verfügen, sollten die Triebzüge der BR 481/482 versuchsweise wieder damit ausgerüstet werden. Das 1. Klasse-Abteil wurde am Betriebskuppelende des ETB-Wagens vorgesehen und ursprünglich durch eine Glas-Pendeltür mit Rückstell-Einrichtung vom Einstiegsraum abgetrennt. Die Sitze der 1. Klasse sind mit zusätzlichen Armlehnen und Kopfstützen ausgerüstet und mit einem lilafarbig gemusterten Dekorstoff gepolstert, der Sitzteiler beträgt 1.850 mm. Außen sind die 1. Klasse-Abteile mit einem Sticker gekennzeichnet. Mittlerweile kann jedoch davon ausgegangen werden, dass dieser Versuch fehlgeschlagen ist. Zunächst ist festzustellen, dass im Gemeinschaftstarif des VBB keine 1. Klasse-Fahrkarten vorgesehen sind, wodurch

Blick in das »1. Klasse-Abteil«. In der Mitte der abgedeckte Hilfs-Führerstand.
Aufn: Riechers

die Nutzung der 1. Klasse Abteile allgemein freigegeben ist. Es ist vorgesehen, das Abteil wieder aufzulösen. Da die Fahrgäste aufgrund der Trennwand und der Drehtür sowie der 1. Klasse- Beschriftung ungern in diesem Abteil Platz nehmen, wurde zunächst einmal die Drehtür entfernt. Gegenwärtig wird überlegt, wie das Abteil künftig einzuteilen ist. Im Bereich des Übergangs zwischen dem ETA- und ETB-Wagen sind in jedem Wagen beidseitig je drei Längssitze angebracht, wodurch ein zusätzlicher Auffangraum entsteht.

Der ETA-Wagen verfügt im Bereich zwischen dem ersten und zweiten Einstieg über einen Mehrzweckraum mit insgesamt 14 Klappsitzen. Die Mehrzweckräume ermöglichen die Mitnahme von sperrigem Gepäck, Rollstühlen und Fahrrädern.

Die Einstiegsbereiche sind von den Fahrgasträumen durch halbhohe Wände mit aufgesetzten Windfangscheiben getrennt. Alle Haltestangen sind aus hygienischem und leicht zu reinigenden Edelstahl hergestellt.

Der Fahrgastraum wird über eine Heizungs-Lüftungsanlage ausreichend belüftet und beheizt. Die Anlage besteht aus vier im Dach eines jeden Wagens angeordneten Luft-Heizgeräten (**LHG**) sowohl für den Sommer- als auch für den Winterbetrieb. Für die Regelung von Heizung und Lüftung dient ein Temperaturregler auf Mikroprozessorbasis, der auch die Diagnose-Funktionen der Luftbehandlungsanlage sichert.

Im Winter (Heiz)-Betrieb wird die über den Dachvouten angesaugte Frischluft in den LHG erwärmt und über die Dachvouten-Kanäle sowie die neben den Türsäulen angebrachten Stichkanäle in die Fußbodenkanäle geleitet. Durch Öffnungen in den Fußbodenkanälen gelangt die Warmluft in den Fahrgastraum. Die Warmluft steigt nach oben und wird über die in Deckenmitte angebrachte Nirosta-Lochblende in den Mittelkanal und weiter über oberhalb der Einstiege angeordnete Querkanäle ins Freie geleitet. Die Raumtemperatur wird in Abhängigkeit von der Außentemperatur geregelt, beispielsweise bei einer Außentemperatur von -20°C auf eine Raumtemperatur von +12°C. Vorzugsweise bei Bremsvorgängen werden die Heizregister zugeschaltet, um die beim elektrodynamischen Bremsen freiwerdende Energie auszunutzen.

Im Sommerbetrieb werden die LHG-Motoren umgepolt, so dass sie die Frischluft über den Einstiegen ansaugen und über die Dachvouten ins Freie leiten. Hierdurch wird ein Austausch der verbrauchten Luft und eine gleichmäßige Belüftung gewährleistet. Durch die Zufuhr großer Mengen von Außenluft wird selbst bei starker Sonneneinstrahlung der unvermeidlichen Erwärmung des Innenraumes entgegengewirkt. Hierbei wird die Lüfterdrehzahl in Abhängigkeit von der Innentemperatur gesteuert; so beträgt beispielsweise bei einer Innentemperatur von +18°C die Luftdurchsatzmenge 18 m^3/h/Pers und bei einer Innentemperatur von 26°C eine solche von 34 m^3/h/Pers.

Die Beleuchtung des Fahrgastraumes erfolgt durch seitlich unterhalb der Deckenvouten in den Sitzbereichen angebrachte Leuchtenbänder mit Leuchtstoffröhren. Die Ausleuchtung der Einstiegsbereiche erfolgt durch je drei quer angeordnete Deckenleuchten pro Seite, von denen jeweils die mittlere Leuchte fallweise als Notbeleuchtung dient. Die Abdeckungen der Vouten- und Deckenleuchten bestehen aus Polycarbonat (PC) mit hinterlegtem Blendraster. Durch die bündige Anordnung der Leuchten wird die Zerstörungsgefahr gemindert.

Das Fahrgast-Informationssystem (FIS) stammt von der Firma Infosystems, vorm. Wandel & Goltermann, und besteht aus einer mit der Funkanlage gekoppelten Beschallungsanlage sowie einem optischen Anzeigesystem. Die Beschallungsanlage wird sowohl über einen Bedientasten-

In Zusammenarbeit mit dem Allgemeinen Deutschen Fahrrad Club (ADFC) hat die S-Bahn-Berlin im Mehrzweckraum des Fahrzeugs 481 148 ein spezielles Fahrradabteil mit Halteösen für Fahrräder eingerichtet.
Aufn: Franke

block als auch über **IBIS** gesteuert. Über den Bedientastenblock kann der Triebzugführer die Funktionen Funk, Funk an Fahrgäste, Außen- und Innenlautsprecher sowie Ein- und Ausschalten der Notsprechstellen wählen. Gesprochen wird entweder über ein Handgerät oder über das neben der Führerraum-Außentür befindliche Abfertigungsmikrofon, über dessen Sprechtaste entweder die Innenlautsprecher oder die auf der aktivierten Zugseite befindlichen Außenlautsprecher eingeschaltet werden. Die Durchsagen können im Führerstand mitgehört werden. Für die Innenbeschallung sind je Fahrgastraum sechs Lautsprecher vorgesehen, die sich hinter der mittigen Nirosta-Deckenblende befinden. Für die Außenbeschallung sind je Wagenseite zwei Lautsprecher angebracht. Hinter der ETA-Frontscheibe befinden sich im oberen Bereich zwei Rollbandanlagen für die beleuchtete Anzeigen des Zielbahnhofs und die Liniennummer sowie im unteren Bereich für die neben dem linken Frontsignal vorgesehene unbeleuchtete Rollbandanlage mit der Zug-Umlaufnummer. Im Innenraum der ETA- und ETB-Wagen sind an den Stirnwänden und Übergangsverkleidungen Displays angebracht, die bei Abfahrt aus dem Bahnhof die Liniennummer mit Zielbahnhof anzeigen und anschließend den nächsten und übernächsten Bahnhof; Umsteigebahnhöfe werden mit einem »U« gekennzeichnet. Gesteuert werden die Rollbandanlagen und die Displays über das IBIS-Steuergerät. Zusätzlich sind in den Fahrgasträumen Netz-Übersichtspläne angebracht, die dem Fahrgast das Finden der optimalen Fahrtroute erleichtern.

Führerstand und Rangier-Fahrpult

Der Führerstand wurde nach den neuesten ergonomischen Erkenntnissen gestaltet, so dass große wie kleine Fahrer und Fahrerinnen einen optimalen Arbeitsplatz mit ausgezeichneten Sichtverhältnissen auf Strecke und Signale vorfinden.

Der in Führerstandsmitte angeordnete luftgefederte und in Längsrichtung, Höhe und Neigung verstellbare Führersitz ist mit Armlehnen und Kopfstütze ausgerüstet und entspricht somit den heutigen Ansprüchen. Auf dem Führerpult sind alle Bedien- und Anzeigegeräte »Erster Ordnung« übersichtlich angebracht, während alle weiteren für den Regelbetrieb erforderlichen Bedien- und Anzeigegeräte »Zweiter Ordnung« auf einer an der Führerraum-Rückwand befindlichen Bedientafel untergebracht sind. Das rechts auf dem Führerpult angeordnete Display ist schwenkbar, um je nach Lichteinfall optimal ablesbar zu sein. In den Unterschränken des Führerpults befinden sich Ausrüstungs-Komponenten wie eine SPS-Station, eine Druckluftschalttafel, die Scheibenwisch- und Waschanlage, ein Thermofach sowie die unteren Frontsignale. An der Führerraum-Rückwand befinden sich der Schaltgeräteschrank für konventionelle Fahrzeugsteuerung sowie weitere SPS-Komponenten und ein Elektronikschrank für die Rechner- und Steuersysteme eines Viertelzuges. Zwischen den Schaltschränken befindet sich eine 1550 mm breite Glaswand mit Drehtür und Panikschloß. Hierdurch kann der Tfzführer mit den Fahrgästen Blickkontakt aufnehmen, wodurch ein zusätzliches subjektives Sicherheitsgefühl entsteht.

Aus Platzgründen wurden u.a. die Baugruppenträger für Funk und FIS im Deckenbereich untergebracht.

Die zusammen mit dem GFK-Rahmen (»Brille«) auf den Wagenkasten geklebte sphärisch gebogene Frontscheibe ist aus Verbund-Sicherheitsglas und bis zu 260 km/h beschusssicher. Dieser hohe Wert ist deshalb erforderlich, weil die S-Bahnzüge teilweise parallel zu den von ICE-Triebzügen mit Geschwindigkeiten bis zu 160 km/h genutzten Ferngleisen fahren. Der Test besteht aus dem Abschießen eines 1 kg schweren Geschosses, bei dem die geforderte Geschwindigkeit erreicht wird.

Außer einer Glastür zum Fahrgastraum verfügt der Führerstand beidseitig über elektrisch betrie-

Blick in den Führerstand.
Aufn: Riechers

Die linke Vorderwandsäule im Führerraum mit Abfertigungsmikrophon. In der Mitte das »Spiegelfenster«.
Aufn: Riechers

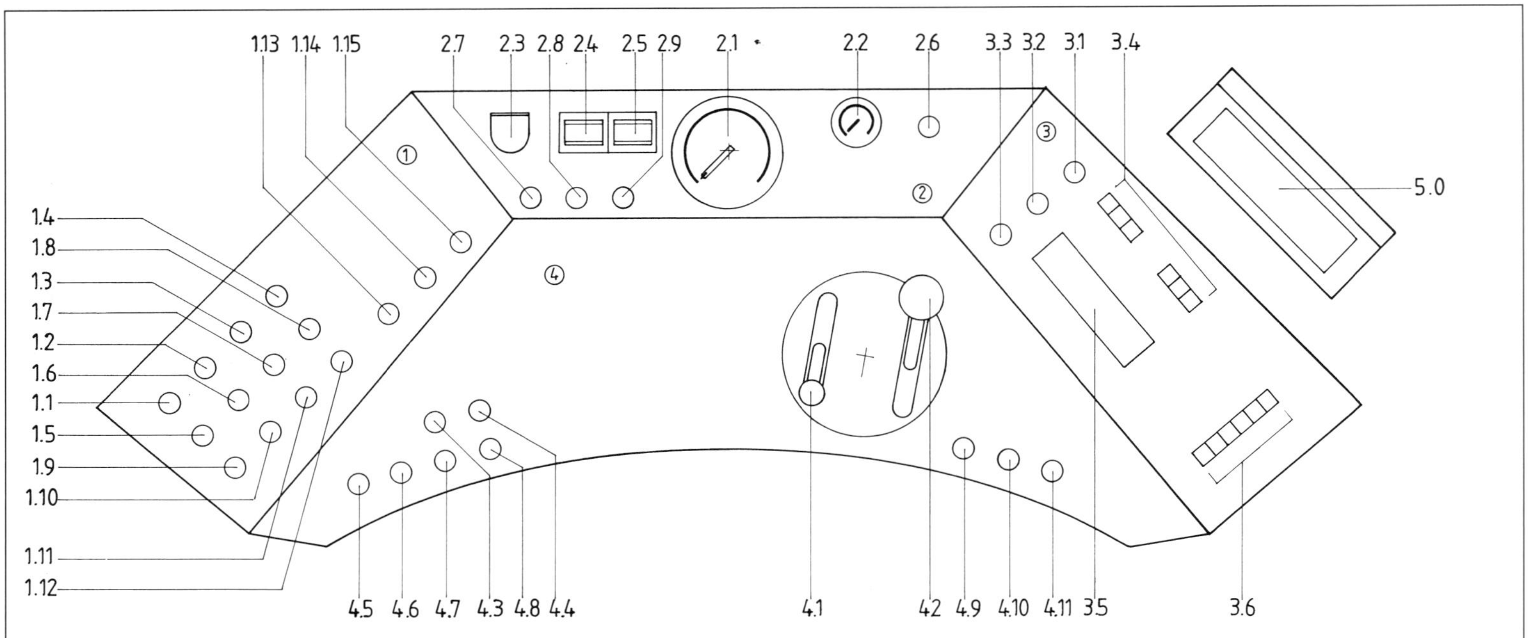

1.1. Hauptschalter aus (LM)
1.2. Hauptschalter ein/aus
1.3. Spiegel und Spiegelheizung
1.4. Dimmer Pultbeleuchtung
1.5. Federspeicher, mind. einen (LM)
1.6. Federspeicher, alle (LM)
1.7. EP-Bremse, mind. eine (LM)
1.8. EP-Bremse, alle (LM)
1.9. Federspeicher ein
1.10. Federspeicher aus
1.11. Kupplung (LM)
1.12. Fahrspannung (LM)
1.13. Sanden
1.14. Notbremse (LM)
1.15. Fahrsperre (LT)

2.1. Geschwindigkeitsmesser
2.2. Doppelmanometer HBL/Bremszylinder
2.3. Störfahrt (Plombierkappe)
2.4. Zählwerk Vorbeifahrt
2.5. Zählwerk Fahrsperre
2.6. Sifa (LM)
2.7. Türen Fahrgastraum links, zentr. (LT)
2.8. Türen Fahrgastraum geschlossen (LM)
2.9. Türen Fahrgastraum rechts, zentr. (LT)

3.1. Dimmer Sifa-Leuchtmelder
3.2.. Dimmer Instrumentenbeleuchtung
3.3. Fahrschalter (S)
3.4. Abfertigungsfunk
3.5. Betriebsfunk
3.6. Tastatur FIS

4.1. Sollwertgeber/Fahrtrichtungsschalter
4.2. Fahr-Bremshebel
4.3. Sifa-Prüftaster
4.4. Makrofon
4.5. Sifa
4.6. Türen Fahrgastraum, Freigabe links
4.7. Türen Fahrgastraum, schließen
4.8. Türen Fahrgastraum, Freigabe rechts
4.9. Tür Führerraum, öffnen links
4.10. Tür Führerraum, schließen
4.11. Tür Führerraum, öffnen rechts

5.0. Display

LT Leuchttaster
LM Leuchtmelder
S Schlüsselschalter
(keine Angaben: Taster od. Schalter)

① Ebene

Oben: Anordnung der Bedienelemente auf dem Führerpult.
Zeichnung: Riechers

Blick auf den Hilfsführerstand im 1. Klasse-Abteil des ETB-Wagens.
Aufn: Riechers

Die verglaste Trennwand zum Führerraum.
Aufn: Riechers

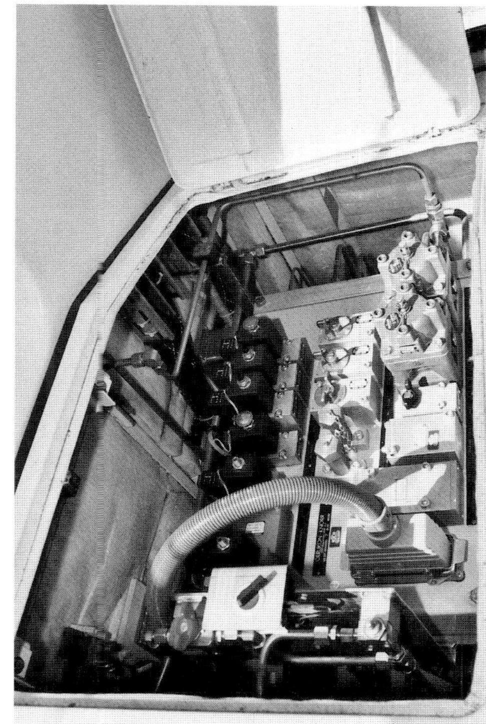

Blick in den Geräteraum neben dem Hilfsführerstand mit der Druckluft-Schalttafel.
Aufn: Riechers

bene einflügelige und mit Klappfenstern versehene Schwenkschiebetüren.
Neben beiden Führerstandstüren sind Steckvorrichtungen für Abfertigungsmikrofone angebracht, die mit Tastern für Durchsagen über Außenlautsprecher, Türfreigabe sowie für zentrale Türschließung versehen sind. Ferner sind beidseitig klappbare und beheizte Außenspiegel angebracht. Die Anbringung dieser Spiegel entspricht denen der BR 480. In eingeklapptem Zustand sind diese bündig mit der Außenhaut; beim Ausklappen geben die Spiegel ein kleines Fenster frei, welches dem Tfz-Führer den Blick in den Spiegel ermöglicht.
Der Führerstand ist mit einer leistungsfähigen Klimaanlage ausgestattet, womit der Tfz-Führer eine individuelle Raumtemperatur zwischen +18°C und +26°C einstellen kann; zusätzlich ist in der Fußnische eine Heizplatte für Oberflächentemperaturen von 0°C bis +60°C angebracht.
Am Betriebskuppelende des ETB-Wagens befindet sich über die gesamte Wagenbreite bis auf Höhe der Fensterbrüstung ein weiterer Geräteschrank mit mittig zwischen den 1. Klasse-Sitzen angeordnetem Hilfsführerstand für Rangierfahrten bei Zugbildung im Betriebsdienst oder in den

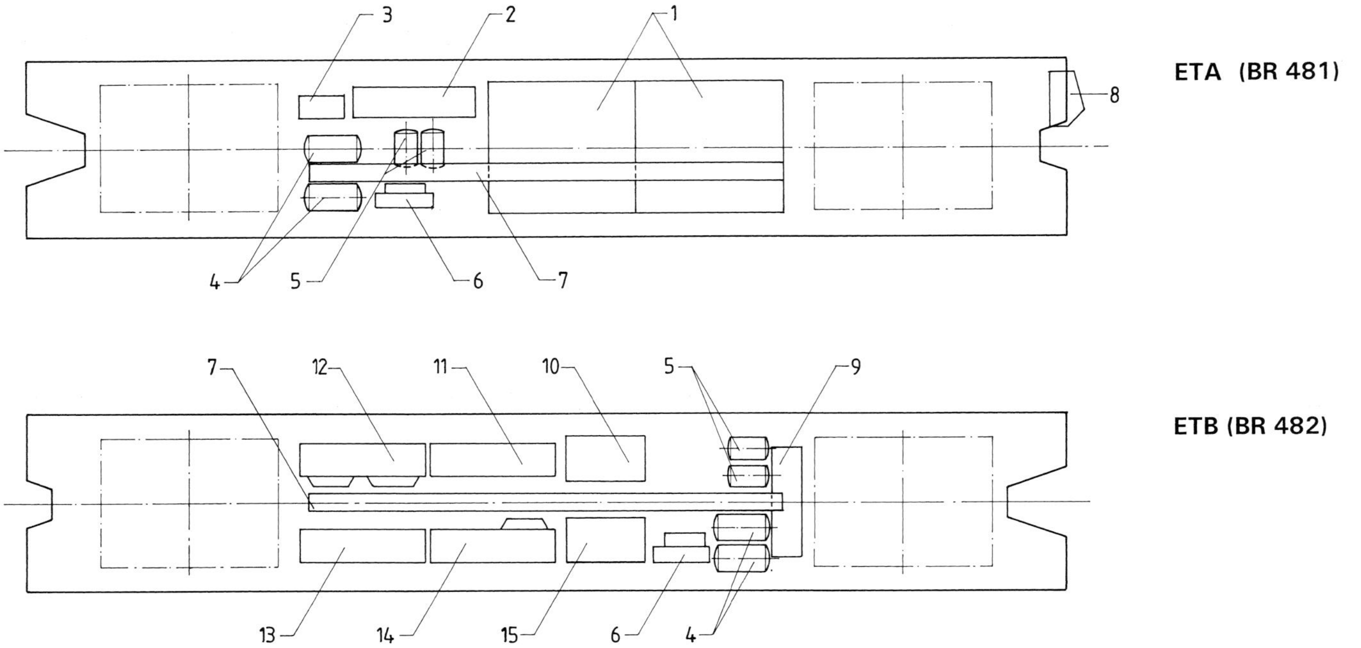

1. Traktionscontainer
2. Schaltgerätekasten
3. Hauptschalter
4. Luftbehälter 100 Liter
5. Luftbehälter 60 Liter
6. Druckluftgerätetafel
7. Kabelkanal
8. Kompaktklimagerät
9. Kasten für Notleiter u. Handkurzschließer
10. Batteriekasten mit Sicherungskasten
11. Fremdeinspeisung
12. Hilfsbetriebe-Gleichstromsteller
13. Hilfsbetriebe-Frequenzumrichter
14. Batterieladegerät
15. Druckluftversorgungsanlage

Anordnung Geräte
BR 481/482

Die Unterflur-Geräteanordnung der BR 481/482
Zeichnung: Riechers, Quelle Adtranz

Werken sowie Komponenten für den ETB-Wagen wie z.B. eine SPS-Station, eine Druckluftschalttafel und das Zug- und Fahrzeugsteuergerät. Die v_{max} beträgt in diesen Fällen 20 km/h.

Unterflur-Geräteanordnung

Alle für den Betrieb eines Viertelzuges erforderlichen Komponenten sind weitestgehend unterhalb des Untergestells des ETA-Wagens in Containern untergebracht. Hierzu gehören:

- ein zweiteiliger Traktionscontainer mit Pulswechselrichter (PWR), Bremssteller, der Netzfilter, die Vorladeeinrichtung sowie die Bremswiderstände;
- der elektromagnetische Schnellschalter
- der Schaltgerätekasten
- die Druckluftgerätetafel
- Luftbehälter
- Führerraum-Klimagerät

Zwei Radiallüfter belüften die Module des PWR und des Bremsstellers sowie den Netzfilterkondensator. Die Bremswiderstände werden durch zwei, die Netzfilterdrossel durch einen Axiallüfter gekühlt. Die Kühlluft wird oben angesaugt und tritt seitlich unten aus. Die Bremswiderstände werden nach unten ausgebaut, Phasen- und Bremsstellermodule seitlich. Unterhalb des Untergestells des ETB-Wagens befinden sich

- der Container mit der Druckluftversorgungsanlage,
- die Druckluft-Schaltgerätetafel,
- der Kasten mit Hilfsbetriebe-Gleichstromsteller, Frequenzumrichter, Batterieladegerät und Fremdeinspeisung,
- Batterieblock
- Luftbehälter
- ein von beiden Seiten zugänglicher Kasten für eine Notleiter zur Evakuierung der Fahrgäste und ein Hand-Kurzschließer.

Die aus neun Blöcken bestehende Bleibatterie ist wartungsfrei; die Batterieblöcke sind auf einem Trägerrahmen installiert, der, auf Rollen gelagert, seitlich herausziehbar ist. Alle unterflur angeordneten Geräte sind über Klappen seitlich zugänglich.

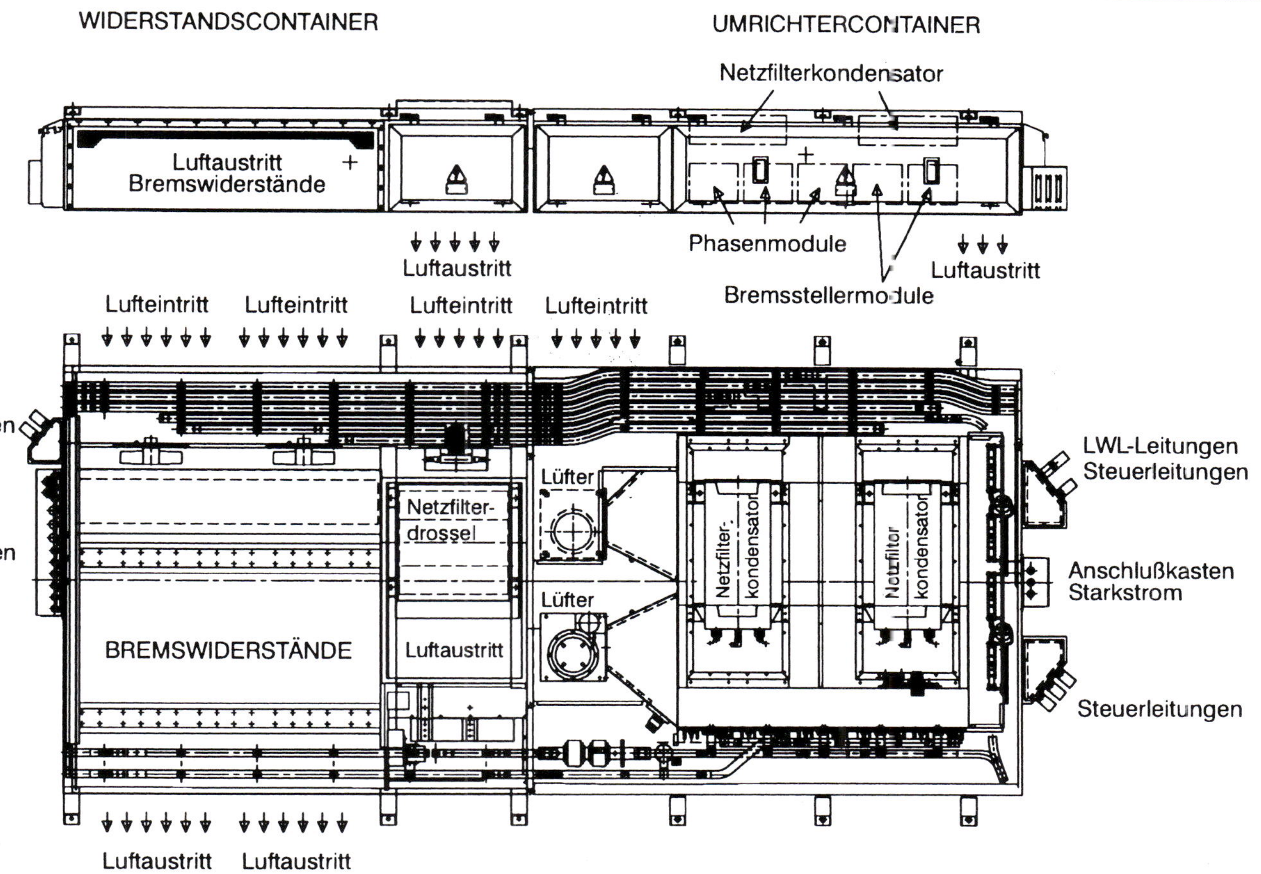

Darstellung des Traktionsumrichters.
Abb: Bombardier

Drehgestelle, Bremsen, Pneumatik

Drehgestelle

Bei der BR 481/482 wird der ETA-Wagen (BR 481) mit je einem Triebdrehgestell und Laufdrehgestell, der ETB-Wagen (BR 482) mit zwei Triebdrehgestellen ausgerüstet, die Achsfolge lautet daher Bo'2'+Bo'Bo'. Die Anordnung des Laufdrehgestells am Kurzkuppelende des ETA-Wagens erfolgte aus Gründen der Gewichtsverteilung. Trieb- und Laufdrehgestell sind in ihrer Grundkonzeption gleich und bestehen aus einem aus Kastenprofilen zusammengeschweißten verwindungsweichen H-Rahmen aus St 52-3. Der Achsabstand beträgt bei beiden Drehgestellausführungen 2.200 mm. Die Radsätze sind mit Monobloc-Rädern Durchmesser 820/760 mm (neu/ab-

Trieb-Enddrehgestell BR 481 mit Stromabnehmer und Aufnahme der Spurkranzschmierung am vorderen Kopfträger.
Aufn: Bombardier

Laufdrehgestell der BR 482. Aufn: Bombardier

gen.) ausgerüstet, die Radsatzwellen sind zum Zwecke der Ultraschallprüfung mit Bohrungen versehen. Die Radlager bestehen aus fettgeschmierten doppelreihigen Zylinderrollenlagern. Die Lager sind für eine Laufleistung von 1 Mio km (entspr. ca. 8 Jahren) ausgelegt.

Die Primärfederung erfolgt über Gummi-Schichtfedern. Die selbsttätig radial einstellbare und verschleißarme Radsatzführung besteht aus einseitig angeordneten Lenkern, die mittels Gummikonusbuchsen am Drehgestellrahmen angelenkt sind. Hierdurch werden Verschleiß an Rädern und Schienen sowie Fahrwiderstand und Geräuschentwicklung insbesondere im kurvenreichen Nord-Süd-Tunnel und auf dem Stadtbahnviadukt auf ein Mindestmaß beschränkt. In der Sekundärstufe stützen sich die Wagenkästen auf Luftfedern mit integrierten Gummi-Notfedern ab, wobei sich die oberen Balg-Befestigungsplatten über je einen vertikal geführten Schwingungsdämpfer am Drehgestellrahmen abstützen. Zusätzlich ist ein horizontal angeordneter Schwingungsdämpfer vorgesehen. Jede Luftfeder ist mit einem Zusatzvolumen von 9 Litern versehen.

Die Übertragung der Zug- und Bremskräfte von den Drehgestellen zum Wagenkasten erfolgt über einen kurzen Lenker sowie Drehzapfen. Die Enddrehgestelle eines Viertelzuges sind mit einer richtungsabhängig auf die jeweils vorlaufende Achse – 1 bzw. 8 – wirkende Besandungsanlage mit einem Behälterinhalt von 4 ˘ 15 l versehen, die ebenfalls richtungsabhängig vorlaufende Achse 1 des ETA- Wagens mit einer Spurkranzschmierung.

Bremsanlage

Die Bremsanlage eines Viertelzuges besteht aus
- einer lastabhängigen elektrodynamischen und rekuperierenden Widerstandsbremse;
- direktgesteuerte lastabhängige elektropneumatische Scheibenbremsen, Typ KBGM-P der Firma Knorr Bremse;
- Federspeicher-Feststellbremsen, die einen vollbesetzten Viertelzug auf Neigungen bis 4 % halten können.

Die elektrodynamische Bremse wirkt bis 7 km/h, danach wird elektropneumatisch gebremst. Die elektropneumatische Bremse ist jedoch so konzipiert, dass das ganze Bremsprogramm damit abgewickelt werden kann. Für beide Bremssysteme ist ein integrierter Gleitschutz installiert, der die elektrischen Signale direkt in Bremskraft umwandelt.

Im Falle
- einer vom Tfz-Führer ausgelösten Schnellbremsung
- einer von einem Fahrgast ausgelösten Notbremsung
- einer durch Sifa, Fahrsperre oder Zugtrennung ausgelösten Zwangsbremsung

wird die durch den ganzen Zugverband geführte Sicherheitsbremsschleife geöffnet und – ausschließlich – die elektropneumatische Bremse lastabhängig aktiviert, einschließlich der Besandungsanlage.

Trieb- und Laufdrehgestelle verfügen über je zwei Wellenbremsscheiben (je eine pro Radsatz) mit einem Durchmesser von 600 mm und einer Breite von 140 mm. Durch dieses ungewöhnlich große Breitenmaß wird bei Ausfall der elektrodynamischen Bremse über einen mindestens 22-stündigen Betriebseinsatz die gleiche pneumatische Bremsleistung ohne Wechsel der Bremsbeläge gewährleistet. Die Bremszangeneinheiten mit 10«-Bremszylindern sind seitlich an den Drehgestell-Längsträgern befestigt. Die Radsätze 3 bis 5 sind mit einer aufgesattelten Federspeicher-Feststellbremse bestückt; die Federspeicher können erforderlichenfalls mechanisch gelöst werden. Damit der Zug bei einer fahrgastbetätigten Notbremsung (z.B. im Falle eines Brandes) nicht in schwer zugänglichen Bereichen wie beispielsweise in einem Tunnel zum Stehen kommt, kann der Tfz-Führer über einen verplombten Schalter die Schnellbremse überbrücken, um die Weiterfahrt zur nächsten Haltestelle zu ermöglichen.

Pneumatik

Die im ETB-Wagen untergebrachte Druckluft-Erzeugungsanlage besteht aus einem einstufigen Schraubenverdichter, der von einem Drehstrommotor angetrieben wird. Die erzeugte Druckluft wird in einem nachgeschalteten Zweikammer-Lufttrockner mit integriertem Ölabscheider getrocknet. Der Inhalt der beiden Luftbehälter im ETA und ETB beträgt je 100 l. Jeder Viertelzug verfügt über eine durchgehende Hauptluftbehälter- und eine Hauptluftleitung, wobei letztere ausschließlich der ungebremsten Überführung von Viertelzügen der BR 481/482 in druckluftgebremsten Zügen z.B. der BR 485 dient. Die Haupluftbehälterleitung versorgt

Antriebsprinzip der BR 481/482 mit Läufer-Hohlwelle und Lamellenkupplung.
Abb: Adtranz

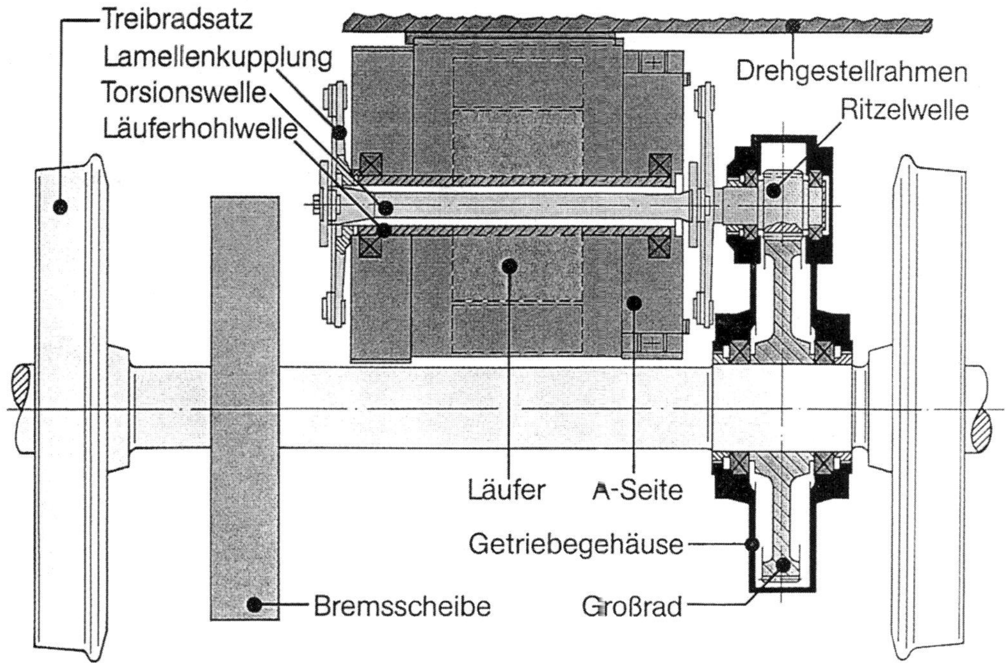

- über 2 ˘ 60 l Bremsvorrats-Luftbehälter: die Bremsanlage,
- über 2 ˘ 100 l Vorrats-Luftbehälter: die Luftfederung
- über 2 ˘ 60 l Sonderluftbehälter die pneumatischen Hilfsbetriebe wie
  - *(für den Viertelzug)*: Besandungsanlagen, Typhone, Betriebskupplungen, Stromabnehmer, Fahrgast-Türbetätigungsanlagen
  - *(für den ETA-Wagen)*: Spurkranzschmierung, Scheibenwisch-Waschanlage, Rückspiegel- und Kurzschließerbetätigung.

Antrieb

Die BR 481/482 wird von sechs eigenbelüfteten Drehstrom-Asynchron-Fahrmotoren in Läufer-Hohlwellenbauart der Firma VEM-Antriebstechnik GmbH, Dresden angetrieben; Die Gesamtleistung beträgt 600 kW bei einer max. Drehzahl von 3607/min.
Wegen der Aufhängung des Fahrmotors als »Gestellmotor« im abgefederten Drehgestellrahmen wird die Drehmomentübertragung vom Motorläufer über eine Stahl-Lamellenkupplung auf die durch die Läuferhohlwelle geführte Torsionswelle und eine Stahl-Lamellenkupplung gleicher Bauart auf die Ritzelwelle des einstufigen Stirnradgetriebes übertragen. Das Großrad und damit das ganze Getriebe ist ebenfalls auf einer Hohlwelle montiert, die mittels kegeligem Ölpreßsitz auf der Radsatzwelle befestigt ist.

Elektrische Anlage

Allgemein

Die Energieversorgung erfolgt über seitlich beider Enddrehgestelle eines Viertelzuges im Bereich des Drehzapfens zwischen dem 1. und 2. bzw. 7. und 8. Radsatz angeordnete Stromabnehmer und einer neben dem Gleis angebrachten und mit 750 V (+20%/-30%) DC gespeisten Stromschiene (»dritter Schiene«). Die Stromschiene wird in der Regel von unten bestrichen. Bei Einengungen des Lichtraumprofils, z.B. bei Brücken, wird eine dort angebrachte Leitschiene seitlich bestrichen.
Das An- und Ablegen der Stromabnehmer erfolgt pneumatisch vom Führerstand aus. Bei Störungen in der pneumatischen Anlage kann der Stromabnehmer mit einem im Fahrgastraum untergebrachten isolierten Stab manuell an- bzw. abgelegt werden. An allen Stromabnehmern besteht die Möglichkeit, mittels eines Kabels die 750 V Werkstatteinspeisung anzuschließen. Eine innerhalb eines Viertelzuges durchgekuppelte Ausgleichsleitung verbindet die Stromabnehmer miteinander, um Stromschienenlücken, z.B. bei Weichen, überbrücken zu können. Der linke Strom-

Anordnung des Stromabnehmers am Enddrehgestell. Neben dem Kasten ist der Dorn sichtbar, über den das Fahrzeug innerhalb der Werkstatt mit Energie versorgt werden kann. Die Lasche rechts vom Dorn ist der Auslösehebel für die mechanische Fahrsperre, eine Berliner Spezialität.
Aufn: Riechers

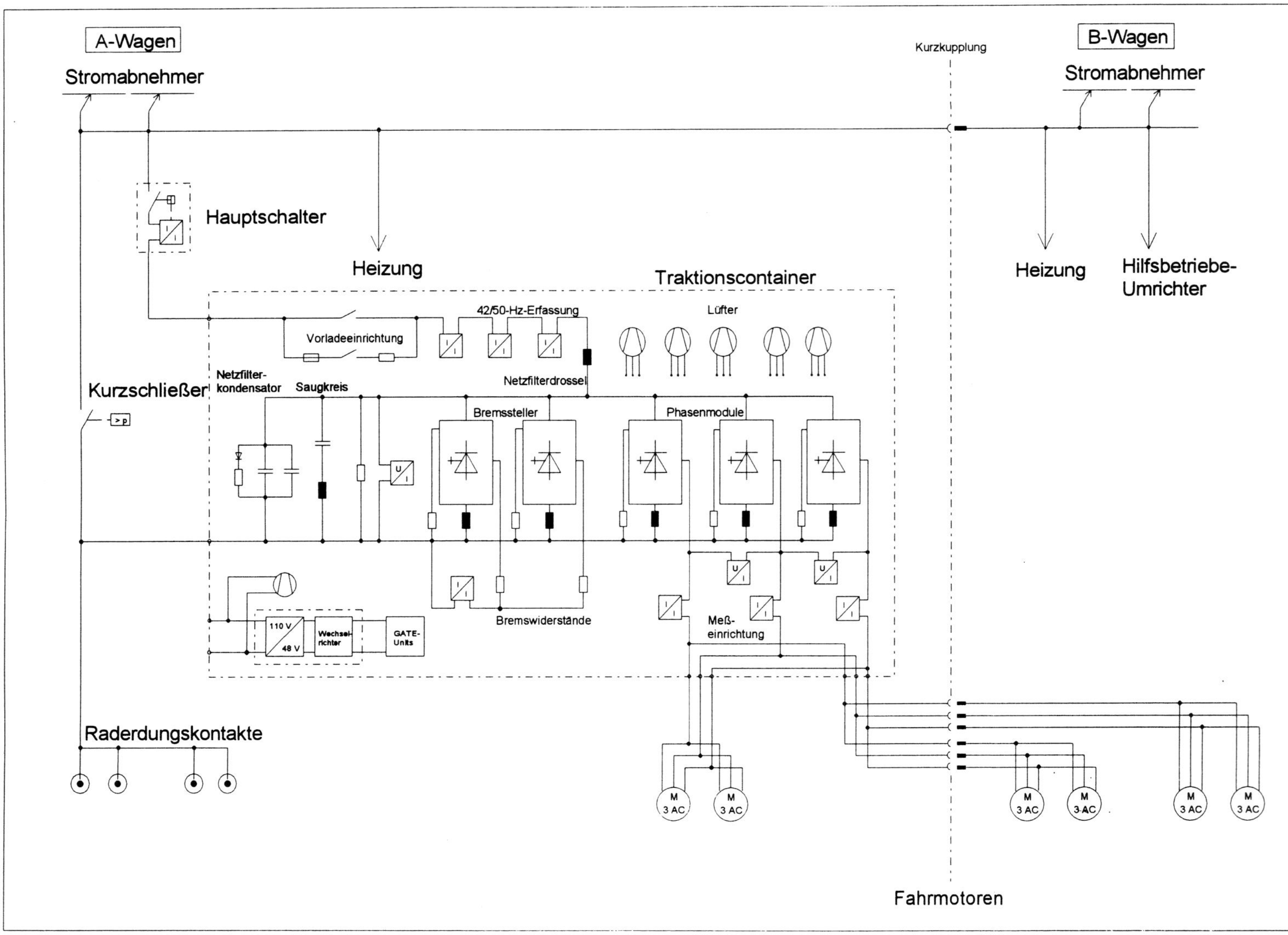

Hauptschaltbild Traktionskreis BR 481/482.
Abb: Adtranz

abnehmer des vorderen Drehgestells ist mit einem sog. »Kurzschließer« versehen. Hiermit kann die Stromschiene vom Tfz-Führer pneumatisch gegen Erde kurzgeschlossen werden. Im Beschädigungsfalle kann, auch im Regelbetrieb, der Triebzug mit nur einem Stromabnehmerpaar betrieben werden. Bei Störungen kann die Traktionsanlage durch einen im ETA-Wagen vorhandenen Schnellschalter in Sekundenschnelle vom Netz getrennt werden.

Hauptstromkreis

Über den Stromabnehmer, den Hauptschalter mit einer Leistung von 30 kA sowie die 42/50-Hz-Erfassung werden drei GTO-Module des PWR mit 750 V DC versorgt. Der PWR erzeugt eine Drei-phasenspannung mit variabler Höhe und Frequenz und speist eine Sammelleitung, an der parallel die sechs Drehstrommotoren angeschlossen sind. Dieses kostengünstige Antriebskonzept, bei dem sechs Fahrmotoren durch einen gemeinsamen Stromrichter versorgt werden, wurde durch den mit Rücksicht auf die Bahnstromversorgung der Berliner S-Bahn gewählten max. Traktionsstrom von 900 A je Viertelzug zuzüglich 100 A /Viertelzug für die Hilfsbetriebe möglich. Der PWR ermöglicht bei generatorischem Betrieb der Fahrmotoren die Rekuperation in das Netz. Um beim elektrodynamischen Bremsen eine Stromschienenspannung von 960 V nicht zu überschreiten, wird mit Hilfe des Bremsstellers der Energieüberschuß in den Bremswiderständen in Wärme umgewandelt und bei Bedarf dem Heizkreislauf zugeführt.

Hilfsbetriebeausrüstung und Bordnetz

Die Energieversorgung des 400-V-Drehstrom-Hilfsbetriebnetzes erfolgt durch ein Hilfsbetriebe-Umrichter-System bestehend aus:

- zwei redundant betriebenen IGBT-Gleichstromstellern
- einem 540-V-Gleichspannungszwischenkreis
- vier IGBT-PWR
- einer Fremdeinspeisung für 400V/50 Hz-Drehspannung

Die Gleichstromsteller haben eine Ausgangsleistung von 2 ˘ 35 kW, die PWR zusammen eine solche von 4 ˘ 7,5 kVA. Jeweils ein PWR speist

- den Schraubenverdichter
- die 2 ˘ 4 Lüfter des ETA- und ETB-Wagens für Fahrgastraumheizung- und Belüftung
- die fünf Lüfter des Traktionscontainers, die zwei Lüfter im Hilfsbetriebe-Gleichstromstellerkasten und den Lüfter des Batterieladegeräts
- das Führerraum-Klimagerät, die Frontscheibenheizung und – einphasig – die 230 V/50 Hz-Steckdose im Führerraum.

Die Heizungen der beiden Fahrgasträume des Viertelzuges erhalten ihre Energie direkt von der Stromabnehmer-Ausgleichsleitung über Schütze. Das Batterie-Ladegerät hat eine Ausgangsleistung von 15 kW und ist mit einer 110 V/80 Ah-Batterie gepuffert. Von hier werden zwei parallele 110 V-Plusleitungen gespeist, die durch den gesamten Zugverband gekuppelt werden können. Alle Verbraucher werden redundant aus einer dieser Plusleitungen gespeist. Hierdurch wird sichergestellt, daß sich alle Batterien und -Ladegeräte eines ganzen Zuges gleichmäßig an der Versorgung aller Verbraucher beteiligen und bei Ausfall einer Plusleitung, z.B. an einer Kupplung, die Versorgung der Verbraucher gesichert ist.
Zu den wichtigsten Verbrauchern gehören:

- diverse elektrische Schaltgeräte,
- die Steuerungen von u.a. Hauptschalter, Stromabnehmer, Kurzschließer, Sicherheitsschleife,
- die über Transistorvorschaltgeräte gesteuerte Signalbild-, Fahrgast- und Führerraumbeleuchtung
- Türsteuerung von Fahrgast- und Führerraum
- das FIS
- elektropneumatische Einrichtungen wie Spurkranzschmierung, Besandung, und Typhone.

Leittechnik und Diagnose

Zur Steuerung aller Fahrzeugfunktionen wird das Traktions-Leitsystem Geatrac II (32 Bit) eingesetzt. Dieses Mehrrechnersystem gliedert sich in die Ebenen der Zug-, Fahrzeug- und Subsystemsteuerung. Der Informationsaustausch zwischen den einzelnen Ebenen erfolgt über verschiedene Bus-Systeme. Hierbei versorgt der redundant ausgeführte Zugbus bei Mehrfachtraktion den Datenaustausch zwischen maximal vier Viertelzügen. Der Dialog zwischen Fahrzeug- und Antriebsleitebene sowie anderen Fremdsystemen erfolgt über den ebenfalls redundant ausgeführten Fahrzeugbus.
Die Zug- und Fahrzeugsteuerebenen werden im sog. »Zug- und Fahrzeugsteuergerät (ZFG)« bear-

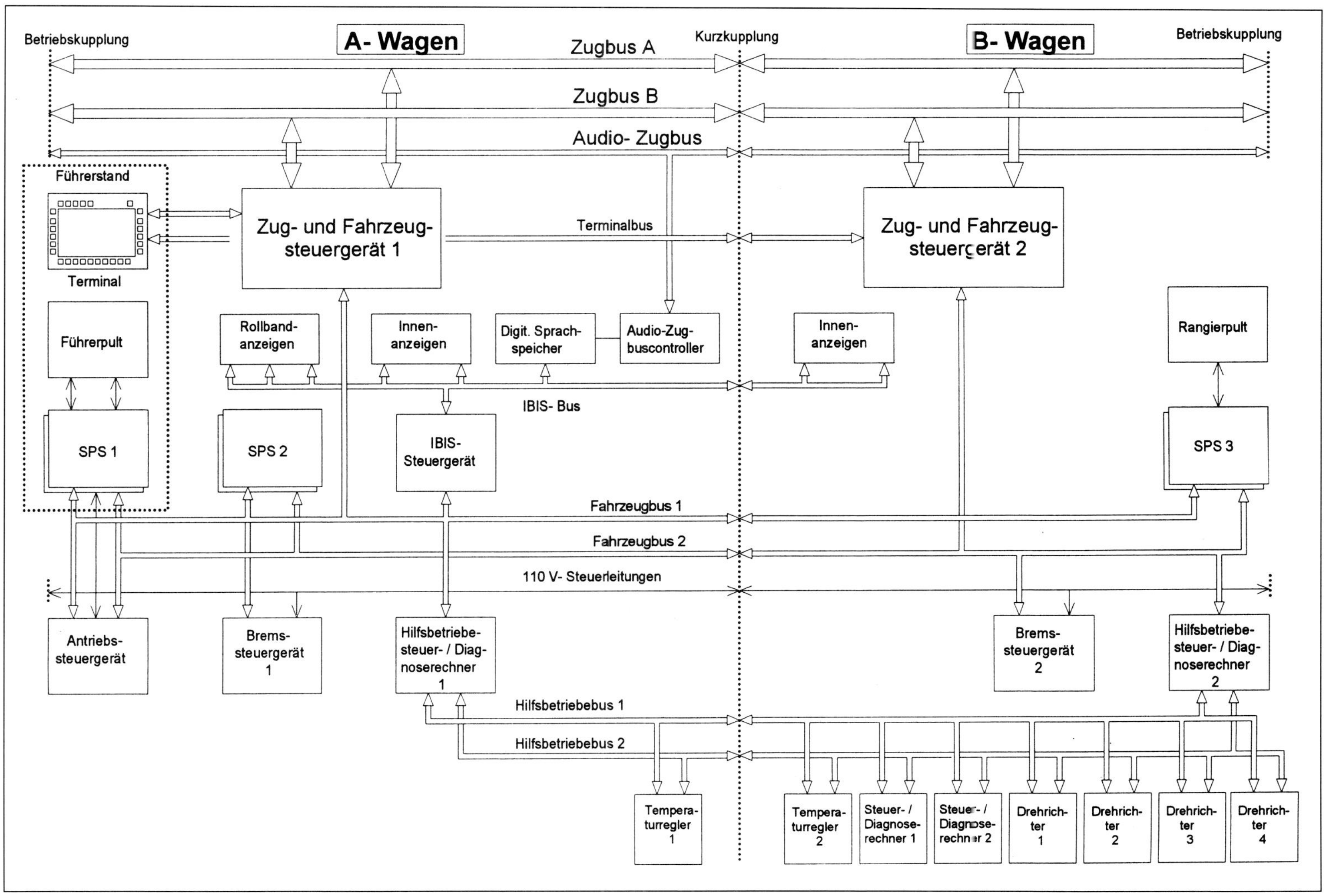

Schema Leittechnik BR 481.
Abb: Adtranz

beitet. Dieses Gerät ist aus Gründen der Redundanz in beiden Fahrzeugteilen des Viertelzuges vorhanden. Mit dem ZFG werden folgende Funktionen gesteuert:

- Fahrzeug- und Zugsteuerung über das Antriebssteuergerät (ASG) und die Bremssteuergeräte (BSG),
- Displaysteuerung und Steuerung der Tastatureingabe,
- die Steuer- und Diagnoserechner für die Hilfsbetriebe (HSDR),
- Diagnoseaufbereitung.

In der Subsystemebene der Leittechnik befinden sich neben den SPS- Stationen das ASG, zwei BSG, zwei HSDR, die Türsteuerlogik und das IBIS-Steuergerät. Durch dezentral angeordnete SPS-Stationen konnte der Verdrahtungs- und Schaltgeräteaufwand und damit der Umfang des 110 V-Bordnetzes deutlich verringert werden.
Über das Führerpult mit Fahr-/Bremshebel, Fahrtrichtungs-Wahltaster sowie dem Bedienfeld des Terminals mit Display werden Kommandos und Meldungen an Subsysteme und Informations-Einrichtungen zentral ein- und ausgegeben. Durch das ZFG wird der Datenverkehr auf allen angeschlossenen Kanälen gesteuert, empfangene Daten verarbeitet und für den Tfz-Führer Informationen über Betriebszustände, Fehlermeldungen und Abhilfemaßnahmen auf dem Display weitergegeben. Fehler in den einzelnen Systemen eines jeden Fahrzeugteils oder Fahrzeugs werden mit Datum, Uhrzeit und Umfelddaten vom Diagnosesystem erfaßt, abgespeichert und dem führenden ZFG gemeldet, das eine Bewertung des Fehlers vornimmt und die Anzeigen am Display des Führerterminals erzeugt. Die Störungsdaten werden – auch bei Ausfall der Bordnetzversorgung – in einer separaten Karte gespeichert und können über ein Laptop ausgelesen werden.
Das ASG steuert und regelt den Stromrichter und die sechs Fahrmotoren des Viertelzuges. Er besteht aus den vier Funktionsbereichen:

- Antriebsregelung,
- Pulsmustergenerator,
- Umrichterschutz,
- Prozeßdatenaufzeichnung.

Die elektropneumatische Bremse wird über jeweils ein BSG pro Wagen gesteuert, die ihre Informationen ebenfalls über den Fahrzeugbus sowie über die Sicherheitsschleife erhalten. Beim Bremsen über die elektrodynamische Widerstandsbremse wird die elektropneumatische Bremse parallel mitgesteuert und kann so bei Ausfall der elektrodynamischen Bremse sofort die geforderte Bremsleistung übernehmen. Bei einem über den vollen Bremssollwert hinausgehenden Bremsbefehl wird die geforderte Schnellbremsung ausschließlich mit der elektropneumatischen Bremse ausgeführt.

Technische Daten:

Baureihenbezeichnung:		481/482	480.0/480.5 (Vergleich)
Baujahr:		1996	1990
I. Mechanteil			
1. Aufbau			
Länge ü.K.	(mm):	36.800	36.800
Länge Wagenkasten	(mm):	17.700	17.700
Breite	(mm):	3.000	3.000
Breite ü. Schutzbord	(mm):	3.140	3.120
Höhe ü. Wagenkasten	(mm):	3.585	3.600
Gesamthöhe	(mm):	3.585	3.600
Fußbodenhöhe	(mm):	1.000	1.100
Einstiegshöhe	(mm):	1.000	1.100
Türen p. Seite:		6	6
Lichte Öffnung	(mm):	1.300	1.300
Sitzteiler 1. Kl. 1)	(mm):	1.850	–
Sitzteiler 2. Kl.	(mm):	1.678	1.700
2. Drehgestelle/Fahrwerke			
Achsfolge:		Bo'2'+Bo'Bo'	Bo'Bo'+Bo'Bo'
Achsabstand			
- Triebdrehgest.	(mm):	2.200	2.200
- Laufdrehgest.	(mm):	2.200	–
Drehzapfenabstand	(mm):	12.100	12.100
Treibrad ∅, neu/abg.	(mm):	820/760	900/860
Laufrad ∅, neu/abg.	(mm):	820/760	–
Getriebe-Übersetzung	:	5,167	5,632
II. Antrieb			
Stromsystem	:	750 V DC	750 V DC
Fahrmotoren			
– Hersteller	:	VEM-Antriebstechnik	Siemens
– Bauart	:	Drehstrom-Asynchron	Drehstrom-Asynchron
– Anzahl	:	6	8
– Gesamtleistung	(kW):	600	720
– Kühlung	:	Eigenbelüftung	Eigenbelüftung
Steuerung			
– Hersteller	:	Adtranz	AEG
– System	:	GTO-PWR	GTO-Gleichstromsteller
III. Elektrische Ausrüstung/Bordnetz			
Wagenbus	:	ja	ja
Zugbus	:	ja	ja
Elektronik	:	Geatrac II	SIBAS 16®
Mehrfachsteuerung (Fzg)	:	4	4
IV. Gesamtfahrzeug			
Fahrgastzahl	:	294	290
Sitzplätze 1. Kl. 1)	:	12	–
Sitzplätze 2. Kl.	:	68	92
Klappsitze	:	14	4
Stehplätze (4/m²)	:	200	194
Eigengewicht (t)	:	59	60
Besetztgewicht (t)	:	92	92
Beschleunigung (m/s²)	:	1,0	1,0
max. Bremsverzögerung (m/s²)	:	1,3	1,3
V_{max}	(km/h):	100	100

1) die Plätze werden als 2. Klasse genutzt; die Bezeichnung 1. Klasse entfällt künftig

Die Überwachung verschiedener Steuerungs- und Diagnosefunktionen für die einzelnen Hilfsbetriebekomponenten erfolgt über dazugehörige Steuer- und Diagnoserechner (SDR). Diese sind untereinander durch eine serielle Datenübertragung über einen Hilfsbetriebebus in Master-Slave-Ausführung verbunden. Die beiden HSDR übernehmen das Busmanagement und die Verwaltung der Teilnehmer; hierzu verfügen sie über je eine Schnittstelle für die Datenübertragung zum übergeordneten Fahrzeugbus wie auch zum Hilfsbetriebebus. Am Hilfsbetriebebus angeschlossen sind neben den beiden HSDR die SDR für Drehrichter, Steller und Batterieladegerät sowie die Raumtemperaturregler der beiden Fahrgasträume des Viertelzuges.

Das FIS ist über den Fahrzeugbus an die Leittechnik angebunden. Die Ankopplung des IBIS-Steuergerätes erfolgt über eine Schnittstelle mittels einer Bitbus-Kopplerkarte. Das IBIS-Steuergerät steuert

- die Zugziel-Rollbandanzeigen;
- die vier Haltstellendisplays in den beiden Wagen des Viertelzuges;
- das digitale Ansagengerät für Innen- und Außenansagen. Die Ausgabe von Texten und Ansagen erfolgt weitestgehend automatisch, fallweise kann der Tfz-Führer manuell eingreifen;
- die automatische Fortschaltung der Haltestellenanzeigen auf der Basis logischer Ortung und die Bereitstellung von Datum und Uhrzeit auf dem Terminal;
- die Bereitstellung von Streckendaten für die Einstellung des max. zulässigen Netzstromes und für die Notbremsüberbrückung im Tunnel.

Die für die Steuerung erforderlichen Streckennetzdaten sind im FIS-Speicher abgelegt. Bei Fahrtantritt gibt der Tfz-Führer die Strecke mit Start und Ziel ein. Aus den Daten »gefahrene Strecke« und »Stillstand mit Türfreigabe« ermittelt das FIS-Steuergerät den Zeitpunkt für die nächste Ansage bzw. Anzeige und löst diese aus. Die BR 481/482 ist mit Funk für Betrieb und Abfertigung ausgerüstet.

Als wichtigster Baustein der Leittechnik ist das Diagnosesystem zu betrachten. Das System gliedert sich in drei Gruppen auf

- **Eigendiagnose**, die von jedem einzelnen Gerät zeit- und/oder zustandsabhängig durchgeführt wird;
- **Fahrzeugdiagnose**, die aus den Diagnosemeldungen der Subsysteme und den Eingangsinformationen des ZFG Zustandsmeldungen der Wagen ableitet, bei Unterdrückung von Folge-Fehlermeldungen;
- **Diagnose des Zugverbandes**, mit Registrierung der Betriebsdaten und Zustandsmeldungen eines Zuges.

Diagnose- und Umfelddaten sind über eine Service-Schnittstelle mittels eines IBM-kompatiblen Laptops oder über das Führerpult-Terminal abrufbar. Hierbei werden die Betriebsdiagnose für den Tfz-Führer, die Instandhaltungsdiagnose für das Personal der Werke und die externe Diagnose zur Auswertung von Fehlern in den Werken unterschieden. Die Betriebsdiagnose gliedert sich in die drei Fehlergruppen

A. Zugverband kann oder darf nicht mehr weiterfahren, die Betriebsleitstelle entscheidet über das weitere Vorgehen;
B. Zugbetrieb ist noch eingeschränkt möglich, die Betriebsleitstelle entscheidet ebenfalls über das weitere Vorgehen;
C. Zugbetrieb kann fortgeführt werden, nach Betriebsende ist das Fahrzeug dem Werk zuzuführen.

Versuchs-Sitzanlage im Fahrzeug 481 146 mit Kunstlederbezügen. Aufn: Franke

Ausblick

Bei Redaktionsschluss waren knapp die Hälfte aller Züge abgeliefert. Mittlerweile überlegt die »S-Bahn-Berlin GmbH«, ob es nicht sinnvoll wäre, einen Teil der Triebzüge als »Halbzug«, also als Garnitur aus zwei fest-gekuppelten Viertelzügen abliefern zu lassen. Der Grund liegt auf der Hand: kleinste betriebliche Einheit ist der Halbzug allemal. Und um Konfigurationen wie Dreiviertel- oder Vollzüge zusammenstellen zu können, würde es ausreichen, nur einen Teil des Fahrzeugparks als Viertelzug vorzuhalten. Der Vorteil eines festgekuppelten Halbzugs wäre eine durchgehende Begehbarkeit, wodurch die Sicherheit im Fahrzeug weiter erhöht würde.

Versuchs-Sitzanlage im Fahrzeug 481 147 mit unempfindlicheren Stoffbezügen in dunkelgrüner Musterung.
Aufn: Riechers

Versuchs-Sitzanlage im Fahrzeug 481 002 unter Verwendung von Holz.
Aufn: Franke

Halbzug 481 035/481 036 im Bw. Friedrichsfelde. Die beiden Einheiten sind die ersten S-Bahn-Triebzüge mit Vollreklame.
Aufn: Franke

Sollte die Entscheidung zugunsten des Halbzugs fallen, müßten die Konstrukteure der DWA noch einmal an die Arbeit, da Kopfwände und -Träger der gegenwärtigen Betriebskuppelseite des ETB-Wagens für einen Übergang umkonstruiert werden müssten.

Weiteren Konstruktionsaufwand verspricht der vorgesehene Einbau einer Klima-Anlage, wobei insbesondere darauf zu achten ist, dass die Höhe des Wagenkastens nicht angetastet wird; Grund ist die beschränkte Höhe des alten Nord-Süd-Tunnels.

Schließlich stehen gegenwärtig die Sitze im Mittelpunkt von Versuchen durch die S-Bahn-Berlin GmbH. Da die gegenwärtige Polsterung schnell verschmutzt, werden abweichende, weniger empfindliche Musterungen ausprobiert. Zur Debatte steht dabei auch wieder eine Ausführung, bei der teilweise Holz verwendet wird. Da sowohl in Hannover als auch in München wegen steigender Zerstörungs- und Verunreinigungstendenzen, wieder Holzsitze auf dem Vormarsch sind, ist diese Tendenz nicht weiter verwunderlich. Abweichend davon sollen die Berliner Sitzbänke allerdings wie früher aus Leisten zusammengesetzt und mit Polsterflächen im oberen Rückenbereich und an den Auflagen für die Oberschenkel versehen werden.

Der Panoramazug BR 488 der S-Bahn-Berlin GmbH

Das im Folgenden vorgestellte Fahrzeug gehört eigentlich nicht zur neuen S-Bahn-Triebzug-Generation, wenngleich seine Vorstellung und Inbetriebnahme im August 1999 erfolgte. Dennoch soll es dem interessierten Leser schon deshalb nicht nicht vorenthalten werden, weil dieser völlig aus der Art geschlagene S-Bahn Triebzug hoffentlich noch etliche Jahre auf dem Berliner S-Bahnnetz zu sehen sein wird.

Entstehungsgeschichte

Triebwagen für touristische Zwecke bei den Eisenbahnen oder Partywagen im öffentlichen Verkehr sind im Prinzip nichts Neues. Erinnert sei in diesem Zusammenhang an die beiden schon 1935 gebauten »Gläsernen Züge«, elektrische Triebwagen mit Voll-Verglasung, deren letzter Vertreter (491 001) im Dezember 1995 bei einem schweren Eisenbahnunglück in Garmisch-Partenkirchen so schwer beschädigt wurde, dass an einen Neuaufbau wegen der hohen Kosten (4,5 Mio DM) nicht mehr zu denken war. Bereits 1936 folgte den beiden E-Triebwagen eine Dieselversion, der 1939 zwei weitere Exemplare folgten (VT 137 240 bzw. 462 und 463, ab 1945 VT 90.5).
Als die städtischen Verkehrsbetriebe ihre Fahrzeugparks erneuerten, wurde mancher Oldtimer, sei es Straßenbahn oder Omnibus, zum Partywagen umfunktioniert. Nach Londoner Vorbild wurden die Oberdecks ausgemusterter Doppelstock-Omnibusse ab Fensterbrüstung ihrer Verglasung und Dachbeblechung beraubt, um als Aussichtsbus weiter eingesetzt zu werden. Nach der Wende waren in Berlin Fahrten mit diesen Bussen derart begehrt, dass weitere Busse entsprechend umgebaut wurden. Ferner entdeckte die BVG mit nächtlichen Fahrten auf dem U-Bahnnetz in offenen Wagen eine weitere Marktlücke.
Nach der Gründung der S-Bahn Berlin GmbH zum 1. Januar 1995 versuchte auch dieses Unternehmen, mit innovativen Ideen im Bereich Kundenwerbung weitere Bevölkerungskreise für die S-Bahn zu interessieren. Hierzu gehörte auch die Überlegung zum Bau eines im Touristikbereich einsetzbaren Fahrzeugs, welches von Privatpersonen oder interessierten Gruppen oder Klubs angemietet werden oder mit planmäßigen Rundfahrten eine Ergänzung zu den bereits vorhandenen und monatlich eingesetzten Nostalgie-Triebzügen darstellen könnte.
Die ersten Gedanken kreisten, in Anlehnung an die offenen Doppelstock-Omnibusse der BVG, um eine sog. Kabriolett-S-Bahn, ein aus einem vorhandenen S-Bahn-Triebzug umzubauendes Fahrzeug, bei dem ab Fensterbrüstung der Aufbau abzutrennen wäre. Bei schlechtem Wetter sollte ein Faltdach den Schutz der Fahrgäste übernehmen. Ein solches Fahrzeug erschien gerade im Hinblick auf die vielen Sehenswürdigkeiten und Baustellen in der im Aufbruch begriffenen Hauptstadt, die insbesondere von der Stadtbahn aus gut zu sehen sind, besonders geeignet. Die Idee der Kabrio-S-Bahn stammte übrigens noch von dem damaligen S-Bahnchef Axel Nawrocki. Diese Ausführung hatte jedoch folgende signifikanten Nachteile:

- Am Schwerwiegendsten erschien die nicht mehr zu gewährleistende Sicherheit der Fahrgäste. Durch Unvorsichtigkeit hätten Fahrgäste mit festen Bauten entlang der Strecke in Berührung kommen können, was unter Umständen zu Verletzungen geführt hätte. Da die Fahrten zumindest teilweise unterhalb von Oberleitungen erfolgen sollten, bestand hier ein besonderes Gefahrenpotential.
- Da dieser Zug, weil zwischen Regelzügen eingesetzt, teilweise mit deren planmäßiger Geschwindigkeit von 80 km/h verkehren musste, wären die Fahrgäste dem starken Fahrtwind ausgesetzt gewesen.
- Das Fahrzeug wäre nur beschränkt einsetzbar gewesen, da in der Wintersaison kein Betrieb möglich gewesen wäre, wodurch die Betriebskosten nicht unerheblich angestiegen wären.
- Im konstruktiven Bereich müsste ähnlich wie bei einem richtigen Kabriolett der Unterbau des Basis-Fahrzeugs erheblich verstärkt werden, da ein Großteil des mittragenden Aufbaus nicht mehr vorhanden gewesen wäre. Für diese Zusatzkonstruktion fehlte jedoch der Platz, weil dieser der elektrischen Ausrüstung vorbehalten war.

Alle diese Überlegungen führten dazu, dass die Idee der Kabrio-S-Bahn ad acta gelegt werden musste.

Die Panorama-S-Bahn

Anfang 1996 erinnerten sich die S-Bahn-Manager des am 12. Dezember 1995 unrühmlich verschiedenen »Gläsernen Zuges« der DB AG und richteten ihre Ideen nunmehr endgültig auf einen ähnlich konzipierten Triebzug. Mit der Realisierung wurde die S-Bahn-Hauptwerkstatt (Hw) Schöneweide beauftragt. Folgende Anforderungen wurden an den Triebzug gestellt:

- Einsatzgebiet ausschließlich auf allen 750 V DC-Strecken der S-Bahn Berlin GmbH.
- möglichst ungehinderte Sicht auf die rechts und links der befahrenen Strecke liegende Landschaft und die teilweise hochragenden Sehenwürdigkeiten.
- Innenausstattung mit einem Höchstmaß an Komfort für die Fahrgäste, Stehplätze werden nicht vorgesehen. Multi-Media-Anlage für Erläuterungen während der Fahrt und Klima-Anlage. Die einzelnen Wagen sollten durch einen balggeschützten Übergang mit einander verbunden sein.
- Behindertengerechte Ausstattung.
- Einrichtung einer Imbiss- und Getränkeversorgung sowie einer behindertengerechten Toilette.
- Freie Sicht auf die Strecke durch eine verglaste Führerstand-Rückwand.

Das Vorbild der Panorama-S-Bahn: der »Gläserne Zug« ET 91 01 im Jahr 1936 auf der Karwendelbahn. Aufn: DRG, Sammlung Koppisch, Archiv transpress

- Für den Bau des Triebzuges sollten vorhandene Fahrzeuge umgebaut werden, um die Zulassungsmodalitäten durch das EBA zu vereinfachen.

Bei der Auswahl geeigneter Basis-Fahrzeuge fiel die Wahl auf die in Ausmusterung begriffenen Triebzüge der BR 477. Hierbei standen folgende Aspekte im Vordergrund:

- die zuletzt beschafften Baureihen kamen für einen Umbau aus Kostengründen nicht in Frage.
- die Hw Schöneweide hatte mit diesem Fahrzeugtyp aufgrund von Reparaturarbeiten eine jahrzehntelange Erfahrung, wodurch nur geringe technische Probleme während des Umbaus erwartet wurden.

Dennoch sollte diese Umbauaktion zu einer der größten Herausforderungen in der Geschichte der Hauptwerkstätte werden.
Nach Abschluss der Projektierungsarbeiten wurde ein dreiteiliger, durchgehend begehbarer Triebzug vorgestellt, ein Novum bei der S-Bahn Berlin, die bekanntlich ihre Züge aus zweiteiligen Viertelzügen zusammenstellt. Zunächst wurde eine Konfiguration aus Trieb-, Mittel- und Steuerwagen angedacht. Da die errechneten fahrdynamischen Werte nicht ausreichten, um im Fahrplan der S-Bahn-Regelzüge »mitzuschwimmen«, wurde schließlich einer Kombination aus zwei Triebwagen und einem Mittelwagen der Vorzug gegeben. Ein weiterer Grund für den Einsatz zweier Triebwagen war auch die Gefahr möglicher technischer Störungen. Durch die fehlende Redundanz wäre die Panorama-S-Bahn dann auf frem-

Die Panorama-S-Bahn in voller Schönheit. Aufn: S-Bahn Berlin GmbH

de Hilfe angewiesen, was das Image negativ beeinflussen könnte.
Als Basisfahrzeuge standen zum Beginn der Umbauarbeiten im September 1996 die für eine Hauptuntersuchung vorgesehenen Viertelzüge 477/877 105 und 477/877 130 zur Verfügung. Da Wagen 877 105 dem Triebwagen 477 114 als 877 114II beigestellt wurde, weil Wagen 877 114I wegen wagenbaulicher Mängel ausgemustert wurde, konnten die Wagen 477 130-9 und 105-1 (Ursprungsbaujahr 1943 – Hersteller Dessauer Waggonfabrik AG) zu ETa 488 001-9 bzw. ETb 488 501-8 umgebaut werden; Wagen 877 130-5 (Ursprungsbaujahr 1958 – Hersteller Reichsbahn Ausbesserungswerk Schöneweide) erhielt nach erfolgtem Umbau die Nummer EB 888 001-5.
Da für diesen neuartigen Zug keine fertigen Zeichnungen zur Verfügung standen, musste die Panorama-S-Bahn konstruktionsbegleitend gebaut werden; eine Herausforderung für Lienhard Köhler, den Leiter der Hw Schöneweide, sein Team und die verschiedenen Abteilungen der Hauptwerkstatt, die hiermit ihr Können unter Beweis stellen konnten. Rund ein Drittel der Belegschaft war zeitweilig an dieser Umbauaktion beteiligt.
Nach nur einem halben Jahr Entwicklungsarbeit wurde im Frühjahr 1997 mit dem Neuaufbau der drei Wagenkästen begonnen; im Frühjahr 1998 war der Rohbau fertiggestellt und in Grundfarbe lackiert. Anschließend erfolgte die Montage von Leitungen, Fußböden und Isolierung. Nachdem im Herbst 1998 die Wagenkästen fertig lackiert waren, konnte mit den Finish-Arbeiten begonnen werden. Am 20. Januar 1999 wurde der dritte Wagenkasten auf die Drehgestelle gesetzt und der Zug gekuppelt. Am 10. Februar machte das Fahrzeug schließlich auf dem Werksgelände die ersten Schritte. Die Probefahrten im S-Bahnnetz wurden nach der Abnahme durch das EBA aufgenommen.

Die Umbauarbeiten

Allgemein

Nachdem die Wagen von ihren Verkleidungen befreit waren, wurden sie zunächst auf ihren baulichen Zustand untersucht. Dabei wurde festgestellt, dass der Zahn der Zeit deutliche Spuren an den bis 55 Jahre alten Wagen hinterlassen hatte. So wurden an mehreren Trägern Korrosionsschäden festgestellt, die sich zwar momentan nicht als gravierend erwiesen, jedoch zu einem späteren Zeitpunkt durchaus problematisch werden könnten. Um an dem neuen Zug in absehbarer Zeit nicht wieder aufwendige und kostenintensive Reparaturen durchführen zu müssen, entschied sich die Hw Schöneweide letztendlich für einen völligen Neu-Aufbau der Wagen. Die Mitarbeiter der Hauptwerkstätte hatten durchaus Erfahrungen mit Neu- und Umbauten; in den zurückliegenden Jahrzehnten entstanden in der Hw Schöneweide mehrere Rottenkraftwagen (Typ Schöneweide), Straßenbahn-Fahrzeuge der Typen TE, TZ, BE und BZ sowie die U-Bahnwagen des Typs EIII der damaligen BVB, die aus den 1964 abgeführten S-Bahn-Triebzügen ET 168 entstanden waren.

Dennoch verlangte die Fülle der neu zu lösenden Aufgaben den Mitarbeitern der Hauptwerkstätte das Äußerste an Einsatz, Können und Kreativität ab. Dass ihr Einsatz von Erfolg gekrönt wurde, lässt sich am Ergebnis ablesen.

Bereits zu einem frühen Zeitpunkt wurden Zulieferer für Steuerungssysteme und Klimaanlage festgelegt und in die Entwicklungsarbeiten eingebunden. Die Statik der stark veränderten Wagenkästen wurde vom Ingenieur- und Konstruktionsbüro Bautzen (IKB) ermittelt und überwacht und schließlich sorgten regelmäßige Konsultationen mit dem EBA dafür, dass die Sicherheit des Fahrzeuges und seiner potenziellen Benutzer zu keinem Zeitpunkt in Frage gestellt war. Mit Blick auf Brandprävention erfolgte die Werkstoffauswahl für die Innenausstattung unter Beachtung der Brandschutzstufe S2 nach DIN 5510/2.

Rohbau und Lackierung

Die Abmessungen der Wagenkästen, Länge, Breite, Höhe sowie Drehzapfenabstand sind einschließlich des um 350 mm längeren Mittelwagens identisch mit den Basis-Fahrzeugen. Auch die Untergestelle entsprechen in ihrem Aufbau weitestgehend den Original-Untergestellen. Lediglich die Querträger mussten abweichend positioniert werden um eine konsequente Spantenbauweise zu ermöglichen. Ferner mussten die Kopfträger an den Kurzkuppelenden neu konzipiert werden, weil wegen der Anordnung von Übergängen zwischen den Wagen die Kupplungen um 370 mm tiefer gelegt wurden.

Die Seitenwände bestehen aus, bis in den mittig angeordneten, ca. 1600 mm breiten Dach-Längsträger durchgeführten Vierkant-Rohren mit unterhalb der Fensterbrüstung angeordneten Zug- und Druckstäben, die eine minimale Durchbiegung des Wagenkastens gewährleisten, sowie einer Beplankung aus Stahlblech. Die durch den Touristik-Betrieb ermöglichte geringere Anzahl der Einstiege (je einer pro Wagenkastenseite) kommt der Statik ebenfalls entgegen. Die Fahrzeugköpfe wurden neu gebaut, da sie an den neuen Wagenkasten-Querschnitt angepasst sowie aufgrund höherer Festigkeitsanforderungen erheblich verstärkt werden mussten. Sie lehnen

Der Spenderwagen 477 105-1 vor dem Sandstrahlen. Aufn: Wegner

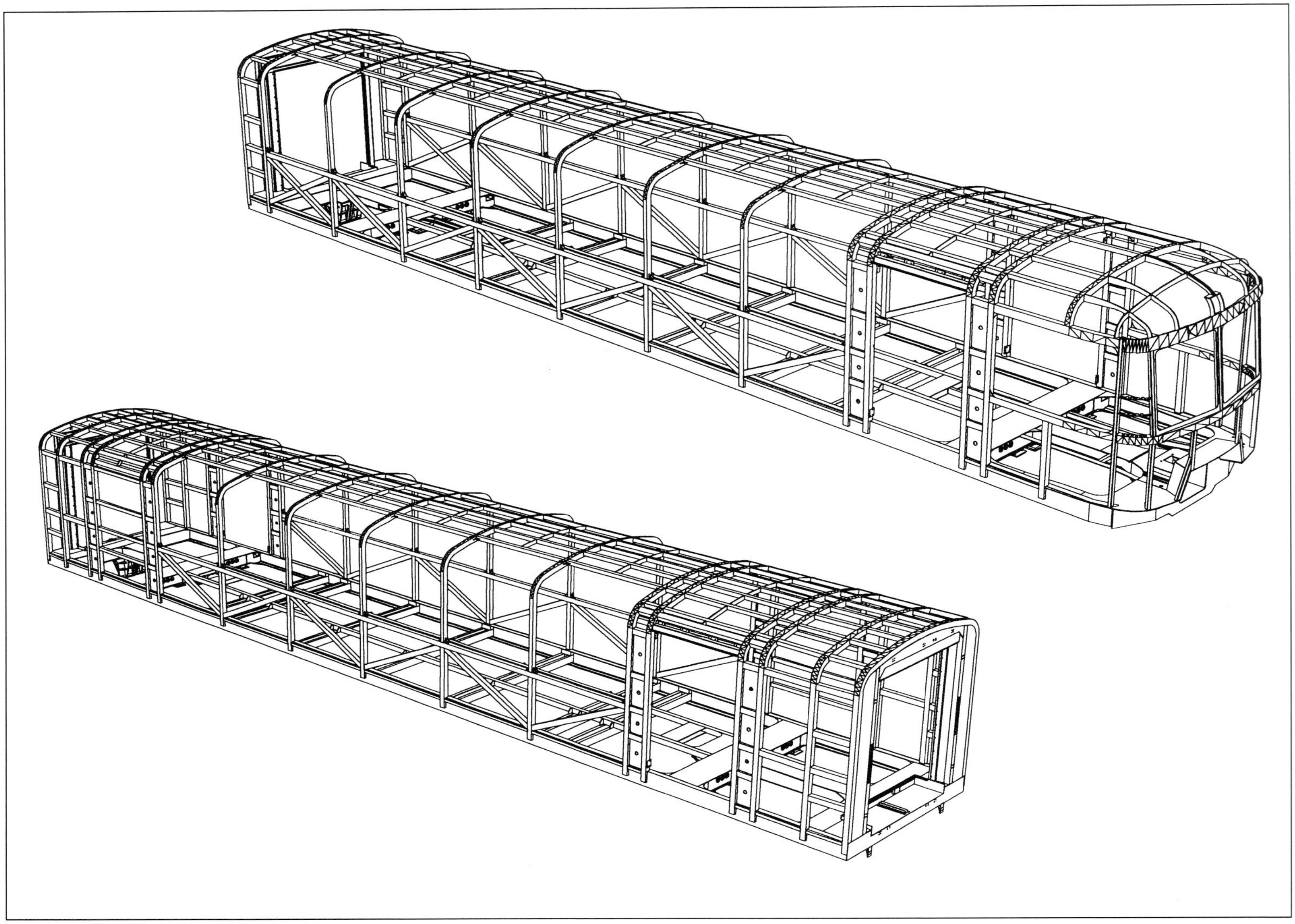

Computergrafik des Wagenkastengerippes von ETa/b (oben) und EB (unten).
Abb: Wegner

sich gestalterisch jedoch eng an die Original-Köpfe der BR 477 an. Auch die Anordnung der Front- und Schlusssignale erfolgte in Anlehnung an die der BR 477; lediglich das dritte Spitzensignal ist neu – bei den Altbauzügen wurde es aufgrund der bevorstehenden Ausmusterung nicht mehr nachgerüstet.

Bei der farblichen Gestaltung der Panorama-S-Bahn griff man im Vorgriff auf die Entscheidung bei der BR 481/482 wieder auf die altbekannte und beliebte Ursprungs-Farbkombination rubinrot (RAL 3003) unterhalb der Fensterbrüstung sowie ocker (RAL 1024) für Dach und Fensterbereich zurück. Abweichend von den Regel-S-Bahn-Zügen sind die Türen durchgängig ockerfarbig. Die Schutzborde sind in verkehrsschwarz (RAL 9017) lackiert. Allerdings fehlen die schwarzen Streifen zwischen den Farbflächen und die roten Streifen über den Seitenfenstern.

Kupplungen und Übergänge

Die stirnseitigen Kupplungen entsprechen denen der BR 477, wobei die Steuerstrom-Kupplungen abweichend belegt sind. Aufgrund der abweichenden fahrdynamischen Werte und Steuerung können die Triebzüge der BR 488/888 nur mechanisch mit den anderen Baureihen der Berliner S-Bahn gekuppelt werden. Die Kurzkupplung zwischen den einzelnen Wagen besteht aus einer Hülsenkupplung mit irreversiblen Stoßverzehrgliedern.

Die großzügig gestalteten Übergänge zwischen den Wagenkästen werden von der Firma Hübner geliefert. Sie setzen sich aus einem umlaufenden Faltenbalg, einer Gliederbrücke und je einer »Brückenabdeckung« pro Wagenkasten im Bodenbereich zusammen. Im Innenbereich werden die Übergänge durch flexible seitliche Innenwände aus vorgespanntem GFK und einer Gliederdecke verkleidet. Insgesamt ähneln die Übergänge denen der BR 481.

Ausstattung Fahrgastraum

Die Gestaltung des Innenraumes oblag dem Designer-Team Heike Mühlhaus und Peter Ruthen-

Der Rohbau des ETa/b während der Vermessung. Aufn: Wegner

Der Rohbau des EB im Dezember 97. Aufn: Wegner

berg, die im Übrigen auch die äußere Farbgestaltung der Panorama-S-Bahn vornahmen.

Die als Thermo-Fenster konzipierten und ungeteilt weit bis in das Dach hineingezogenen Panoramafenster bestehen aus Zweischicht-Sicherheitsglas; sie werden durch einen Aluminiumrahmen mit einander verbunden und in die Wagenkasten-Seitenwand eingeklebt. Jedes der vierzig Fenster wiegt 170 kg. Im Falle starker Sonneneinstrahlung können die Fahrgäste Schutzrollos, die in den Fenstern integriert sind, mit einem Handgriff herunterziehen.

Der Fahrzeugboden hat eine Höhe von 1120 mm ü.SO. und ist wie folgt aufgebaut: auf einem auf dem Untergestell angebrachten Spritzschutzblech ist ein der Länge nach dreigeteilter gitterförmiger Holzrahmen befestigt. Die Konstruktion des Holzrahmens korrespondiert mit den Trägern des Untergestells. Auf dem Holzrahmen ist der eigentliche Fußboden, eine mehrfach verleimte und gegen Feuchtigkeit imprägnierte Sperrholzplatte, verschraubt. Zwischen dem Holzrahmen und der Bodenplatte ist eine Gummi-Zwischenlage angebracht. Die Hohlräume zwischen Bodenplatte und Spritzschutzblech sind mit METZO-NOR Dämmmaterial ausgefüllt. Auf der Bodenplatte ist ein hochwertiger Vorwerk-Teppichboden verlegt.

Während die Fensterschlüssel aus massivem Eichenholz gefertigt wurden, bestehen die Verkleidungen der Türsäulen, Theke und Sanitärzelle aus mit Eichenholzfurnier beschichteten Schichtpressstoffplatten in Abwechslung mit wasserglasperlen-gestrahlten Aluminiumblechen. Für die Isolation der Wagenkästen wurde METZO-NOR-Isolierstoff mit Stärken von 20 mm und 60 mm verwendet.

Die Wagen der Panorama-S-Bahn verfügen über eine doppelflügelige und elektrisch angetriebene Schwenk-Schiebetür pro Seite; lichte Öffnung 1155 mm. Da die Einbauhöhe im Vergleich zu Neubaufahrzeugen relativ gering ist, mussten Spezialantriebe verwendet werden, die zwar eine geringere Bauhöhe aufweisen, dafür jedoch tiefer in den Innenraum hineinragen. Die Türfenster

Blick durch den ETa/b-Wagen in Richtung Führerstand. Aufn: S-Bahn-Berlin GmbH)

sind als Notausstieg konzipiert. Die Türen sind zentral angesteuert oder nach Freigabe durch den Tfz-Führer mittels Taster von außen und innen zu öffnen und zu schließen. Vor dem Schließen und während des Schließvorgangs ertönt ein Warnsignal, zusätzlich erstrahlen während des Schließvorgangs außen und innen Abfahrwarnleuchten.

Der Triebzug verfügt über 65 Sitzplätze, je 26 in der Aufstellung 2+1 in den beiden Triebwagen und 13 in der Aufstellung 1+1 im Mittelwagen. Die Anordnung im Mittelwagen erlaubt einen ungehinderten Durchgang für Rollstühle. Die Sitze haben 550 mm breite Sitzflächen. Die Gesamtbreite des Einzelsitzes beträgt 650 mm, der Doppelsitz ist 1300 mm breit. Alle Sitze sind drehbar ausgeführt, so dass sie, je nach Wunsch, in Fahrtrichtung gedreht werden können; nach Bedarf können die Sitze des Mittelwagens sowohl längs als auch quer zur Fahrtrichtung gestellt werden.

Die Ausführung der Sitze kann mit »nobel« bezeichnet werden. Die Armlehnen sind aus Eichenholz, die Sitze und Armauflagen sind mit rotem Trevira bezogen. Jeder der 65 Sitzplätze hat einen Kopfhöreranschluss für die Multi-Media-Anlage. Durch eine entsprechend ausgeführte Befestigung am Fußboden werden die Schwingungen vom Wagenkasten nicht auf die Sitze übertragen. Eine besondere Attraktion der Panorama-S-Bahn ist die Theke für die Versorgung der Fahrgäste mit kleinen Snacks und gekühlten Getränken. Sie befindet sich in Fahrtrichtung gesehen rechts hinten im Mittelwagen. Vorne links ist eine Sanitärzelle mit behindertengerechtem WC eingerichtet.

Die Panorama-S-Bahn verfügt über eine leistungsstarke Klimaanlage, so dass der Fahrgastraum zu jeder Jahreszeit angenehm temperiert wird. In jedem Wagen ist eine separate Anlage vorgesehen. Verflüssiger, Verdichter und Umrichter sind in einem Gehäuse unterhalb des Fahrzeugbodens untergebracht; das Klimagerät einschließlich Heizung befindet sich im jeweiligen Fahrgastraum. Die Luft wird über Luftgitter im unteren Fensterschlüssel in den Fahrgastraum geblasen.

Die Beleuchtung des Fahrgastraumes erfolgt durch ein mittig angebrachtes Leuchtenband; über eine Dimmerschaltung kann die Leuchtstärke soweit heruntergeregelt werden, dass insbesondere bei Abend- und Nachtfahrten das Lichtermeer der Stadt besser zur Geltung kommt. Verschiedene Spot- und Einzelleuchten in den Wagen komplettieren die Beleuchtung.

Der Triebzug verfügt über eine Multi-Media-Anlage. Diese besteht aus drei CD-Wechslern und kann Informationen sowohl über Lautsprecher als

Oben: Blick durch den EB-Wagen. Im Vordergrund rechts die »Bar«, links hinten die senkrecht gemusterte Wand der Sanitärzelle. Auf diesem Bild sind die Sitze längs zur Fahrtrichtung gedreht.
Aufn: Wegner

Rechts: Das Führerpult der Panorama-S-Bahn.
Aufn: S-Bahn Berlin GmbH

auch über die in den Sitzen integrierten Kopfhöreranschlüsse in drei Sprachen übermitteln. Die Anbringung von Bildschirmen ist vorgesehen.

Führerstand

Die Führerstände wurden völlig neu gestaltet. Außer einer raumhohen und -breiten Glastrennwand zum Fahrgastraum wurden auch große Seitenfenster angebracht, die im vorderen Bereich

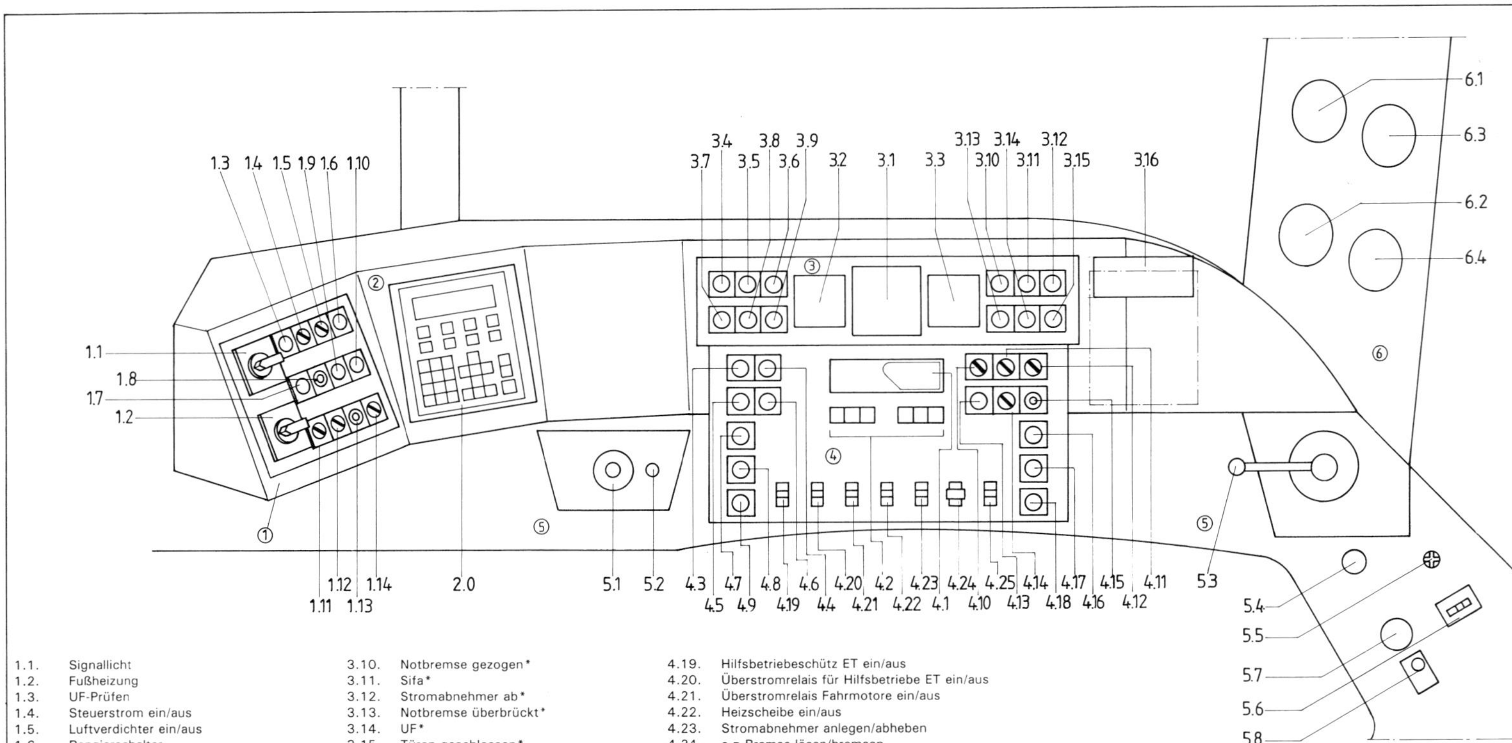

1.1. Signallicht
1.2. Fußheizung
1.3. UF-Prüfen
1.4. Steuerstrom ein/aus
1.5. Luftverdichter ein/aus
1.6. Rangierschalter
1.7. UF-Rückstellung
1.8. Dimmer Instrumentenbeleuchtung
1.9. Klimatisierung Fahrgastraum
1.10. Beleuchtung Fahrgastraum
1.11. Störschalter Türen ein/aus (verplombt)
1.12. Schalter Instrumentenbeleuchtung ein/aus
1.13. Lüfter Führerraum
1.14. Beleuchtung Führerraum

2.0 Diagnose-Display und -Tastatur.

3.1. Geschwindigkeitsmesser
3.2. Fahleitungsspannung
3.3. Batteriespannung
3.4. Überstromrelais f. Hilfsbetriebe ETa*
3.5. Überstromrelais f. Hilfsbetriebe ETb*
3.6. *Reserve**
3.7. 230 V AC ETa*
3.8. 230 V AC EB*
3.9. 230 V AC ETb*
3.10. Notbremse gezogen*
3.11. Sifa*
3.12. Stromabnehmer ab*
3.13. Notbremse überbrückt*
3.14. UF*
3.15. Türen geschlossen*
3.16. Fahrplanhalter

4.1. Betriebsfunk
4.2. Bedienung Abfertigungsfunk
4.3. Wechselsprechen
4.4. Löschen Wechselsprechen
4.5. Funk senden
4.6. Beschallung
4.7. Türen links öffnen
4.8. Türen links Freigabe
4.9. Türen links schließen
4.10. Spurkranzschmierung ein/aus
4.11. Notbremsüberbrückung ein/aus
4.12. Sifa prüfen/Betrieb
4.13. Spurkranzschmierung Handbetrieb
4.14. ak. Notbremssignal »aus« ein/aus
4.15. Dimmer Sifa-Leuchtmelder
4.16. Türen rechts öffnen
4.17. Türen rechts Freigabe
4.18. Türen rechts schließen
4.19. Hilfsbetriebeschütz ET ein/aus
4.20. Überstromrelais für Hilfsbetriebe ET ein/aus
4.21. Überstromrelais Fahrmotore ein/aus
4.22. Heizscheibe ein/aus
4.23. Stromabnehmer anlegen/abheben
4.24. e-p-Bremse lösen/bremsen
4.25. Abblendschalter Scheinwerfer

5.1. Fahrschalter
5.2. Sifa-Taster
5.3. Führerbremsventil
5.4. Entlüftungsventil
5.5. Kurzschließer
5.6. Scheibenwischerventil
5.7. Sifa-Rangiertaster
5.8. Fahrsperren-Steuergerät

6.1. Manometer HLB
6.2. Manometer HLL
6.3. Manometer Steuerluftleitung
6.4. Manometer Bremszylinder

① Ebene

* Leuchtmelder

Führerpult BR 488

dR nagold

Die Aufteilung der Bedienelemente auf dem Führerpult.
Zeichnung: Riechers

mit einem Schiebefenster versehen sind. Zugänglich ist der Führerstand ausschließlich durch den Fahrgastraum. Das Führerpult wurde völlig neu entwickelt; die Aufsätze auf dem Führerpult wurden in Eigenfertigung hergestellt. Geräte, die nicht im Fahrbetrieb benötigt werden, sind alle hinter Steckklappen untergebracht und können im Wartungsfalle leicht erreicht werden.
Die seitlich im Führerstand angeordneten Schaltschränke sind halbhoch ausgeführt und mit Polstern versehen, sie dienen als Notsitze bei Führerstands-Mitfahrten.

Das in GFK ausgeführte Führerpult wurde von der Hw Schöneweide völlig neu konzipiert. Die Anordnung der Bedienelemente wurde ergonomisch überarbeitet. Der luftgefederte Fahrersitz wurde von der BR 481/482 übernommen. Die Klimatisierung der Führerstände erfolgt von der Fahrgastraum-Klimaanlage aus über einen zusätzlichen, separat zu regelnden Luftkanal.

Geräteanordnung

Wegen des geringen Lichtraumprofils bei der Berliner S-Bahn insbesondere durch den kleinen Querschnitt des alten Nord-Süd-Tunnels sind alle für den Betrieb der Panorama-S-Bahn erforderlichen Geräte unterhalb des Untergestells untergebracht. Unterhalb des ETa- bzw ETb-Wagens sind dies u.a. die Stromversorgungseinheit mit Anfahrwiderständen, Schaltwerk und Hauptschütz, Klima-Verflüssigersatz sowie Schrauben-Luftverdichter, Bremsgeräte und Luftbehälter; unterhalb des EB-Wagens sind der Batteriekasten und Batterie-Hauptschalter, Klima-Verflüssigersatz, Bremsgeräte und Luftbehälter sowie Frischwasser- und Abwassertank.

Drehgestelle, Bremsen, Pneumatik

Drehgestelle

Sowohl der ETa-Wagen (BR 488.0) als auch der ETb-Wagen (BR 488.5) ist mit je zwei Triebdrehgestellen ausgerüstet, der Mittelwagen EB 888.0 nur mit Laufdrehgestellen. Die Achsfolge lautet somit Bo'Bo'+ 2'2'+ Bo'Bo'. Die aus den siebziger Jahren stammenden Drehgestelle wurden von

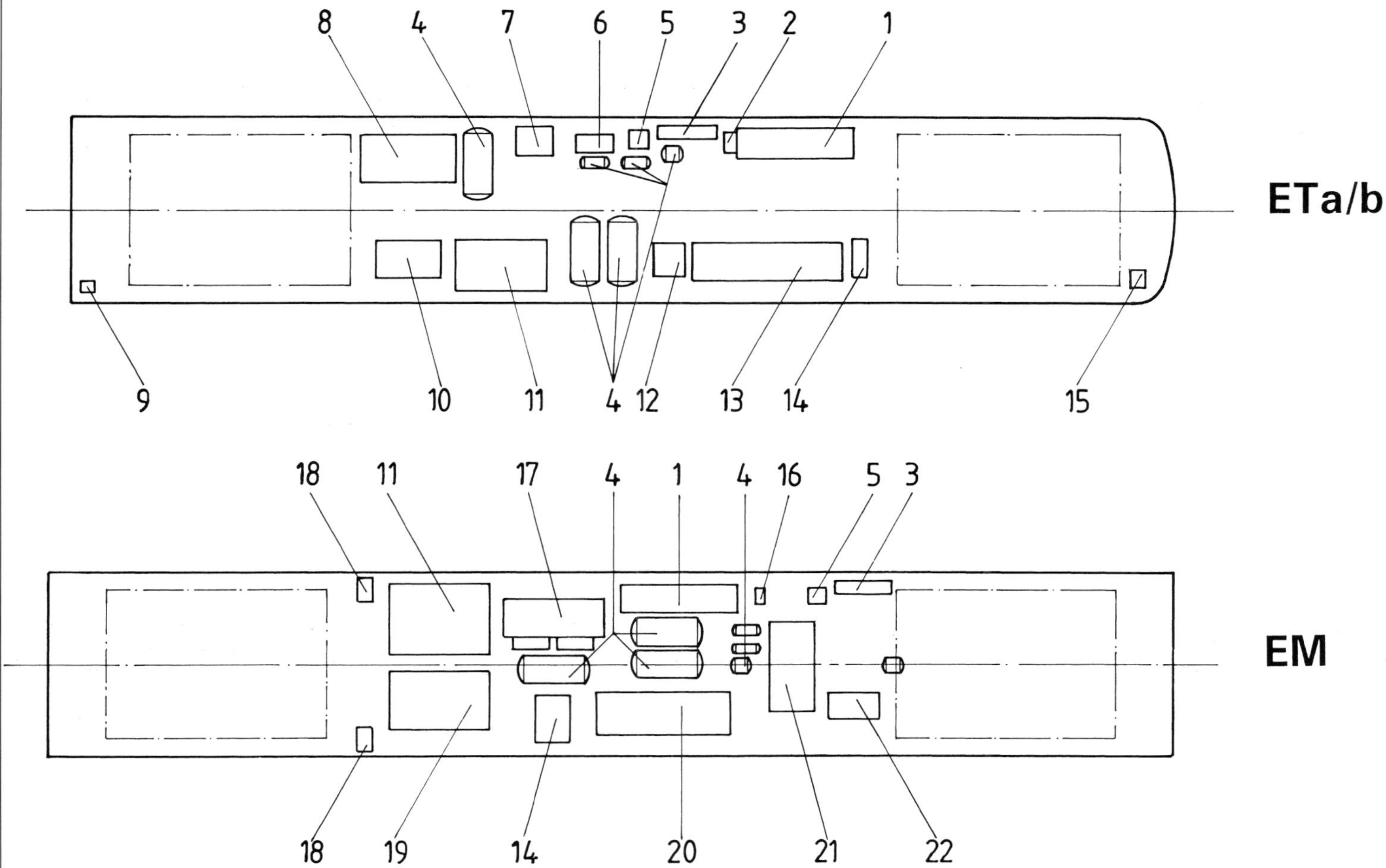

1. Schützenkasten
2. Anfahrwiderstände
3. Bremsventilkasten
4. Luftbehälter
5. KE-Steuerventil
6. Bremsventile
7. Fahrtwender
8. Verdichtereinheit (ETa)
   Fakultativ-Behälter (ETb)
9. Wagenhauptsicherung
10. Stromversorgungseinheit
11. Klima-Verflüssigersatz
12. Hauptschütz
13. Schaltwerk
14. UF-Überwachung/Stromwandler
15. Spurkranzschmierung
16. Druck-Übersetzer
17. BNU
18. Batterie-Hauptschalter
    Hemmschuh-Behälter
19. Batteriekasten
20. BNV
21. Frischwassertank
22. Abwassertank

Die Anordnung der Geräte unter dem Untergestell. Zeichnung: Riechers

den Basiswagen unverändert übernommen. Der Achsabstand beträgt bei beiden Drehgestellausführungen 2.500 mm. Primär- und Sekundärfederung bestehen aus Schraubenfedern. Die jeweils vorlaufenden Achsen der End-Triebdrehgestelle sind mit einer Spurkranzschmierung versehen.
Die Übertragung der Zug- und Bremskräfte von den Drehgestellen zum Wagenkasten erfolgt über verschleißfreie Drehzapfen.

Bremsanlage

Die Bremsanlage besteht aus einer mehrlösigen KE- sowie einer E/P-Ergänzungsbremse. Damit der Zug bei einer fahrgastbetätigten Notbremsung (z. B. im Falle eines Brandes) nicht in schwer zugänglichen Bereichen, wie beispielsweise in einem Tunnel, zum Stehen kommt, kann der Tfz-Führer die Bremse jedoch überbrücken, um die Weiterfahrt zur nächsten Haltestelle zu ermöglichen.

Großes Gedränge bei den Schnupperfahrten, die anläßlich der Publikumsvorstellung während der Fahrzeugschau am S-Bahnhof Olympiastadion durchgeführt wurden.
Aufn: Wegner

Pneumatik
Die Komponenten zur Drucklufterzeugung sind unterhalb der Untergestelle der drei Wagen der Panorama-S-Bahn angebracht; die Schrauben-Luftverdichter befinden sich unterhalb der Endwagen ETa/b. Neben der pneumatischen Bremsanlage sind die weiteren Verbraucher der Pneumatik Stromabnehmer, Scheibenwisch- und Waschanlage, Typhon, Druckluftbereitstellung für die Toilette und Mittelpufferkupplung.

Elektrische Anlage

Während der Fahrstromkreis einschließlich Antrieb unverändert von der BR 477 übernommen wurde, musste aufgrund der veränderten und erweiterten elektrischen Ausrüstung die Hilfsbetriebeversorgung geändert werden. Die Energieversorgung des 400-V-Drehstrom-Hilfsbetriebnetzes erfolgt durch einen statischen Hilfsbetriebe-Umrichter der folgende Bordspannungsebenen bereitstellt:

- Ein 540 V DC Zwischenkreis für die Batterieladegeräte mit einer Ausgangsspannung von 110 V DC
- 400 V AC-Drehstrom für die Klimaaggregate
- (Über Wechselrichter) 230 V AC für Luftbehandlungsgeräte, Multi-Media-Anlage und Bar
- 12 und 24 V DC für SPS, Multi-Media und Funk.

Die Steuerung der Hilfsbetriebe erfolgt über eine speicher-programmierbare Steuerung (SPS). Die Verbindung vom Rechner zu den verschiedenen SPS-Klemmen erfolgt über Lichtwellenleiter. Die Bereitstellung der obengenannten Spannungsebenen war, aufgrund der großen Stromschwankungen im 750 V DC-Stromschienennetz, nur mit großem Aufwand in den Griff zu bekommen, da die angeschlossenen Verbraucher nur minimale Stromschwankungen vertragen können.

Zusammenfassung

Am 6. August 1999, einen Tag vor dem Beginn der Jubiläumsfeierlichkeiten zum 75. Geburtstag der Berliner S-Bahn, wurde das Fahrzeug im Bahnhof Grunewald feierlich dem Betrieb übergeben. Auf der am 7. August 1999 eröffneten Fahrzeugausstellung im Bahnhof Olympiastadion konnte die

Bevölkerung unter großem Interesse erstmals mit dem neuen Fahrzeug Bekanntschaft machen und während einer Fahrzeugparade erntete das am Schluss der Parade laufende Fahrzeug großen Beifall. Auch die mit dem Fahrzeug durchgeführten Schnupperfahrten zum Ostbahnhof und zurück fanden größtes Interesse beim Publikum. Berlin ist wiederum um eine Attraktion reicher.

Technische Daten:

Baureihenbezeichnung:		**488/883** (Panorama-S-Bahn)
Baujahr:		**1999**
I. Mechanteil		
1. Aufbau		
Länge ü.K.	(mm):	54.065
Länge ETa/b-488.0/5	(mm):	17.255
Länge EB-888.0	(mm):	17.605
Breite	(mm):	2.974
Breite ü. Schutzbord	(mm):	3.130
Höhe ü. Wagenkasten	(mm):	3.548
Gesamthöhe	(mm):	3.548
Fußbodenhöhe	(mm):	1.120
Einstiegshöhe	(mm):	1.120
Türen p. Fahrzeugseite:		3
Lichte Öffnung	(mm):	1.155
Sitzteiler ETa/b	(mm):	1.200
Sitzteiler EB	(mm):	1.100
2. Drehgestelle/Fahrwerke		
Achsfolge:		Bo'Bo'+2'2'+Bo'Bo'
Achsabstand		
– Triebdrehgest.	(mm):	2.500
– Laufdrehgest.	(mm):	2.500
Drehzapfenabstand		
– ETa/b-488.0/5	(mm):	11.975
– EB-888.0	(mm):	12.325
Treibrad ∅, neu/abg.	(mm):	900/850
Laufrad ∅, neu/abg.	(mm):	900/850
Getriebe-Übersetzung:		4,25
II. Antrieb		
Stromsystem	:	750 V DC
Fahrmotoren		
– Hersteller	:	ELMO (Ungarn)
– Typ	:	GFM 3E24 a 34
– Bauart	:	Gleichstrom
– Anzahl	:	8
– Ges.-Dauerleistung	(kW):	8 ˘ 63 = 504
– b. U/min	:	920
– Ges.-Stundenleistung	(kW):	8 ˘ 90 = 720
– b. U/min	:	800
– Kühlung	:	Eigenbelüftung
Steuerung		
– Hersteller	:	AEG/Siemens
– System	:	selbsttätige elektrische Widerstandssteuerung
III Elektrische Ausrüstung/Bordnetz		
Wagenbus	:	ja
Zugbus	:	nein
Mehrfachsteuerung	(Fzg):	optional
IV. Gesamtfahrzeug		
Fahrgastzahl	:	65
Sitzplätze 2. Kl.	:	65
Eigengewicht (t)	:	123
Besetztgewicht (t)	:	128
Beschleunigung	(m/s^2):	0,3/0,5 1)
max. Bremsverzögerung	(m/s^2):	1,4
V_{max}	(km/h):	80

1) umschaltbar

Die Konsortialpartner

DaimlerChrysler Railsystems GmbH – Adtranz

Die in Berlin beheimatete **DaimlerChrysler Railsystems – Adtranz** ist in ihrer heutigen Zusammensetzung ein junges Unternehmen, dessen geschichtliche Wurzeln über ganz Deutschland verästelt sind. Nachdem bereits im März 1995 A**BB Asea Brown Boveri** und **Daimler Benz AG** ihr Interesse an einer Fusion ihrer jeweiligen Bereiche Verkehrstechnik, **ABB Henschel** und **AEG**, bekundet hatten, wurde am 1. Januar 1996 offiziell das gemeinschaftliche Unternehmen **Adtranz** aus der Taufe gehoben. Am 20. Januar 1999 gab der bereits zuvor aus dem Zusammenschluss von Daimler-Benz und Chrysler entstandene deutsch-amerikanische Konzern **DaimlerChrysler** bekannt, dass der Konzern die ABB-Anteile an Adtranz für eine Barabfindung von 795 Mio DM übernommen habe. Am 1. März 1999 erhielt das neue Unternehmen DaimlerChrysler Railsystems Rechtskraft.

1990/91 wurden die Aktivitäten von ABB auf dem Gebiet der Verkehrstechnik sowohl mit der seit 1848 in Kassel ansässigen Lokomotivproduktion von **Rheinstahl Henschel** (vormals **Henschel & Sohn**) als auch mit der 1973 aus der **Deutschen Waggon- und Maschinenfabrik (DWM)** in Berlin hervorgegangenen **Waggon Union** zusammengelegt. Hinzu kam die Güterwagen- und Drehgestellfertigung von **Rheinstahl Siegen**. Die durch diese Fusion entstandene **ABB Henschel AG** wurde zu einem der führenden Hersteller von Schienenfahrzeugen in West-Deutschland.

Seit 1844 war in Nürnberg ebenfalls eine traditionelle Stätte des Schienenfahrzeugbaus angesiedelt. Ursprünglich von Johann Friedrich Klett gegründet, wurde das Werk 1898 nach mehreren Irrungen und Wirrungen durch eine u.a. durch Rudolf Diesel initierte Fusion in die **Maschinenfabrik Augsburg-Nürnberg AG (MAN)** eingebracht. Neben unzähligen Straßenbahn- und Eisenbahnfahrzeugen entstanden in den Nürnberger Werkshallen u.a. der legendäre, auf dem »Fliegenden Hamburger« basierende Schnell-VT »Berlin« sowie der TEE-Triebzug VT 11.5. 1990 wurde der MAN-Schienenfahrzeugbau zu 100 % von AEG übernommen.

Nach der politischen Wende in Deutschland kam auch die ehemalige **»Lokomotivbau Elektrotechnische Werke (LEW) Hennigsdorf«** – die traditionelle AEG Lokomotivenfabrik – wieder zurück zur AEG, die sich 1994 aus diesen Gründen neu strukturierte.

Als erstes Neubauprojekt nach der Gründung von Adtranz wurde am 11. April 1997 ein neues Montagewerk in Pankow eingeweiht und das alte Werk der ehemaligen Waggon-Union in Berlin-Reinickendorf geschlossen. Dabei war für die insgesamt sechs Produktionsstätten folgende Aufgabenteilung vorgesehen:

Berlin-Pankow	**U- und S-Bahnen, Regio-Shuttle, Doppelstockbusse.**
Hennigsdorf	**Elektro-, Diesel und Industrielokomotiven, Triebzüge für den Regional- und schweren Nahverkehr, Straßenbahn- und Stadtbahnwagen; Antriebstechnik; Inbetriebsetzung.**
Kassel	**Elektro- und Diesellokomotiven; Endmontage.**
Mannheim	**Antriebstechnik.**
Nürnberg	**Straßenbahnen, U-Bahnen, Dieseltriebwagen, ICE-Mittel- und Steuerwagen.**
Siegen	**Fahrwerke, Güterfahrzeuge.**

Produktionsüberschneidungen zwischen Hennigsdorf und Nürnberg bzw. Mannheim sind unverkennbar. Nicht zuletzt die dadurch verursachten Kosten führten dazu, daß Adtranz in den drei Jahren seines Bestehens trotz eines Auftragsbestands im Wert von rd. 8,6 Mrd DM rote Zahlen schrieb. Um dieser Entwicklung Einhalt zu gebieten, veröffentlichte die Konzernleitung am 7. Juli 1998 einen Vierstufenplan, der

* Kostensenkungen um 30 %
* Überprüfung aller Prozesse und Abläufe mit einer klaren Neuausrichtung auf die Projektorganisation
* kritische Ananalyse der vorhandenen Gesamtkapazitäten in Deutschland
* eine Offensive mit kostengünstigen, standardisierten Projekten vorsah.

Kernpunkt der Bemühungen ist das Ziel, bis zum Jahre 2000 die erwähnten Produktions-Überschneidungen zu eliminieren. In Klartext bedeutet dies für die Adtranz-Standorte in Deutschland folgende neugegliederte Aufgabenteilung:

I. Endprodukt-Standorte
* Hennigsdorf: Produktverantwortung und Kompetenzzentrum für Triebzüge, Reisezugwagen, U- und S-Bahnen
* Kassel: Produktverantwortung und Kompetenzzentrum für Lokomotiven
* Nürnberg: Produktverantwortung und Kompetenzzentrum für Straßenbahnen und leichte Regionaltriebzüge

II. Zulieferer-Standorte
* Hennigsdorf: Produktverantwortung für Wagenkästen und Vormontagen
* Mannheim: Produktverantwortung für Stromrichter und Leittechnik
* Siegen: Produktverantwortung und Kompetenzzentrum für Fahrwerke (Drehgestelle); Engineering und Vertrieb von Güterwagen.

Für das erst 1997 eröffnete Werk Pankow läutete also bereits das Totenglöcklein.

Rettung für dieses Werk nahte aus der Schweiz: Zeitgleich mit der Neu-Organisation von Adtranz wurde die Absicht von Adtranz und **Stadler Fahrzeuge AG** in Bussnang bekannt, einen Teil ihrer Aktivitäten in einem Joint-Venture einzubringen.

Ein »Erfolgsmodell« aus dem Hause Adtranz ist der »Regioshuttle« RS-1, der mittlerweile in über 150 Einheiten auf Regionalbahngleisen in ganz Deutschland eingesetzt wird. Neben zahlreichen privaten Unternehmen gehört auch die DB AG in Gestalt ihres Tochterunternehmens »RAB-ZugBus« zu den Eigentümern der modernen Triebwagen. Die als BR 650 bezeichneten Fahrzeuge kommen in Süddeutschland zum Einsatz, z.B. auf der am 1. August 1999 reaktivierten Ammertalbahn Tübingen–Herrenberg. Im dortigen Kreuzungsbahnhof Entringen entstand am 21. Juli 1999 das Bild des 650 101-9.
Aufn: Jacobson

Neben der Absicht, rund 200 Arbeitsplätze zu sichern, soll sich das neue, »Stadler Pankow« genannte Unternehmen mit Bau und Vermarktung von Nischenprodukten beschäftigen. Auch die »Regio-Shuttle«-Triebwagen und GTW 2/6-Triebzüge sollen in Pankow gebaut werden.
Am 12. November 1999 veröffentlichte Adtranz weitere Maßnahmen zur Zukunftssicherung des Konzerns. Die Ziele des Restrukturierungsprogramms sollen über eine jährliche Kostenverringerung in Höhe von 300 Mio DM dem Konzern eine baldige Rückkehr in die Gewinnzone ermöglichen. Als Konsequenz werden bis Ende 2002 weltweit sechs Standorte geschlossen und 3000 Arbeitsplätze, davon 600 in der Entwicklung und 1400 in den Verwaltungen, entfallen. Von der Schließung betroffen sind die Werke Amadora (Portugal), Elmira (USA), Oerlikon und Pratteln (Schweiz), Strømmen (Norwegen) sowie das Traditionswerk Nürnberg. Die verbliebenen deutschen Werke sollen durch den Wegfall der sechs Produktionsstandorte besser ausgelastet werden; so wird beispielsweise die Produktion von Straßenbahn-Fahrzeugen sowie Triebzügen für den Regional- und Fernverkehr von Nürnberg nach Hennigsdorf verlagert.

ALSTOM LHB GmbH

Als der in Breslau beheimatete Stellmachermeister **Gottfried Linke** 1839 den Auftrag zum Bau von 100 offenen Güterwagen erhielt, wurde damit das Fundament gelegt für das heute in Salzgitter beheimatete Traditionsunternehmen **»Linke-Hofmann-Busch (LHB) GmbH«**, seit dem 22. Juni 1998 in **ALSTOM LHB GmbH** umbenannt.

Durch die explosionsartige Entwicklung der deutschen Eisenbahnen in den darauffolgenden 30 Jahren entwickelte sich Linke rasch zu einer leistungsfähigen Waggonfabrik und bereits 1870/71 wurde das Unternehmen in eine Kapitalgesellschaft umgewandelt. Nach der Fusion mit der 1856 gegründeten **»Eisenbahnwagenbausanstalt Gebr. Hofmann«** in Breslau im Jahre 1912 setzte das Unternehmen seine Aktivitäten unter der neuen Firmenbezeichnung **»Linke-Hofmann-Werke AG«** fort.

1928 fusionierte das Unternehmen mit der **»Waggon- und Maschinenfabrik AG vorm. Busch«** in Bautzen zur **»Linke-Hofmann-Busch AG«**. Dieses am 21. November 1846 als **»Eisengießerei und Maschinenbau-Werkstatt Petzold & Center«** gegründete Bautzener Unternehmen beschäftigte sich zunächst mit der Herstellung von Feuerwehrbedarf und Gießereiprodukten. 1897 begann das Unternehmen, inzwischen als Niederlassung der Hamburger **»Wagenbauanstalt und Waggonfabrik für elektrische Bahnen, vorm. W.C.F.Busch,** mit dem Bau von Straßenbahnwagen u. a. für Berlin, Dresden, Plauen und Zittau. 1902 erhielt das Unternehmen einen Großauftrag für vierachsige Reisezugwagen für die Königlich Sächsischen Staatseisenbahnen. Da sich der Produktionsschwerpunkt mehr und mehr auf das Bautzener Werk orientierte, wurde 1911 der Firmensitz dorthin verlegt und das Unternehmen in »Waggon- und Maschinenfabrik vorm. Busch« umbenannt. Nach 1918 erlebte das Werk einen richtigen Höhenflug und bereits 1921 betrug der Produktionsumfang 4000 Schienenfahrzeuge jährlich.

Nach der Fusion 1928 mit Linke-Hofmann wurde die neu formierte »Linke-Hofmann-Busch AG«, mit rund einem Viertel aller Aufträge der Deutschen Reichsbahn, zum größten Hersteller von Schienenfahrzeugen im ostdeutschen Raum. Zu den wohl bekanntesten Produkten aus der Breslauer Zeit gehören u.a. die preußische Dampflokomotive S 6 (BR 13^{10-12}) und der »Kaiserwagen«; insgesamt zeichnete das Unternehmen bereits in den Vorkriegsjahren verantwortlich für Personen-, Schnellzug-, Schlaf- und Speisewagen, Güterwagen in Normal- und Schmalspur, Triebzüge für die S-Bahnen von Berlin und Hamburg, die Schnell-Triebzüge SVT 137 »Hamburg« und »Leipzig« sowie Straßenbahnfahrzeuge für Städte im In- und Ausland.

Nach Ende des Zweiten Weltkrieges war das Unternehmen zerschlagen: da Schlesien unter polnische Verwaltung gestellt und später Polen zugeschlagen wurde, war das Werk Breslau für den Konzern verloren; ebenso erging es dem Werk Bautzen, das während der DDR-Periode jedoch als **VEB Waggonbau Bautzen** weitergeführt wurde und nach der »Wende« Teil des **DWA**-Konzerns wurde. Übrig blieb der Rest einer Produktionsstätte in Salzgitter.

Als Ergebnis einer Interessengemeinschaft zwischen der **Fahrzeug- und Maschinen GmbH - Famas** in Salzgitter-Watenstedt und Linke-Hofmann-Busch mit dem Ziel der Wiederaufnahme des traditionsreichen Waggonbaus wurde 1958 in Salzgitter-Lebenstedt die **Linke-Hofmann-Busch GmbH (LHB)** als Teil der **Salzgitter Gruppe** gegründet. Am 1. Oktober 1989 ging das Unternehmen in den Besitz der **Preussag AG** über.

1994 erwarb **GEC-Alsthom** mit zunächst 51 % der Anteile die Majorität an LHB; nach der Übernahme der restlichen 49 % am 13. Juni 1997 wurde LHB eine volle GEC Alsthom-Tochter. Als diese am 22. Juni 1998, unter gleichzeitiger Verringerung der GEC-Beteiligung am Unternehmenskapital, an die Börse ging, wurde der Konzernname kurz und bündig in **ALSTOM** geändert. Diese Namensänderung weist auf den neuen Status als privates, an der Börse notiertes Unternehmen hin und »*...stellt zugleich eine neue Etappe in der Unternehmensentwicklung dar... Das Verschwinden der Namen der Aktionäre spiegelt die Verringerung ihrer Beteiligung am Unternehmenskapital wieder*«, so die Begründung des Konzerns.

Am gleichen Tage änderte sich auch der Firmennamen von LHB in **ALSTOM LHB GmbH.**

Seit der Neugründung von LHB 1958 empfiehlt sich das Unternehmen als Kompentenzzentrum für

- **Straßenbahn- und Stadtbahnfahrzeuge**
  u.a. für die Verkehrsbetriebe von Amsterdam, Braunschweig, Darmstadt, Hannover, London (London Docklands Light-Rail), Magdeburg, Würzburg
- **S- und U-Bahn-Fahrzeuge**
  u.a. für die Deutsche Bahn (BR 420, 423, 474) und die Dänische Staatsbahn (S-Bahn-Kopenhagen) sowie die Verkehrsbetriebe von Amsterdam, Hamburg, Lissabon, San Francisco (Aufbauten).
- **Regionalverkehrs-Fahrzeuge**
  u.a. für die DB AG (BR 423 und 628), Eisenbahn Aktiengesellschaft Altona-Kaltenkirchen-Neumünster, Hessische Landesbahn, Irische Eisenbahnen.
- **Fahrzeuge für den Fernverkehr**
  u.a. für die Deutsche Bahn (BR 403, die Beteiligung am Bau des TEE-Triebzuges VT 11.5 (BR 601) und dem ICE-Programm sowie Reisezugwagen aller Art) und Bahnverwaltungen in aller Welt.
- **Güterwagen**
  z.B. Schüttgut-, Schiebewand- und Kesselwagen sowie Spezial-Güterwagen sowohl für die DB und andere Bahnverwaltungen in aller Welt als auch für die Stahlindustrie.

Erwähnt werden sollte auch die zeitweilige Beteiligung an der Entwicklung von Fahrzeugen für die sog. ALWEG-Bahn (Seattle).

Auch die weltbekannte, 1903 in Königsberg von Obering. Karl Scharfenberg erfundene »Scharfenbergkupplung« gehörte bis zum 31. März 1998 über das Tochterunternehmen **Scharfenbergkupplung GmbH** zum Lieferprogramm von LHB.

Das ursprüngliche Unternehmen **»Scharfenbergkupplung AG«** geht zurück auf eine Gründung der **Waggonfabrik L. Steinfurt** in Königsberg (Ostpreußen) und die »Waggon- und Maschinenfabrik vorm. Busch« in Bautzen am 23. November 1921 mit Sitz in Berlin.

1949 übersiedelte das Unternehmen ebenfalls nach Salzgitter-Watenstedt und änderte 1955 seine Gesellschaftform in »GmbH«. 1957 erfolgte die Eingliederung in der Salzgitter-Gruppe und das Unternehmen wurde eine 100 %-ige Tochter von Linke-Hofmann-Busch.

Seit dem 31. März 1998 gehört das Unternehmen zur Voith-Gruppe.

Bombardier Transportation

Das Ende der vierziger Jahre gegründete Familienunternehmen **Bombardier Inc.** war ursprünglich mit der Herstellung von Flug- und wehrtechnischem Gerät beschäftigt. 1974 wurde das Unternehmen auf dem Schienenfahrzeugsektor aktiv, jedoch mit mehr Erfolg als andere nordamerikanischen Flugzeughersteller mit ähnlichen Ambitionen. Es gelang ihm sogar, sich auf diesem Sektor endgültig zu etablieren und im Laufe von zehn Jahren zur unbestrittenen Nummer Eins auf dem nordamerikanischen Markt zu avancieren. Mittlerweile hat Bombardier mit seinen Aktivitä-

Ein eher seltenes Gesicht auf deutschen Gleisen ist der dieselelektrische Triebzug VT A aus dem Hause LHB. Immerhin bewältigt die Eisenbahn Altona-Kaltenkirchen-Neumünster (AKN) mit diesen Zügen den Löwenanteil des Nahverkehrs auf ihren Strecken in Schleswig-Holstein, und auch die Hessische Landesbahn setzt Fahrzeuge dieses Typs ein. Im Sommer 1988 rangiert eine Einheit der AKN in Kaltenkirchen.
Aufn: Jacobson

ten längst den Ozean überquert um auch in Europa insbesondere im Bereich der Verkehrstechnik ein gewichtiges Wort mitzureden.

Die europäischen Aktivitäten wurden zunächst unter dem Oberbegriff »Eurorail« zusammengefaßt. Im Rahmen einer Umstrukturierung des Konzerns mit dem Ziel, die Präsenz auf dem europäischen Kontinent zu verstärken, wurde der verkehrstechnische Bereich des Unternehmens im November 1997 in **Bombardier Transportation** umbenannt. Zu »Bombardier Transportation« in Europa gehören:

- Bombardier Wien Schienenfahrzeuge AG (BWS);
- La Brugeoise et Nivelles (BN), mit Firmensitz in Brüssel und Werken in Brügge und Manage (Belgien);
- ANF-Industrie in Crespin (Frankreich);
- Bombardier Prorail in Wakefield (Großbritannien) sowie
- Talbot in Aachen.

Im März 1998 übernahm Bombardier Transportation zudem eine 26 %-ige Beteiligung an der **ELIN Traction GmbH**, einem Tochterunternehmen der **ELIN EBG Elektrotechnik GmbH** in Wien, womit sich Bombardier die Versorgung mit elektrischen und elektronischen Bauteilen für seine europäischen Unternehmen gesichert hat.

Am 2. Februar 1998 wurde auch die **Deutsche Waggonbau Aktiengesellschaft (DWA)** dem kanadischen Konzern angegliedert. Dieses im Mai 1990 aus dem ehemaligen DDR-**Kombinat Schienenfahrzeugbau** als **Deutsche Waggonbau GmbH**, später **Deutsche Waggonbau Aktiengesellschaft (DWA)** hervorgegangene Unternehmen wurde zunächst der Verantwortung der »Treuhand« unterstellt. 1996 ging die DWA in den Besitz der **Advent International** Gruppe über.

Unter dem Dach der DWA vereinigten sich altehrwürdige Firmen wie die **Waggonbau (WB) Ammendorf, WB Bautzen, WB Dessau, WB Görlitz** und **WB Niesky**, die teilweise schon vor weit mehr als 100 Jahren, wenn auch unter anderen Namen firmierend, den Bau von Schienenfahrzeugen aufgenommen hatten. Bereits Mitte der zwanziger Jahre waren so im Anhaltinischen sowie in der ostsächsischen Lausitz Leistungszentren für Schienenfahrzeuge entstanden, die erhebliche Marktanteile für sich verbuchen konnten.

Nach Kriegsende bauten die Mitarbeiter unter großen Entbehrungen ihre Werke Stein um Stein

Ein Riese unter den Triebzügen ist der von Bombardier, Werk Bautzen, auf der Innotrans '98 in Berlin vorgestellte Doppelstock-Triebzug der BR 445, der auf den klangvollen Namen »Meridian« hört. Aufn: Riechers

wieder auf, um zumindest mit Reparaturarbeiten an Omnibussen und Schienenfahrzeugen zu einer Normalisierung des Lebens beitragen zu können. Anfang der fünfziger Jahre wurden auf Geheiß der damaligen sowjetischen Besatzungsmacht und der DDR-Regierung die einzelnen so genannten Interims-GmbH's in »Volkseigene Betriebe (VEB)« umgewandelt, die wiederum in der »VVB Schienenfahrzeuge« – dem späteren »Kombinat Schienenfahrzeugbau« zusammengefaßt wurden. 1965 erfolgte innerhalb dieses Kombinats eine Aufgabenteilung, die bis zur Änderung der politischen Verhältnisse in Deutschland weitgehend beibehalten wurde. Immerhin wurden die Leistungen dieser Werke im damaligen »Ostblock« innerhalb des sog. »COMECON (Rat für gegenseitige Wirtschaftshilfe)« bei der Aufteilung der Kompetenzen berücksichtigt. Berühmtheit erlangten die vom WB Dessau hergestellten Kühlzüge mit Maschinen- und Mannschaftswagen; die Reisezugwagen aller Bahngesellschaften zwischen Berlin und Wladiwostok sowie Rostock und Sofia trugen deutlich sichtbar die Handschrift der Ammendorfer und Görlitzer Waggonbau-Spezialisten.

Aber auch nachdem das »Kombinat« über die »Treuhand« Anfang der neunziger Jahre in die neu gegründete DWA umgewandelt wurde, bildeten die Spezialgebiete nach wie vor die Eckpfeiler der einzelnen Werke, auch wenn sie sich Zug um Zug wieder ihren traditionellen Aufgaben, wie z.B. dem Bau von Straßenbahnen, zuwandten. Zum besseren Verständnis soll an dieser Stelle kurz auf den geschichtlichen Werdegang der einzelnen, am Bau der neuen S-Bahn-Generation beteiligten Werke eingegangen werden:

Werk Ammendorf

Entstanden aus der 1823 gegründeten Firma Lindner. Zunächst Hersteller von Wagen für Pferdebahnen und Postwagen, gehörten nach 1900 auch PKW-Aufbauten, LKW und Omnibusse sowie elektrische Straßenbahnen und Eisenbahnwagen zur Produktionspalette. 1948 wurde der erste Weitstreckenwagen für die Sowjetischen Eisenbahnen gebaut, dem 27.000 weitere Exemplare folgten. Auch andere ausländische Bahnen kauften in Ammendorf ein. Ferner wurden Prototypen für die Berliner U- und S-Bahn gefertigt. Zu den Produkten der Gegenwart gehören u.a. der Berliner S-Bahn-Triebzug der BR 481, die ICE-TD (ICE mit Neigetechnik und Dieselantrieb – BR 605) sowie Wagen für die ICE-2 und ICE-3. Ferner erfolgt im Werk Ammendorf die Endmontage eines Teils der neuen S-Bahn-Triebzüge der BR 424/425 und des Gesamt-Lieferumfangs der BR 426 so wie deren Inbetriebsetzung.

Werk Bautzen

Das ursprünglich am 21. November 1846 als »Eisengießerei und Maschinenbau-Werkstatt Petzold & Center« gegründete Unternehmen beschäftigte sich zunächst mit der Herstellung von Gießereiprodukten und Feuerwehrgeräten. 1897 wurden nach der Fusion mit der Hamburger »Wagenbauanstalt und Waggonfabrik für elektrische Bahnen, vorm. W.C.F.Busch«, die ersten Straßenbahnwagen gebaut sowie ab 1902 vierachsige Reisezugwagen für die königlich-sächsischen Staatseisenbahn. Bereits 1921 betrug der Produktionsumfang 4000 Schienenfahrzeuge jährlich. 1928 fusionierte der inzwischen als »Waggon- und Maschinenfabrik vorm. Busch« firmierende Betrieb mit dem größten ostdeutschen Unternehmen der Branche, der »Linke-Hofmann AG« in Breslau, zur »Linke-Hofmann-Busch AG«. Nach Kriegsende orientierte sich die Linke-Hofmann-Busch AG, unter Aufgabe des Werkes Bautzen, nach Salzgitter. Unter dem Namen »VEB Waggonbau Bautzen« wurde 1951 die Fertigung von Schienenfahrzeugen wieder aufgenommen. Bis 1990 wurden rund 18.000 Schienenfahrzeuge hergestellt, davon 7.200 Reisezugwagen. Hiervon wurden ca. 60 % in alle Welt exportiert. Nachdem der 1957 vorgestellte Schienenbus VT 2.09 – spätere DB BR 771/971 und 772/972, die berühmten »Ferkeltaxen« – ab 1963 in Serie gebaut wurde, präsentierte der »VEB Waggonbau Bautzen« 1964 auf der Leipziger Frühjahrsmesse den Prototyp eines als VT 4.12.01 – spätere DR BR 173 – bezeichneten vierachsigen Leichttriebwagens, der trotz eines weiteren, 1965 gebauten und leicht modifizierten Prototyps aus Geldmangel von der DR nicht bestellt wurde. Das Werk ist am Bau der neuen S-Bahn-Generation mit 56 Triebzügen der BR 424/425 sowie dem Gesamt-Lieferumfang von 43 Triebzügen der BR 426 beteiligt.

Ferner beschäftigen sich drei weitere Tochtergesellschaften mit dem Bau von Komponenten, wie

- Fahrzeugausrüstung Berlin GmbH (FAGA): elektrische und elektronische Bauteile und Baugruppen für Schienenfahrzeuge
- Achslagerwerk Staßfurt: Achslager für Schienenfahrzeuge
- Waggonausrüstungen Vetschau GmbH: Drehgestelle und Fahrwerke

Last but not least gehört zur ehemaligen DWA-Gruppe auch das 1952 gegründete »Institut für Schienenfahrzeuge (IfS)« in Berlin, eine anerkannte Prüf- und Forschungsstätte für den internationalen Schienenfahrzeugbau und das Eisenbahnwesen.

Siemens Verkehrstechnik

Werner von Siemens (1810-1892) stellte am 31. Mai 1879 auf der Berliner Gewerbe- und Industrieausstellung am Lehrter Bahnhof erstmals eine funktionsfähige elektrisch betriebene Lokomotive vor, mit der innerhalb des Ausstellungsgeländes auf einer 300 m langen Strecke mit drei kleinen Wägelchen ein beschränkter Personenverkehr durchgeführt wurde. Siemens wurde hiermit zum Pionier des elektrischen Zugbetriebs. Da 1880 Pläne für eine Hochbahnstrecke in Berlin am Widerstand der Anlieger scheiterten, baute Siemens auf eigene Kosten eine 2,5 km lange Straßenbahnlinie vom Bahnhof Lichterfelde zur Kadettenanstalt, die am 16. Mai 1881 dem Verkehr übergeben wurde. Im Jahre 1890 wurde die Strecke mit einer Oberleitung versehen, womit auch diese Art der Energieversorgung Premiere hatte.

Die Inbetriebnahme der ersten Untergrundbahn auf dem europäischen Kontinent, der »Földalatti« (deutsch: Unterpflasterbahn) in Budapest im Mai 1896, war eine weitere Pionierleistung von Siemens. Mit diesen Erfahrungen im Rücken begann Siemens 1897 mit dem Bau der ersten Berliner U-Bahnlinie, die von der Warschauer Brücke über Gleisdreieck zum Potsdamer Platz bzw. Knie (dem heutigen Ernst-Reuter-Platz) führte. Das erste Teilstück Stralauer Tor–Potsdamer Platz wurde am 18. Februar 1902 eröffnet. Die Strecke wird heute von der Warschauer Straße bis Gleisdreieck von der Linie U 1 und von Potsdamer Platz zum Ernst-Reuter-Platz von der Linie U 2 befahren.

Ein zufälliges Treffen der Herren Schwieger von Siemens & Halske und Rathenau von der AEG im Schlafwagen Berlin–Mailand hatte weitreichende Folgen: Ihre Idee, Fahrversuche bis zu einer Geschwindigkeit von 200 km/h durchzuführen, führte zur Gründung der **Studiengesellschaft für elektrische Schnellbahnen**, an der neben beiden Unternehmen weitere Firmen, Banken sowie das Reichseisenbahnamt teilnahmen. Siemens & Halske und AEG wurden mit der Lieferung von je einem Triebwagen beauftragt und im Jahre 1903 erreichten die Fahrzeuge mit einer Geschwindigkeit von 210 km/h eine Marke, die etwa 30 Jahre bestehen sollte. In der Folgezeit engagierte sich Siemens auf allen Gebieten der Verkehrstechnik. Neben der elektrischen Ausrüstung der Wuppertaler Schwebebahn 1901 baute Siemens u.a. Lokomotiven für den Erztransport auf der »Riksgränsenbanen« Kiruna–Narvik (1915) und beteiligte sich, nunmehr unter der Firmenbezeichnung **Siemens-Schuckert-Werke (SSW)**, an Entwicklung und Bau der ersten elektrischen laufachslosen Drehgestellokomotive E 44, von der bis 1946 rund 200 Exemplare gebaut wurden.

1940 beteiligte sich Siemens zusammen mit Henschel am Bau der beiden Schnellfahrlokomotiven E19[1], die, wie die beiden zuvor von AEG gelieferten E 19 für eine Geschwindigkeit von 225 km/h vorbereitet waren.

Als nach dem Ende des Zweiten Weltkrieges der stark minimierte Lokomotivenpark wieder aufgebaut werden musste, beteiligte sich auch Siemens zusammen mit Henschel am Bau der ersten fünf Musterlokomotiven und stellte 1952 die E 10 003 vor. Diese Musterlokomotiven bildeten die Basis für die ab 1956 in großer Zahl gebauten Einheitslokomotiven E 10, E 40, E 41 und E 50. Auch an Entwicklung und Bau der bekannten S-Bahn-Triebzüge BR 420/421 war Siemens beteiligt.

Gemeinsam mit Henschel und dem Bundesbahn-Zentralamt (BZA) beteiligte sich Siemens an der Entwicklung der Schnellfahrlok der BR 103 sowie am Bau des Schnelltriebzuges BR 403. Beim Bau der Serienausführung des ICE-1 übernahm die zum 1. Oktober 1989 im Rahmen einer Umstrukturierung neugegründete **Siemens-Verkehrstechnik** die Federführung für den elektrischen Teil und bei der Entwicklung der neuen ICE-Generation ICE-3, ICE-T und ICE-TD die Konsortialführung.

Die erwähnte Gründung von Siemens Verkehrstechnik brachte dem Konzern namhafte Beteiligungen auf dem Fahrzeugsektor wie **Simmering-Graz-Pauker - SGP** und **DUEWAG**. Seit Mai 1999 ist die DUEWAG als **Siemens Duewag Schienenfahrzeuge GmbH (SDS)** ein 100 %iges Konzernunternehmen der Siemens AG und innerhalb des Konzerns für die Herstellung der Fahrzeuge zuständig. Im Sommer 1999 wurde schließlich auch die Lokomotivenschmiede **Krauss-Maffei** als **Siemens Krauss-Maffei Lokomotiven GmbH** im Konzern aufgenommen. Die Lieferungen der elektrischen Anteile im Fahrzeugbau erfolgen von den Siemens-Werken Erlangen und Nürnberg aus.

Die Geschichte der **DUEWAG** beginnt mit der Gründung der **Waggonfabrik AG, Uerdingen** im Jahr 1898. Das im Krefelder Vorort Uerdingen beheimatete Unternehmen erregte durch einige bahnbrechende Entwicklungen auf dem Gebiete der Schienenfahrzeugtechnik Aufmerksamkeit im In- und Ausland. Dazu gehört z.B. der erste Ganzstahl-Reisezugwagen für die Deutsche Reichsbahn Gesellschaft, die Einführung der Schalenbauweise im Waggonbau sowie die von ihr entwickelte und patentierte »Ringfeder«[1], die auf Grund ihrer kompakten Bauweise zu einer Revolution im Pufferbau führte und dem Unternehmen eine monopol-ähnliche Stellung auf diesem Gebiet verschaffte. Für Produktion und Vertrieb wurde 1922 eine eigene Tochterfirma, die **Ringfeder GmbH** gegründet.

Inzwischen nahmen 1920 in Düsseldorf die **Gebrüder Schöndorff AG** die Waggon-Produktion auf. 1930 wurde die Aktienmehrheit an der Schöndorff AG von **Linke-Hofmann-Busch AG (LHB)** übernommen, die sie wiederum 1933 an ein Bankenkonsortium abgab; zu diesem Anlaß wurde das Unternehmen in **Düsseldorfer Waggonfabrik (DÜWAG)** umbenannt.

1935 erwarb die Waggonfabrik Uerdingen die Aktienmehrheit an der DÜWAG, von der die **Waggonfabrik Talbot** 25 % erhielt; Talbot beteiligte sich im Übrigen bereits seit 1926 mit zunehmender Tendenz an der Waggonfabrik Uerdingen. Der Firmennamen lautete nunmehr für beide Werke »**Waggonfabrik Uerdingen AG** - Werk Uerdingen bzw. Werk Düsseldorf«. 1981 wurde das Unternehmen, auch in der Darstellung nach außen, modernisiert und mit einer neuen »Corporate Identity« versehen. Das Unternehmen wurde in »**DUEWAG-Aktiengesellschaft**« umbenannt, wobei im Gegensatz zum ursprünglichen Kürzel »DÜWAG« das »Ü« von Düsseldorf durch das »UE« von Uerdingen ersetzt wurde. Bereits zu einem frühen Zeitpunkt wurden die Aufgaben der beiden Unternehmensteile in Uerdingen und Düsseldorf getrennt, wobei das Marktsegment Straßenbahn- sowie Stadt- und U-Bahnfahrzeuge im Werk Düsseldorf verblieb.

Die Entwicklung von Großraum-Straßenbahnwagen, die 1951 mit der Vorstellung der ersten Exemplare für Hannover und Düsseldorf den Durchbruch erzielte, wurde maßgeblich von der DÜWAG beeinflußt. Innerhalb eines Jahrzehnts wurden von den damals noch vorhandenen insgesamt 16 deutschen Herstellern von Schienenfahrzeugen rund 900 Großraum-Triebwagen in Ein- und Zweirichtungsausführung gebaut, wovon allein auf die DÜWAG nahezu 500 Einheiten entfielen. Der 1956 eingeläuteten Entwicklung des berühmten Gelenktriebwagens war sogar ein noch größerer Erfolg beschieden; 1974 hatte die

1 Ringfedern bestehen aus abwechselnd zug- und druckbeanspruchten Ringen mit konischen Wirkflächen.

Die Dürener Kreisbahn beschaffte für den Nahverkehr auf ihren Strecken in die Eifel den RegioSprinter von Siemens Duewag. Zwischenzeitlich fahren Fahrzeuge dieses Typs auch auf der Vogtlandbahn und auch die Dürener Fahrzeuge kommen mitunter in fremden Gefilden zum Einsatz wie im Sommer 1998 auf der Bodensee-Oberschwaben-Bahn (BOB) zwischen Friedrichshafen und Aulendorf.
Aufn: Estler

DÜWAG auf diesem Sektor sogar einen Marktanteil von rund 87 %.

In der gleichen Periode gelang dem Werk Uerdingen mit dem berühmten Schienenbus VT/VB 95-98, dem sog. »Retter der Nebenbahnen«, ebenfalls ein großer Wurf und auch mit der Produktion von Omnibussen und – insbesondere – O-Bussen leistete das Werk in den ersten Nachkriegsjahren einen wichtigen Beitrag zur Lösung der vielschichtigen Verkehrsprobleme während des Wiederaufbaus. Aber auch in den nachfolgenden Jahren bis in die heutige Zeit setzte das Werk Uerdingen mit seiner Produktion von Vollbahnfahrzeugen Maßstäbe; insbesondere sind hier die Dieseltriebzüge der DB-BR 628, die Triebwagenserie Y für dänische Privatbahnen sowie die NS-Triebwagen-Serien DH1/DH2 (Basisfahrzeug DB-BR 627 und 628) und DM-90 zu erwähnen; ferner beteiligt sich das Werk an den Konsortien zur Produktion der neuen Fahrzeuge aus der ICE-Familie (ICE-3, ICE-T BR 411/415, ICE-TD-BR 605) sowie der neuen S-Bahn-Generation BR 424 - 426. Die heutige Kompetenzverteilung basiert auf den traditionellen Aufgabengebieten der beiden Werke:

Düsseldorf

Fahrzeuge für den Nahverkehr (Straßenbahnen, Stadtbahnen, U-Bahnen, People Mover, Fahrzeug-Komponenten)

Uerdingen

Fahrzeuge für den Fern- und Regionalverkehr (Lokomotiven, D- und E- Triebzüge, Beteiligung am ICE-3- und ICE-T/TD-Umfang, Reisezugwagen, Güterwagen) sowie elektrische Ausrüstungen (Energieversorgung, Umrichter, Bordsysteme)

Wie bereits erwähnt beteiligte sich die **Waggonfabrik Talbot** aus Aachen seit 1926 an dem Unternehmen und erlangte 1969 über ein umfangreiches Aktienpaket die Kapitalmehrheit. Talbot leitete noch bis 1989 die Geschicke der DUEWAG, ehe dieses traditionsreiche Unternehmen Teil des Siemens-Konzerns und in den neugegründeten Bereich »Verkehrstechnik« eingegliedert wurde.

Abkürzungen und Erläuterungen

I. Abkürzungen

AC	(alternating current) Wechselstrom
Adtranz	DaimlerChrysler Rail Systems
AEG	Allgemeine Elektricitäts Gesellschaft, heute Adtranz
ASG	Antriebssteuergerät
AW	Ausbesserungswerk
BBC	Brown-Boverie-Cie, später ABB.
BD	Bundesbahn-Direktion
BEW	Bergmann-Elektrizitätswerke
BGE	Bremsgeräteeinheit
BMFT	Bundesministerium f. Forschung und Technik
BNV	Bordnetz-Versorgung
BSG	Bremssteuergerät
BW	Betriebswerk (heute Bh: Betriebshof)
BWW	Betriebswagenwerk
BZA	Bundesbahn-Zentralamt, s. auch FTZ
DAT	Drehstrom-Antriebstechnik, s. unter Erläuterungen
DAVID	Diagnose, Aufrüst- und Vorbereitungs dienst mit integrierter Displaysteuerung
DB	Deutsche Bundesbahn (7. September 1949 bis 31. Dezember 1993 [BRD])
DB AG	Deutsche Bahn AG (ab 1. Januar 1994)
DC	(direct current) Gleichstrom
DEBG	Deutsche Eisenbahn-Betriebsgesellschaft
DR	Deutsche Reichsbahn (1. April 1920 bis 29. August 1924 und 1949 bis 31. Dezember 1993 [DDR])
DRG	Deutsche Reichsbahn-Gesellschaft (30. August 1924 bis 6. September 1949)
DSR	Direkte Selbstregelung, s. unter Erläuterungen
DWA	Deutsche Waggonbau Aktiengesellschaft, heute Bombardier Transportation
DWD	Dessauer Waggonfabrik, Dessau
ELA	Elektroakustische Anlage
FEM	Finiten-Elemente-Methode, s. unter Erläuterungen
FIS	Fahrgast-Informationssystem
FSA	Fahrer-Selbstabfertigung
FTZ	s. unter Erläuterungen
GTO	Gate-turn-off-Thyristor = Thyristor der über einen Steuerstrom abgeschaltet werden kann (vgl. IGBT).
HBL	Hauptluftbehälterleitung
HBU	Hilfsbetriebe-Umrichter
HLB	Hessische Landesbahn
HLL	Hauptluftleitung
IBIS	Integriertes Bord-Informationssystem
IFZ-(Bus)	Integrierter Fahrzeug-Zubringer-(Bus)
IGBT	Insulated Gate Bipolar Thyristor = Thyristor der über einen Steuerstrom ein- und abgeschaltet werden kann (vgl. GTO). Mit IGBT ausgerüstete Stromrichter für Leistungen über 3 MW werden erst seit 1998 (BR 152-190) eingesetzt.
Indusi	Induktiver Zugsicherung (vgl. PZB)
KBayStB	Königlich Bayerische Staatseisenbahnen
KPEV	Königlich Preußische Eisenbahnverwaltung
KWStE	Königlich Württembergische Staatseisenbahnen
LAG	Lokalbahn AG, München
LCC	life cycle costs (Unterhaltungskosten während der Lebensdauer des Fahrzeuges)
Ldk	zulässige Längsdruckkraft des Wagenkastens
LEW	VEB Lokomotivbau und Elektrotechnische Werke, Hennigsdorf
LHB	Linke-Hofmann-Busch (heute ALSTOM LHB GmbH)
LHW	Linke-Hofmann-Werke, Breslau
LTG	Lokales Türsteuergerät
LZB	Linienförmige Zugbeeinflussung
MAN	Maschinenfabrik Augsburg-Nürnberg AG
MBB	Messerschmitt, Bölkow, Blohm, Donauwörth
MD	Minden-Deutz (Drehgestell-Konzeption des ehemaligen BZA-Minden, heute FTZ)
MFA	Modules Führerstands-Anzeigegerät
MSW	Maffei-Schwartzkopff-Werke
MVB	Multfunction Vehicle Bus
NS	Nederlandse Spoorwegen (Niederländische Eisenbahnen)
O&K	Orenstein & Koppel, Berlin
PBG	Pneumatisches Bremsgerät
PWR	Pulswechselrichter, s. unter Erläuterungen. Formt Gleichstrom in 3-Phasen-Drehstrom um.
PZB	Punktförmige Zugbeeinflussung (gegenwärtig geläufiger Begriff für Indusi)
RAW	Reichsbahn-Ausbesserungswerk
RB	Regionalbüro
RBD	Reichsbahn-Direktion
RZA	Reichsbahn-Zentralamt
Sifa	Sicherheits-Fahrschaltung
Sok	Schienenoberkante
SPS	Speicherprogrammierbare Steuerung
SSW	Siemens-Schuckert-Werke
Tfz	Triebfahrzeug
UF	Unterschwingungserfassung
UHG	Untersitzheizgeräte
4Q-S	Vierquadranten-Steller, s. unter Erläuterungen
WASSEG	Liefergemeinschaft AEG-SSW
WMD	Waggon- und Maschinenbau GmbH, Donauwörth
WTB	Wired-Train-Bus
WU	Waggon-Union, später ABB-Henschel, heute Adtranz
WUMAG	Waggon- und Maschinenbau Aktiengesellschaft, Görlitz, heute Bombardier Transportation-DWA
WWK	Waggonfabrik Wegmann und Co., Kassel
ZBF	Zugbahnfunk
ZFG	Zug- und Fahrzeugsteuergerät
ZSG	Zentrales Steuergerät

II. Erläuterungen:

DAT
Drehstrom-Antriebstechnik. Mit diesem Begriff wird die Anwendung von einfach aufgebauten und platzsparenden Traktionsmotoren, die von dreiphasigem Drehstrom betrieben werden, umschrieben.
Die Steuerung dieser sog. Drehstrom-Asynchron-Motoren erfolgt über Stromrichter. Bei Gleichstrom-Einspeisung über Oberleitung oder »dritte Schiene« kommen Pulswechselrichter (PWR) zum Einsatz. Bei Wechselstrom-Einspeisung aus der Oberleitung ist dem PWR je nach Leistung ein oder mehrere Vierquadranten-Steller (4Q-S) vorgeschaltet, der den Wechselstrom in Gleichstrom umwandelt

DSR
Direkte Selbstregelung (Regelverfahren zur Ansteuerung von umrichtergespeisten Asynchronmotoren)

FEM
Finiten-Elemente-Methode. Dieser Begriff umschreibt eine Methode zur Statik-Berechnung, bei der ein Fahrzeugaufbau in Flächen aufgeteilt und für jede einzelne Fläche die Momentengleichung aufgestellt wird.

FTZ
Forschungs- und Technologiezentrum (der deutschen Bahn AG).
Anlässlich der Privatisierung der Deutschen Bundesbahn trat das FTZ an Stelle des BZA. Das FTZ ist an folgenden Standorten tätig:
- Brandenburg-Kirchmöser: Werkstoffe, Verfahren, Instandhaltung
- Minden: Güterverkehrstechnologie, Lauf- und Bremstechnik, Interoperabilitätsfragen, Normung
- München: Hochgeschwindigkeitsverkehr, elektrische Antriebe, Fahrweg, Betriebsleittechnik.

Außenstellen in Dessau, Delitzsch und Frankfurt a. M.

PWR
Pulswechselrichter. Der PWR formt Gleichstrom in einem pulsierenden 3-Phasen-Drehstrom um. Das Pulsprinzip des ermöglicht die Steuerung des ausgangsseitigen Drehstroms in Spannungshöhe und Frequenz, als Voraussetzung für die Zugkraft- und Geschwindigkeitsregelung von Drehstrom-Asynchron-Fahrmotoren.

Tatzlagermotor
Stützt sich sowohl am Rahmen bzw. Drehgestellrahmen als auch, über angegossene »Tatzen«, auf dem Treibradsatz ab.

4Q-S
Vierquadranten-Steller. Der 4Q-S ist bei wechselstromgetriebenen Bahnen (15 kV 16,7 Hz bzw. 25 kV 50 Hz) als sog. Netzstromrichter dem PWR vorgeschaltet. Teil des Stromrichters. Der vom Transformator herabgesetzte Wechselstrom wird im 4Q-S in einem schnell pulsenden Ggleichstrom umgeformtgerichtet und über den Spannungszwischenkreis dem PWR ulswechselrichter (als Maschinenumrichter) zugeführt, wo eine pulsierende Dreiphasenspannung für den Betrieb von Drehstrom-Asynchron-Mmotoren erzeugt wird.
Der 4Q-S ermöglicht die Rückspeisung der, beim Einsatz der E-Bremse freiwerdenden Energie in die Fahrleitung.

Literatur

Bücher:

Adler et al: Lexikon der Eisenbahn, ISBN 3-344-00160-4; transpress-Verlag, Stuttgart.

Bley: Berliner S-Bahn, ISBN 3-87094-349-1; Alba Publikation, Düsseldorf.

Girnau et al: Zukunftsfähige Mobilität, ISBN 3-87094-746-2; VDV/Alba Publikation, Düsseldorf.

v. Gestel et al: Elektrische treinen in Nederland (1), ISBN 90-6013-989-5; De Alk bv., Alkmaar (NL).

Götz et al: Die Berliner S-Bahn; transpress VEB Verlag für Verkehrswesen, Berlin

Hilkenbach et al: Die Straßenbahnen in Berlin, ISBN 3-87094-344-0; Alba Publikation, Düsseldorf.

v.Hippel et al: Eisenbahnfieber, ISBN 3-9802 218-2-2; verlag regionalkultur, Ubstadt-Weiher.

Iffländer et al: Die elektrischen Einheitstriebwagen der Deutschen Reichsbahn I, II und III, ISBN 3-92512-002-5/007-6/008-4; Andreas Braun Verlag, München/Bayerisches Eisenbahnmusueum.

Janikowski/Ott: Deutschlands S-Bahnen, ISBN 3-344-70845-7; transpress-Verlag, Stuttgart.

Mihailescu/Michalke: Vergessene Bahnen in Baden-Württemberg, ISBN 3-8062-0413-6; Konrad Theiss Verlag, Stuttgart.

Pospischil/Rudolph: S-Bahn-München, ISBN 3-87094-358-0; Alba Publikation, Düsseldorf.

Riechers: Regionaltriebwagen, ISBN 3-613-71089-7; transpress Verlag, Stuttgart.

Schott et al: Die Bilanz, 25 Jahre Planung und Bau der S-Bahn Stuttgart, ISBN 3-925565-03-5; Deutsche Bundesbahn, Stuttgart.

Wedler et al: Der Tunnel, ISBN 3-925565-01-9; Deutsche Bundesbahn, Stuttgart.

Weigelt/Langner: Chronik Deutsche Bundesbahn, 44 Jahre Zeitgeschichte, ISBN 3-7771-0277-6; Hestra Verlag, Darmstadt.

Zeitschriften:

Die Bundesbahn: 5/78, 12/80

ETR: 9/93, 7-8/94

Railhobby (NL): 5-6/95, 11/95, 1/96, 4/96, 2/97, 2/98

Report der Deutschen Bahnen '93

ZEV+DET Glasers Annalen: 120 (1996) Nr 7,Juli

Die Bahn im Wandel der Zeit

J. Michael Mehltretter
Dampflokomotiven
Die letzten in Deutschland
236 Seiten, 193 Bilder, davon 24 in Farbe, 20 Zeichnungen
Bestell-Nr. 71131 **DM 29,80**

Alfred B. Gottwaldt
Stromlinie
Auch die Reichsbahn experimentierte in den 30er Jahren mit der aerodynamischen Form.
296 Seiten, 404 Bilder, davon 8 in Farbe
Bestell-Nr. 70781 **DM 29,80**

Jürgen Hörstel
Hannover – Berlin
Topaktuelle Informationen über Planung und Bau dieser High-tech-Strecke.
144 Seiten, 120 Bilder, davon 48 in Farbe
Bestell-Nr. 71088 **DM 49,80**

Andreas Knipping/Burkhard Wollny
Züge in den Alpen
Schmal- und Normalspurbahnen, Zahnrad- und Adhäsionsbahnen.
208 Seiten, 297 Bilder
Bestell-Nr. 71114 **DM 49,80**

Ludwig Rotthowe/Wolfgang Fiegenbaum
Mit der Eisenbahn durch Deutschland
Ludwig Rotthowe hat zwischen 1956 und 1982 das Land bereist und dabei den Betrieb auf Schienen in unwiederbringlichen Aufnahmen festgehalten. Die schönsten Bilder fanden Eingang in dieses Buch.
144 Seiten, 149 Bilder, davon 23 in Farbe
Bestell-Nr. 71130 **DM 29,80**

Fiegenbaum/Klee
Abschied von der Schiene
Band 1 und Band 2
Die Bahn ist out, das Auto in. Das bekam die DB in den Jahren zwischen 1980 bis 1990 zu spüren. Die Macher zogen die Notbremse: 177 Strecken wurden stillgelegt.
512 Seiten, 568 Bilder, davon 48 in Farbe
Bestell-Nr. 71073
DM 49,80

Karl-Ernst Maedel
Bekenntnisse eines Eisenbahnnarren
In der Dampflokzeit gab's Abteilwagen der 4. Klasse, Lokführer mit Schlips und Kragen, Heizer mit Schaufel und Schüreisen.
256 Seiten, 22 Bilder
Bestell-Nr. 71051
DM 29,80

Andreas Knipping/Burkhard Wollny
Deutsche Bundesbahn
Die »DB« rollte mit topmodernen Fahrzeugen ins Wirtschaftswunder.
208 Seiten, 280 Bilder, davon 30 in Farbe
Bestell-Nr. 71068 **DM 49,80**

Bodde/Böhnke/Folz/Rothe
Reichsbahn im Wandel seit 1989
Strecken, Anlagen, Fahrzeuge und Menschen im »Reichsbahnland« nach dem Fall der Mauer.
128 Seiten, 110 Bilder
Bestell-Nr. 71110 **DM 49,80**

trans press

IHR VERLAG FÜR EISENBAHN-BÜCHER

Postfach 10 37 43 · 70032 Stuttgart
Telefon (07 11) 2 10 80 65 · Telefax (07 11) 2 10 80 70

Stand Februar 2000 – Änderungen in Preis und Lieferfähigkeit vorbehalten

Die technische Vielfalt der Bahn

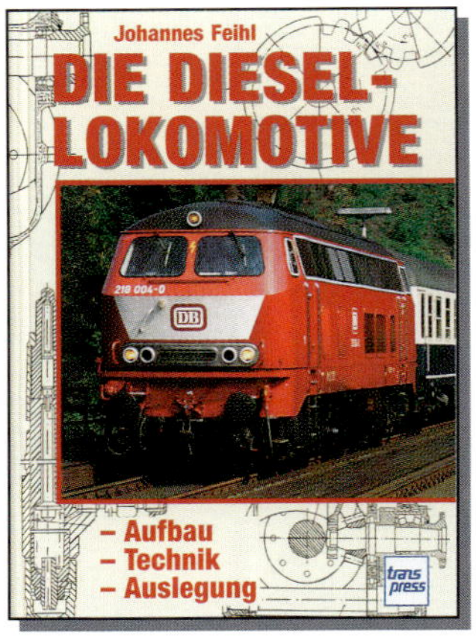

Johannes Feihl
Die Diesellokomotive
Der Autor beschreibt in diesem Fachbuch Aufbau und Funktion der Diesellok.
256 Seiten, 249 Bilder
Bestell-Nr. 71060 **DM 49,80**

Daniel Riechers
Regionaltriebwagen
Hier steht drin, was man über die neue Triebwagen-Generation wissen sollte.
192 Seiten, 185 Bilder, davon 31 in Farbe
Bestell-Nr. 71089 **DM 69,–**

Karl-Ernst Maedel/
Alfred B. Gottwaldt
Deutsche Dampflokomotiven
Karl-Ernst Maedels »Die deutschen Dampflokomotiven gestern und heute«, zwischen 1957 und 1968 in fünf Auflagen erschienen, gilt als Klassiker der deutschen Dampflok-Geschichte. Alfred B. Gottwaldt hat ihn überarbeitet und vor allem im Bildteil ergänzt. Außerdem hat er Biographien solcher Konstrukteure hinzugefügt, die die Entwicklung der Dampflokomotive in Deutschland maßgeblich befördert haben.
320 Seiten, 252 Bilder
Bestell-Nr. 70912
DM 29,80

Thomas Estler
Baureihe ET 65
Triebwagen der Reihe ET 65 in Stuttgart.
128 Seiten, 125 Bilder, davon 57 in Farbe, 16 Zeichnungen, 2 Karten
Bestell-Nr. 71111 **DM 29,80**

Frank Larsen
Die Baureihe V 200.1
Die V 200.1 war in den 60ern der Star.
128 Seiten, 117 Bilder, davon 67 in Farbe, 9 Zeichnungen
Bestell-Nr. 71112 **DM 29,80**

Ingeborg und Klaus Holzborn
Kleine Typenkunde deutscher Triebfahrzeuge
Jede Menge neuer Fahrzeuge und Farben – auf den Gleisen der deutschen Eisenbahnen bewegt sich was. Für den Überblick gibt's jetzt die Bände der »Kleinen Typenkunde« – mit Infos zu Geschichte, Technik, Einsatz und Verbleib der Reisezugwagen und Triebfahrzeuge der DB AG.
160 Seiten, 126 Bilder
Bestell-Nr. 71118
DM 19,80

Wagner/Theurich/Rühlmann
Kleine Typenkunde deutscher Reisezugwagen
144 Seiten, 135 Bilder
Bestell-Nr. 71119 **DM 19,80**

Daniel Riechers
Metros in Europa
Technik und Entwicklung von 33 Metros in den Städten 17 europäischer Länder.
184 Seiten, 300 Bilder
Bestell-Nr. 71049 **DM 59,–**

Erich Preuß
Signale deutscher Eisenbahnen
Hier steht alles drin über Signalbilder.
112 Seiten, 89 Bilder, davon 20 in Farbe, 4 Zeichnungen
Bestell-Nr. 71086 **DM 29,80**

trans press

IHR VERLAG FÜR EISENBAHN-BÜCHER

Postfach 10 37 43 · 70032 Stuttgart
Telefon (07 11) 2 10 80 65 · Telefax (07 11) 2 10 80 70

Stand Februar 2000 – Änderungen in Preis und Lieferfähigkeit vorbehalten